RETRIEVER-SCHULE FÜR WELPEN

NORMA ZVOLSKY

MIT KOSMOS MEHR ENTDECKEN

GRUND-ERZIEHUNG

DUMMY-TRAINING

SEIT 1822

KOSMOS

Inhalt

ZU DIESEM BUCH

DIE ZEIT BLEIBT NICHT STEHEN, ALLES ENTWICKELT SICH WEITER

Die „Work Life Balance", ein neues deutsches Modewort, wird in den letzten Jahren im Bewusstsein unserer Bevölkerung immer wichtiger. Der Mensch sucht sich gezielt neben seiner beruflichen Laufbahn auch eine ausfüllende und interessante Freizeitbeschäftigung. So wundert es nicht, dass immer mehr hundebegeisterte Menschen Interesse an der Retrieverarbeit gefunden haben und sich und ihren Retriever in ihrer Freizeit sinnvoll beschäftigen möchten.

DIE ERWARTUNGSHALTUNG DER WELPENKÄUFER VERÄNDERT DIE ZUCHT

Die Beliebtheit und Popularität der Retrieverarbeit führte zu einem Umdenken in der Zucht. Um den gestiegenen Ansprüchen der künftigen Welpenkäufer nachzukommen – Welpenkäufer haben heute meist eine genaue Vorstellungen, was sie mit ihrem künftigen Hund alles erreichen wollen –, wird aktuell immer öfter auf Arbeitsleistung selektiert und im Hinblick auf eine spätere jagdliche bzw. sportliche Verwendung gezüchtet.

Norma Zvolsky mit Maggie (Duckflight Eye on Magpie) und Purdey (Duckflight Beesley)

Demzufolge gibt es neben den Würfen aus Showlinien, immer mehr Würfe aus Arbeitslinien, mit sehr temperamentvollen und hochveranlagten Welpen. Diese Welpen benötigen unbedingt eine geistige Beschäftigung, um ein erfülltes und zufriedenes Leben führen zu können.

DIE ERSTEN MONATE SIND DIE WICHTIGSTEN IM LEBEN EINES HUNDES!

Ein aktiver und sehr temperamentvoller Hund verlangt einen etwas anderen Umgang und eine andere Erziehung. Demzufolge haben sich heutzutage auch die Schwierigkeiten und Probleme, die ein frischgebackener Welpenbesitzer mit seinem neuen Familienmitglied hat, verändert. So werden Retrieverhalter heute vermehrt konfrontiert mit hochmotivierten, hyperaktiven und unruhigen Hunden. Diese Entwicklung hat mich veranlasst, die sehr erfolgreiche „Retrieverschule für Welpen“ zu überarbeiten. Ich möchte den heutigen Welpenkäufern mit diesem Buch Hilfestellungen geben, damit sie gerade diesen Problemen entgegenwirken können. Mit einer neuen Gliederung habe ich neue Schwerpunkte gesetzt. Meine Intention ist, dem Menschen geeignete Instrumente an die Hand zu geben und sein Bewusstsein zu schärfen, wie er seinen Welpen richtig fördert und wie er seine Anlagen in die richtigen Bahnen lenken kann.

IN DER RUHE LIEGT DIE KRAFT – GEDULD IST OBERSTES ZIEL

Hochveranlagte, sehr aktive Hunde müssen in den ersten Wochen und Monaten unbedingt lernen, herunterzufahren. Sie müssen lernen, dass ihr Leben nicht nur aus Aktivität besteht – zum Wohl ihrer Ausgeglichenheit und Gesundheit. Versäumt man dies in dieser wichtigen ersten Zeit, in der der Welpe für sein weiteres Leben geprägt wird, dann hat man die falschen Weichen gestellt und Verhalten gefördert, das man später nicht mehr in den Griff bekommt. Diese mahnenden Sätze möchte ich insbesondere denjenigen ans Herz legen, die schon mehrere Retriever hatten und nun mit ihrem neuen Hund durchstarten möchten. Auch wenn Ihr Welpe sich scheinbar anbietet und gar nicht genug bekommen kann, dann ist in den ersten Wochen und Monaten doch oberstes Ziel, diesen (und auch sich selbst –, das ist oft ein ebenso großes Problem) zu zügeln und darauf zu achten, dass Verhalten gefördert wird, das aktuell wichtig ist – eben ruhiges Verhalten, Ausgeglichenheit, Stressresistenz und Konzentrationsfähigkeit. Das sind alles Grundsteine und absolute Voraussetzung für eine spätere erfolgreiche Ausbildung und somit für den Erfolg Ihres Hundes bei der Retrieverarbeit. Geduld ist ein ausgezeichneter Partner, denn ein langsames und mit Bedacht angesteuertes Ziel ist wesentlich erfolgversprechender als mit Überschallgeschwindigkeit übers Ziel hinauszuschießen.

IHR HUND EIN LEBENS- UND FREIZEITPARTNER

Keinesfalls darf jedoch vergessen werden, auch auf das Erfüllen der Bedürfnisse des Hundes zu achten. Der Hund darf nicht nur zum Sportgerät reduziert und degradiert werden. Nur wenn beide Seiten ein zufriedenes erfülltes Leben führen, ist ein glückliches Miteinander gegeben. Ihr neues Familienmitglied soll Ihr Traumhund werden, mit dem Sie den Freizeitspaß erleben können, den Sie sich vorstellen. Neben der aktiven Laufbahn als Freizeitpartner, soll Ihr Welpe auch das liebenswerte und ausgeglichene Familienmitglied werden, das Ihren Alltag verschönert und bereichert.

Ich wünsche Ihnen viel Spaß und viel Erfolg mit Ihrem neuen Lebenspartner und Familienmitglied.

Norma Zvolsky

VORWORT

AUS SICHT EINER ZÜCHTERIN

Als Züchterin und aktive Hundeführerin weiß ich, wie wichtig die ersten Wochen und Monate im Leben eines Hundes sind. In dieser Zeit wird der Grundstein für das spätere Leben des Welpen gesetzt.
In den ersten 8 Wochen übernimmt im Wesentlichen die Mutterhündin die Erziehung der Welpen. Die Prägung auf die Umwelt wird weitgehend vom Züchter übernommen. Wenn Sie Ihren Welpen mit ca. 8 Wochen in sein neues Zuhause einführen, übernehmen Sie eine große Verantwortung, denn er vertraut darauf, dass Sie ihn nun beschützen und ihm helfen, das Leben zu meistern. Dazu brauchen Sie viel Geduld, Einfühlungsvermögen und eine große Portion Konsequenz in der Erziehung Ihres Schützlings.

Monika Schoenbach

Bei der Erziehung und Ausbildung Ihres Retrievers brauchen Sie aber nicht nur Geduld, sondern auch Zeit, Zeit sich mit Ihrem Hund zu beschäftigen, Zeit sich auf ihn einzulassen und vor allem Zeit, ihn reifen zu lassen und ihm den Rahmen zu geben, damit er seine Stärken und seinen Charakter voll entwickeln kann.

Nicht alle Retriever lernen gleich schnell. Daher ist es wichtig, die Ausbildung auch dem individuellen Hund anzupassen. Der eine lernt schneller, der andere braucht etwas mehr Zeit und Wiederholungen, bis er verstanden hat. Denken Sie immer daran, dass Ihr Retriever es Ihnen auf jeden Fall recht machen will.

Neben viel Zeit mit Ihnen braucht Ihr Welpe aber auch Ruhe. Ein sicherer Rückzugsort, z. B. durch eine Hundetransportbox oder einen ruhigen Schlafplatz, gibt ihm die Möglichkeit zur Ruhe zu kommen und einen sicheren „Hafen“ zu haben. Bestehen Sie darauf, dass dieser angestammte Platz für ihn auch ein sicherer Ort der Ruhe ist, wo ihn kein anderes Familienmitglied stört. Ihr Welpe wird davon profitieren, wenn er von Beginn an lernt, sich zu entspannen.
Mit diesen Grundgedanken der Hundeerziehung und mit Hilfe von Norma Zvolskys „Retrieverschule für Welpen“ sind Sie auf dem richtigen Weg, aus einem ungestümen kleinen Wesen einen verlässlichen Begleit- und Apportierhund zu machen, der viele Jahre Ihr Leben bereichern wird.

Monika Schoenbach
Züchterin im DRC/FCI unter dem Zwingernamen „Bonniebrook's“
Verbandsrichterin JGHV und Leistungsricherin im DRC (Deutscher Retriever Club)

AUS SICHT EINER HUNDE-TRAINERIN

Mit der neuen „Retrieverschule für Welpen" liegt eine klar aufgebaute, umfassend strukturierte und illustrierte Ausbildungsanleitung vor. Die Autorin hat das Gesamtbild der Retrieverarbeit mehrfach von A bis Z durchlaufen, erklärt also keine theoretischen Vorstellungen, sondern hat alles als Trainerin ihrer eigenen und unzählig anderer Hunde erprobt. Ein derart detailliertes Buch scheint alle Eventualitäten abzudecken, so dass Welpenkäufer zu Beginn meist gar nicht auf die Idee kommen, kompetente Trainer bereits in die ersten Wochen einzubeziehen.

Und doch geht es gerade in der Zusammenarbeit von Mensch und Hund darum, die richtige Balance zu finden. Die Anleitungen, die mentale Reife des Hundes und dessen Anlagen sind in Einklang zu bringen mit dem eigenen Gefühl für proaktives Handeln und zielgerichtetem Lenken und Leiten. Der Mensch braucht diese Balance, um dem Hund gelassene Sicherheit und klare Führung zu geben, ihm also die gewünschten Abläufe so zu erklären, dass sie in der Praxis funktionieren.

Doch leider ist der Unterschied zwischen Theorie und Praxis nirgends so groß, wie in der Praxis.
Es empfiehlt sich daher, entsprechend den warnenden Hinweisen der Autorin, auf mögliche Ausbildungsfehler die regelmäßige Supervision durch einen kompetenten Trainer zu suchen, da ein Buch den geschulten Blick von außen nicht leisten kann.

Kritische Punkte müssen im Ansatz erkannt und von Angesicht zu Angesicht angesprochen werden, damit sie sich nicht manifestieren können. Zu spätes Erkennen von Problemen erfordert mühsame Gegenkonditionierungen, während rechtzeitiges Eingreifen den positiv linearen Ausbildungsweg kaum verzögert.

Der erfahrene Trainer überwacht die Umsetzung der einzelnen Lese- bzw. Ausbildungsschritte, bringt zu Hund und Mensch passende Übungsvarianten ein und sieht, ob das Erlernte genügend gefestigt ist, um Neues einzufügen. Man kann Trainerpersönlichkeiten nach ihren eigenen Erfahrungen und Leistungen auswählen oder die Autorin um entsprechende Empfehlungen bitten.
So läuft man kaum Gefahr, an einen Zauberlehrling zu geraten, sondern darf – dem Buch entsprechend – dem Wissen und der Gabe eines kompetenten Trainers vertrauen.
Es ist ein lohnender Weg, der uns Menschen unendlich viel lehrt und schenkt … Offenheit, bedingungslose Ehrlichkeit der Gefühle, innige Freude, tiefe Verbundenheit … wenn wir es denn zulassen.

Helene Leimer, B.A.
Field Trial Richterin (A-Richterin),
ÖJGV-Richterin, Working Test Richterin

Helene Leimer

LABRADOR, GOLDEN UND CO.

— *Der Weg zum eigenen Retriever*

UNTERSCHIEDLICHE ZUCHTRICHTUNGEN

Trotz aller genetischen Kenntnisse und dem Wissen um Vererbung ist Zucht auch heute noch unberechenbar und deshalb für jeden Züchter sehr spannend.

Neben einem enormen Wissen über Vererbung, kommt es im Wesentlichen auf ein gutes Gespür des Züchters an. Denn Spitzenhund x Spitzenhund muss nicht gleich bedeuten, dass alle Nachkommen durchweg Spitzenveranlagungen haben. In die Erbmasse der Tiere hineinschauen können wir nicht. Der Züchter kann versuchen, über den Phänotyp (die erkennbaren vorliegenden körperlichen Merkmale wie Größe, Farbe, Gewicht, Gesundheitsergebnisse usw.) auf den Genotyp (die exakte genetische Ausstattung des Hundes in der Gesamtheit) der Zuchthunde zu schließen. Der Genotyp bestimmt den Phänotyp, weshalb man über die Ausstellungserfolge bzw. die Arbeitsleistung und die Gesundheitsergebnisse der Elterntiere und deren Verwandtschaft Anhaltspunkte über den Zuchtwert (genetischer Hintergrund) der Zuchthunde erhalten kann. Mit diesem Wissen kann man versuchen, eine möglichst optimale Verpaarung zu planen. Doch auch bei allen Überlegungen bleibt Natur eben Natur.

ERWARTUNGEN AN DEN HUND

Bevor man sich für einen bestimmten Wurf entscheidet, sollte man für sich klären, was man von seinem künftigen Hund erwartet. Sicherlich kann man jeden Hund erziehen, doch bei der Ausbildung des Hundes können wir nur das fördern, was in seinen Anlagen vorhanden ist. Deshalb sollten Hunde, die jagdlich eingesetzt werden und jagdliche Prüfungen absolvieren sollen, auch anlagemäßig dafür geschaffen sein. Hunde, die anlagemäßig für die von ihnen erwartete Leistung viel mitbringen, können eindeutig einfacher und in kürzerer Zeit für die ihnen zugedachte Aufgaben ausgebildet werden. Jedoch muss man bei der Auswahl eines Hundes unbedingt bedenken, dass Hunde, die jagdliche Anlage besitzen, auch anlagemäßig beschäftigt werden wollen. Unterfordert man den Hund, so wird er Wege finden, sich selbst zu beschäftigen und das ist oft nicht im Sinne des Besitzers. Möchte man einen Hund ausschließlich als Familienhund halten, so sollte man dementsprechend vom anlagemäßig hochtalentierten Jagdhund Abstand nehmen. Meist kann man unter diesen Umständen ihren Ansprüchen an Beschäftigung nur schwer gerecht werden.

„Man kann einem Hund grundsätzlich nichts beibringen, das ihm nicht grundsätzlich von der Natur mitgegeben ist. Alle Kunst der Ausbildung beruht darauf, dass man angeborene Lernfähigkeiten ausnutzt und nach Wunsch fördert."

(Eberhard Trumler)

RETRIEVERZUCHT IN ENGLAND

Im 19. Jahrhundert entstanden die meisten Retrieverrassen in England. Mit der zielgerichteten Zucht der Rassen begann man Ende des 19. bzw. Anfang des 20. Jahrhunderts. Zu dieser Zeit wurden auch die Rassestandards aufgestellt. Ursprünglich wurden alle Retriever für die Jagd gezüchtet. Im Laufe der Jahre veränderte sich jedoch auch der Anspruch der Züchter. Es entstanden nach und nach zwei unterschiedliche Zuchtlinien, die sogenannte Show- und die Arbeitslinie.

ARBEITSLINIE

Bei der Arbeitslinie, bei uns wird diese auch Field-Trial-Linie genannt, wurden über viele Hundegenerationen hinweg ausschließlich Hunde für den jagdlichen Einsatz gezüchtet und dementsprechend nur auf die dafür nötigen Eigenschaften selektiert. Hauptsächliches Augenmerk wird auf die jagdliche Leistungsfähigkeit und erst in zweiter Linie auf das Äußere der Hunde gelegt. Selektionskriterien sind alles Eigenschaften, die ein guter Jagdhund benötigt:

- good nose = gute Nase
- style = Arbeitsstil
- natural game finding ability = die natürliche Begabung, Wild zu finden
- good temperament = gutes Temperament
- will to please = der Wille zu gefallen

Hunde dieser Linie wurden früher stets an Jäger und Gamekeeper (= Wildhüter) verkauft und hatten so die Möglichkeit, ihre Fähigkeiten auf „Field Trials“ (Prüfungen, die anlässlich eines Jagdtages abgehalten werden) und im praktischen Einsatz beim „picking up“ (= Einsammeln von Wild bei einer Jagd) unter Beweis zu stellen. Heute findet man sie oftmals auch im Dummysport.

Labrador Retriever-Rüde aus Arbeitslinie. Es gibt sie in den Farben Schwarz und Gelb.

Labrador Retriever-Rüde aus Showlinie. Es gibt sie in den Farben Schwarz, Gelb und Braun.

Golden Retriever-Rüde aus Arbeitslinie, die meist von dunkelgoldener Farbe sind.

Golden Retriever-Rüde aus Showlinie. Es gibt sie von Creme bis Dunkelgolden.

SHOWLINIE

Im Gegenzug zur Arbeitslinie entstand die Showlinie. Diese Züchter legten größeren Wert auf das Aussehen der Hunde und weniger auf besonders ausgeprägte jagdliche Anlagen. Über viele Hundegenerationen wurden die Zuchthunde vor allem unter dem Gesichtspunkt des Exterieurs (= Aussehen) selektiert. Schon nach wenigen Generationen hat sich das Aussehen der Hunde aus diesen beiden Zuchtrichtungen auseinander entwickelt.

Hunde aus der Arbeitslinie sind in der Regel hochbeiniger, sie haben einen schmaleren Kopf und wirken sportlicher. Die Vertreter langhaariger Retrieverrassen haben auch oftmals kürzeres Fell.

Die Hunde aus den Showlinien sind in der Regel nicht ganz so hochbeinig, sie sind vom Körperbau kräftiger und haben auch einen kräftigeren Kopf. Die Hunde der langhaarigen Retriever-Rassen haben ein langes Fell, das sie elegant erscheinen lässt, aber sich beim jagdlichen Einsatz oft als unpraktisch erweist.

Beide Linien sind über viele Jahrzehnte solide gezüchtet worden. Bei beiden wird großer Wert auf ein gutes und verträgliches Wesen gelegt, das unter anderem die große Beliebtheit dieser Hunderassen begründet. Die Züchter selektierten auf die für das entsprechende Zuchtziel nötigen Eigenschaften. Immer nur die besten Hunde wurden zur Zucht eingesetzt, um den erwünschten Typ zu festigen.

Es wundert nicht, dass sich die beiden Linien stetig auseinanderentwickelten. In den Ahnentafeln erkennt man, um welche Zuchtrichtung es sich handelt. Je nach Zuchtziel findet man über zahlreiche Hundegenerationen hinweg Ahnen mit Champion-Titeln, entweder Schönheitschampions / SH-Ch. oder Arbeitschampions / FT-Ch.

ZUCHT AUF DEM FESTLAND

Zuchtvereine entstanden erst vor wenigen Jahrzehnten auf dem kontinentalen Festland (Gründungsjahr DRC 1963, ÖRC 1980, LCD 1984, RCS 1985, GRC 1989). Anfangs wurden Hunde aus Showlinien von England importiert. Diese Hunde bildeten den Grundstock der kontinentalen Zucht. Um die jagdliche Brauchbarkeit der Hunde zu überprüfen, wurden diese bald auf kontinentalen jagdlichen Prüfungen vorgestellt. Nach und nach entstanden spezielle Prüfungen für Retriever wie z. B. die Bringleistungsprüfung (BLP/R), Dr.-Heraeus-Gedächtnis-Prüfung (HP/R), Retrievergebrauchsprüfung (RGP/R) und die St.-Johns-Prüfung (SJP). Diese Prüfungen haben mit den Field Trials des englischen Mutterlandes jedoch wenig gemein, da diese sich an den Bedürfnissen der Jagd des kontinentalen Festlandes orientieren, die sich von den Jagdbedingungen in England unterscheiden. Deshalb ist es nicht verwunderlich, dass sich die jagdlichen Prüfungen für Retriever stark an den Prüfungen der deutschen Vollgebrauchshunde anlehnen.

ZUCHTRICHTUNGEN

(Betrachtung der Extreme, Mischtypen sind möglich)

— Hunde aus Showlinien, die vor allem als Familienbegleithunde gezüchtet werden.

— Hunde aus (spezieller) jagdlicher Leistungszucht, die vor allem als Jagdgebrauchs- und Sporthunde gezüchtet werden. Welpen mit diesem Prädikat haben Eltern bzw. Großeltern, die deutsche Jagdprüfungen bestanden haben. Man unterscheidet hier zwei unterschiedliche Typen:

1. Hunde, die aus Showlinien stammen.
2. Hunde, die aus englischen Arbeits- bzw. Field-Trial-Linien stammen.

Je nachdem, aus welcher Zuchtrichtung die Vorfahren stammen, unterscheiden sich die Hunde im Temperament, von den Arbeitsanlagen und auch vom Typ und Aussehen.

JAGDLICHE LEISTUNGSZUCHT

In der Zucht begann man Verpaarungen aus Hunden, die eine kontinentale jagdliche Prüfung wie eine BLP/R bestanden hatten, herauszustellen. Welpen aus diesen Verpaarungen werden als „jagdliche Leistungszucht" deklariert. Können auch die Großeltern der Welpen jagdliche Prüfungen vorweisen, so bekommen diese Welpen Ahnentafeln mit dem Prädikat „spezielle jagdliche Leistungszucht". Diese Hunde haben ihre jagdliche Brauchbarkeit unter Beweis gestellt.

ENGLISCHE ARBEITSLINIEN

Hunde aus der englischen Arbeitslinie, die über viele Jahrzehnte und unzählige Generationen hinweg ausschließlich auf Arbeitsleistung gezüchtet wurden, waren auf dem kontinentalen Festland nicht von Beginn an vertreten. In den 90er-Jahren des letzten Jahrhunderts begannen ambitionierte Hundehalter und -züchter eine immer wachsende Zahl von Field-Trial-Retrievern (Labrador und Golden Retriever) aus England zu importieren. Viele dieser Importhunde waren am Aufbau der Retrieverzucht hierzulande beteiligt. Mittlerweile gibt es auch in Deutschland, der Schweiz und Österreich Züchter, die ausschließlich entsprechend dem englischen Vorbild Hunde aus der reinen englischen Arbeitslinie züchten.

01

02

03

04

LEISTUNGSZUCHT IST NICHT GLEICH LEISTUNGSZUCHT

Sucht man auf den Welpenlisten nach einem Welpen aus „jagdlicher bzw. spezieller jagdlicher Leistungszucht", kann man leicht Opfer eines Irrtums werden. Auf den Welpenlisten der Zuchtvereine kann man nicht auf Anhieb erkennen, ob es sich um Welpen aus der Showlinie mit deutschem Arbeitsprädikat oder um Welpen der englischen Arbeits- bzw. Field-Trial-Linien handelt. In beiden Fällen haben die Elterntiere die gleichen Prüfungen vorzuweisen, jedoch unterscheiden sich die Hunde erheblich im Typ und Aussehen voneinander. Sicher bekommt man in jedem Fall einen guten Jagdhund, doch hat man sich für einen bestimmten Typ Hund entschieden, ist es unumgänglich, sich entweder mit der Ahnentafel des Wurfes auseinanderzusetzen oder den Züchter zu befragen. Scheuen Sie sich nicht, den Züchter auch um eine Arbeitsprobe des Zuchthundes zu bitten. Dann können Sie sich selbst davon überzeugen, ob das Temperament und der „Style" Ihren Vorstellungen entspricht. Jeder seriöse Züchter wird Ihnen gern, wenn die Trächtigkeit der Hündin noch nicht zu weit fortgeschritten ist, stolz das Arbeitsvermögen seiner Zuchthunde demonstrieren.

01 Labrador Retriever-Rüde aus Arbeitslinie.

02 Labrador Retriever-Rüde aus Showlinie.

03 Golden Retriever-Rüde aus Arbeitslinie.

04 Golden Retriever-Rüde aus Showlinie.

AUSWAHL DES RETRIEVERS

Ein Lebewesen kauft man nicht jeden Tag, deshalb sollten Sie sich vor dem Kauf gut informieren. Dieser Hund wird Sie als Weggefährte viele Jahre Ihres Lebens begleiten. Warten Sie besser einige Wochen oder auch Monate, bis Sie den richtigen Züchter gefunden haben, dem Sie vertrauen können.

DACHVERBÄNDE DER HUNDEZUCHT

Adressen von Züchtern können Sie bei den Retriever-Zuchtvereinen erfragen. Rufen Sie bei der Welpenvermittlung der Zuchtvereine an oder schauen Sie auf den Webseiten im Internet nach (siehe Service ab S. 224). Dort erhalten Sie Informationen, welcher Züchter einen Wurf der gewünschten Rasse bereits hat bzw. wo Welpen erwartet werden. Achten Sie jedoch darauf, dass der Züchter in einem dem FCI angeschlossenen Hundezuchtverein züchtet. Warum das?

Die unter dem Dach der Fédération Cynologique Internationale (FCI) zusammengeschlossenen Zuchtverbände züchten nach strengen Zuchtvorschriften. In erster Linie geht es diesen Vereinen um die Erhaltung des rassetypischen Aussehens und der Eigenschaften des Rassehundes, ebenso um ein gutes ausgeglichenes Wesen sowie um eine gute Gesundheit der Tiere. Es werden nur Hunde zur Zucht zugelassen, die neben

Hobbyzüchter züchten aus Liebe und Passion. Die Zuchthunde sind Teil der Familie.

WELTWEITE VEREINSHIERARCHIE

FCI (Fédération Cynologique Internationale)

Die Fédération Cynologique Internationale (FCI) ist die Weltorganisation der Kynologie. (Kynologie ist die Wissenschaft vom Hund. Dieser Begriff wird jedoch nicht nur rein wissenschaftlich gebraucht, sondern auch für die angewandte Hundekunde, d. h. die Zucht, Abrichtung, Haltung und Verwendung der Hunde). Dieser weltweiten Dachorganisation der Hundezuchtvereine sind jeweils die nationalen Zuchtverbände untergeordnet. In jedem angeschlossenen Land gibt es einen nationalen Zuchtverband. Zurzeit sind unter dem Dach der FCI 88 Mitglieds- und Partnerländer zusammengeschlossen. Jedes dieser Mitglieds- und Partnerländer stellt ihrerseits eigene Ahnentafeln aus und bildet auch nationale Richter aus. In Deutschland ist dies der Verband für das Deutsche Hundewesen (VDH); in der Schweiz die Société Cynologique Suisse (SKG); in Österreich der Österreichische Kynologenverband (ÖKV). Die FCI garantiert innerhalb ihrer Organisation die gegenseitige Anerkennung der Ahnentafeln (Pedigrees) der Länder, wie auch der Richter.

VDH (Verband für das Deutsche Hundewesen)
SKG (Schweizerische Kynologische Gesellschaft)
ÖKV (Österreichischer Kynologenverband)

Die der FCI angeschlossenen nationalen Zuchtverbände VDH / SKG / ÖKV sind selbst wiederum Dachorganisationen. In Deutschland z. B. werden vom Dach des VDHs über 250 verschiedene Hunderassen betreut. Die drei deutschen Retrieverzuchtvereine (Deutscher Retriever Club, Golden Retriever Club, Labrador Retriever Club Deutschland) sind Mitglied im VDH. Sie unterwerfen sich den strengen Zuchtbestimmungen mit entsprechenden Wurfkontrollen. Der VDH garantiert, dass die in den Ahnentafeln des VDH enthaltenen Angaben korrekt sind und strenge Wurf- und Zuchtkontrollen durchgeführt wurden. Bei den im VDH angeschlossenen Vereinen werden diese Mindestzuchtbestimmungen durch objektive Kontrollen gewährleistet.

JGHV (Jagdgebrauchshundverband)

Neben dem VDH als Dachorganisation für das deutsche Hundewesen existiert in Deutschland als Dachorganisation für das gesamte Jagdgebrauchshundwesen der Jagdgebrauchshundverband (JGHV). Satzungsgemäß ist der JGHV die Dachorganisation der Jagdgebrauchshund-, Prüfungs- und Zuchtvereine sowie der Landesjagdverbände. Er setzt sich aus Vereinen zusammen, die Prüfungen nach den Ordnungen des Verbandes ausrichten, Zuchtvereinen sowie assoziierten Vereinen des Auslandes. Der JGHV hat sich die Aufgabe gestellt, alle Vereine zusammenzuschließen, die durch Prüfung, Zucht und Weiterbildung für die Beschaffung brauchbarer Jagdhunde sorgen und damit dem waidgerechten Jagen dienen wollen. Der JGHV wiederum ist Mitglied im VDH.

gesundheitlichen Kriterien auch mit ihrem Aussehen (Formwert), ihrem Wesen (Wesenstest) und ihrer Veranlagung (Arbeitsprüfungen) dem Rassestandard entsprechen. Die so zusammengeschlossenen Züchter sind keine Massenzüchter. Sie züchten ihre Hunderasse als Hobby, mit der entsprechenden Liebe und Passion. Ob allerdings der Züchter Ihren Vorstellungen entspricht, das müssen Sie selber herausfinden.

WAHL EINES GUTEN ZÜCHTERS

Nach Ihren ersten Recherchen wissen Sie nun, welche Züchter Welpen haben oder welche in den nächsten Monaten Welpen erwarten. Nehmen Sie erst einmal telefonisch Kontakt zu den Züchtern auf. Stellen Sie sich vor dem Anruf eine Liste mit Fragen zusammen. Scheuen Sie sich nicht, den Züchter alles zu fragen, was Ihnen am Herzen liegt. Ein guter Züchter wird Ihnen Ihre Fragen gern beantworten, denn er ist sicherlich stolz auf seine Hunde und wird Ihnen detaillierte Auskunft geben. Zudem wird es auch ihm wichtig sein, dass Sie sich mit der Hunderasse beschäftigt haben, dass Sie sicher sind, dass ein Retriever der Hund ist, der am besten zu Ihnen passt.

WAS ZÜCHTER ALLES FRAGEN

Seien Sie nicht überrascht, wenn der Züchter Ihnen ebenso viele Fragen stellt. Er wird sich ganz sicher für Ihre besonderen Lebensumstände interessieren, sich nach Ihrem Tagesablauf, nach Ihrer Berufstätigkeit, nach Ihren Urlaubsplänen, nach Ihren Hobbys usw. erkundigen. Seien Sie über diese scheinbare Aufdringlichkeit nicht verärgert. Dieser Züchter zeigt nur, dass er sich verantwortungsbewusst um seine Welpen kümmert. Bedenken Sie, er muss sich in relativ kurzer Zeit einen Eindruck verschaffen, ob Sie die Möglichkeit und Fähigkeit haben, die Verantwortung für dieses hilflose Lebewesen für die nächsten 10 bis 15 Jahre übernehmen zu können. Freuen Sie sich darüber, dass diesem Züchter das Schicksal seiner Welpen nicht gleichgültig ist.

Die Golden Retriever-Hündin aus Arbeitslinie zeigt stolz ihre Welpenschar.

ERSTER BESUCH BEIM ZÜCHTER

Sie haben telefonisch Kontakt aufgenommen und von diesem Züchter einen guten Eindruck bekommen. Deshalb haben Sie nun einen Besuchstermin mit ihm vereinbart. Nutzen Sie diesen Termin, um sich vor Ort Ihr Bild von diesem Züchter zu vervollständigen. Sehen Sie sich an, wie die Welpen gehalten werden. Es ist egal, ob die dort vorgefundenen Einrichtungen einfach und abgenutzt sind. Hauptsache ist, dass das Umfeld sauber und gepflegt ist.

DER ERSTE EINDRUCK ZÄHLT

Sehen Sie sich nicht nur die Welpen an. Begutachten Sie auch die anderen Hunde, die im Haus des Züchters leben. Machen diese einen gesunden Eindruck? Reagieren sie freundlich und fröhlich auf den Züchter? Verhalten sich die erwachsenen Hunde auch freundlich Ihnen gegenüber? Macht der Züchter den Eindruck, dass er stolz auf seine Hunde ist? Haben Sie den Eindruck, dass er seine Hunde liebt? Haben Sie bei irgendetwas ein ungutes Gefühl, sollten Sie Ihren Besuch freundlich beenden und sich nach einem anderen Züchter umsehen. In jedem Fall sollten Sie das Gefühl haben, dem Züchter vertrauen zu können. Mitleidskäufe lohnen sich niemals. Sie wollen einen Freund finden, der Sie begleitet, ein ganzes Hundeleben lang.
Seien Sie aber auch vorsichtig, wenn der Züchter sich nicht dafür interessiert, warum Sie gerade diese Rasse ausgesucht haben, wenn er Sie nicht nach Ihren Lebensumständen befragt, wenn er sich nicht dafür interessiert, wo sein Welpe hinkommt und wie sein weiteres Leben aussehen wird! Ein guter Züchter hat großes Interesse daran, das bestmögliche Zuhause für seine Welpen zu finden. Er wird Sie ebenfalls befragen und Sie aufmerksam beobachten, wie Sie und ebenso Ihre Kinder mit den Welpen und den erwachsenen Hunden umgehen. Er wird Sie nicht überreden wollen, einen seiner Hunde zu kaufen. Er verkauft seine Welpen auch nicht zu Schleuderpreisen, nur weil er sie aus irgendwelchen Gründen loswerden will.

AUF GEPFLEGTE WELPEN ACHTEN

Ein absolut sauberer Welpenauslauf wird bei der großen Schar von ewig herumwuselnden Welpen nicht realisierbar sein, auch ein sehr bemühter Züchter wird es nicht schaffen. Aber es sollten trotzdem keine eindeutig alten Häufchen und Pippi-Pfützen zu finden sein. Auch der Wassernapf sollte sauber und gefüllt sein und keine Näpfe mit Futterresten herumstehen. Die Welpen sollten gepflegt aussehen, gut riechen und keine tränenden Augen haben. Sehr wichtig ist auch, dass die Welpen Kontakt zu Menschen haben. In einer abgelegenen Scheune, im Zwinger oder gar im Keller haben sie dazu keine Chance.

Mutterhündinnen erziehen ihre Welpen fair und konsequent.

So bereiten sie sie auf das Leben in der Gemeinschaft vor.

FRAGEN AN DEN ZÜCHTER AM TELEFON

Fragen, die Sie bei Ihrem ersten Telefonat mit einem Züchter stellen sollten.

	FRAGE	HINTERGRUND
?	**Wie lange halten Sie schon diese Hunderasse?**	Ein Züchter sollte möglichst viele Jahre Erfahrung mit dieser Rasse haben. Nur wenn er über ein umfassendes Wissen über die Rasse und ausreichend Kenntnis über die charakterlichen und gesundheitlichen Eigenschaften der Zuchttiere hat, kann er die richtige Auswahl für eine Verpaarung treffen. Züchter sollten deshalb über ausreichend Erfahrung verfügen bzw. Neuzüchter auf den Erfahrungsschatz und die Beratung eines erfahrenen Züchters zurückgreifen können.
?	**Wie viele Würfe haben Sie durchschnittlich pro Jahr?**	„Viele" ist hier die falsche Antwort. Ein dem VDH angeschlossener Züchter betreibt die Hundezucht als Hobby und hat nicht viele zuchtfähige Hündinnen. In der Regel haben solche Züchter nicht mehr als zwei bis maximal drei Würfe im Jahr.
?	**Züchten Sie auch noch andere Rassen?**	Wenn der Züchter mehrere Rassen züchtet, dann sollten Sie ihn von Ihrer Liste streichen. Hundezucht ist schon sehr aufwendig. Man braucht schon alleine dafür viel Zeit, sich die entsprechenden Informationen über die Zuchthunde zu besorgen, um einen Wurf gewissenhaft planen zu können. Es ist deshalb kaum möglich, sich um mehr als zwei Rassen gewissenhaft zu kümmern.
?	**In welchem Alter geben Sie die Welpen ab? Wann kann ich einen Welpen abholen?**	Züchter, die dem VDH angeschlossen sind, dürfen die Welpen nicht vor der 8. Lebenswoche (dasselbe gilt für Österreich und die Schweiz) abgeben. Außerdem produzieren diese Züchter Welpen nicht auf Halde. In der Regel muss man auf einen Welpen Wochen oder Monate warten. Werden Sie erst einmal stutzig, wenn Sie einen Welpen sofort haben können. Hinterfragen Sie, warum der bzw. die Welpen nicht bereits vergeben wurden.
?	**Kann ich vorbeikommen und mir den Wurf anschauen?**	Hier sollten Sie nicht das Gefühl haben, dass Sie sich aufdrängen. Gute Züchter möchten sowieso ihre künftigen Welpenkäufer vor der Abgabe kennenlernen. Ernsthaften Züchtern ist es nicht egal, wo ihre Welpen hinkommen. Sie möchten sich gern ein Bild von Ihnen, Ihrer Familie und Ihren Lebensumständen machen. Allerdings können Sie nicht damit rechnen, sofort oder zu Ihrem ersten Terminvorschlag zum Züchter fahren zu können. Gerade in der Zeit, in der Welpen da sind, hat der Züchter selbst viele Verpflichtungen. Er muss die Welpen versorgen und auch Zeit für Gespräche mit anderen Welpeninteressenten einplanen. Seien Sie deshalb nicht böse, wenn Sie sich nach den Vorgaben des Züchters richten müssen und nicht täglich zu den Welpen können.
?	**Kann ich bei diesem Besuch auch die Mutterhündin sehen?**	Falls der Züchter Ihnen die Mutterhündin nicht zeigen möchte, fragen Sie nach dem Grund. Sie sollten die Mutterhündin sehen dürfen, denn schließlich gibt sie ihre Anlagen an die Welpen weiter.

Scheuen Sie sich nicht, diese und auch noch mehr Fragen bereits am Telefon zu stellen. Ein guter Züchter wird sie Ihnen beantworten, ohne sich belästigt zu fühlen, wenn die Fragen Ihr Interesse widerspiegeln und höflich formuliert sind.

FRAGEN AN DEN ZÜCHTER WÄHREND DES BESUCHS

Haben Sie die Zuchtstätte für gut befunden, dann fragen Sie den Züchter alles, was Ihnen auf der Zunge liegt. Ein Züchter, der sich durch Ihre Fragerei genervt fühlt, ist bestimmt nicht der richtige.

	FRAGE	HINTERGRUND
?	**Ist die Rasse mit irgendwelchen Erbkrankheiten belastet? Sind Ihre Hunde daraufhin untersucht? Sind Ihre Hunde mit solchen Erbkrankheiten belastet?**	Lassen Sie sich die Gesundheitsergebnisse der Hunde zeigen und scheuen Sie sich nicht, sich die Ergebnisse erklären zu lassen.
?	**Wie sieht die Ahnentafel aus? Warum haben Sie diese Paarung gemacht? Was haben Sie sich davon versprochen? Welches Ziel verfolgen Sie mit Ihrer Zucht?**	Ein guter Züchter wird Ihnen gern die Ahnentafel erklären und auch Auskunft über seine Zuchtziele geben. Er wird Ihnen gern verdeutlichen, warum er diese Paarung gemacht hat, was er sich davon erhofft. Ein Züchter ohne ein Zuchtziel züchtet nicht – er vermehrt nur.
?	**Wie oft werden die Hunde tierärztlich betreut? Gab es irgendwelche gesundheitlichen Probleme?**	Normalerweise legt jeder Züchter bereitwillig die tierärztlichen Unterlagen (in der Regel sind dies die Hüftgelenks- und Ellenbogendysplasie-Ergebnisse sowie die Augenuntersuchung und die Ergebnisse der Gentests) und die Unterlagen der Wurfabnahme vor.
?	**Was steht im Kaufvertrag? Gibt es irgendwelche Klauseln? Nehmen Sie den Hund zurück, wenn irgendwelche nicht absehbaren Umstände (Scheidung, Auswanderung, Arbeitslosigkeit, Hausbrand, Allergie usw.) eintreten und ich das Tier nicht mehr halten kann?**	Seien Sie vorsichtig, wenn ein Züchter dies ablehnt. Ein guter Züchter wird mit Ihnen den Kaufvertrag durchgehen und erklären. Er wird auch ohne Probleme einen Hund zurücknehmen, um diesem den Gang ins Tierheim zu ersparen. Er wird seinem Welpen, egal wie alt er dann ist, gern ein neues Zuhause suchen.
?	**Fragen Sie, ob Sie Kontakt zu ihm halten dürfen? Ob er Ihnen mit Rat und Tat zur Seite stehen wird?**	Ein guter Züchter ist sowieso aus eigenem Interesse daran interessiert zu erfahren, was aus seinen Welpen wird. Er erwartet nicht, dass Sie monatlich bei ihm anrufen. Aber er freut sich, wenn Sie ihn bei Schwierigkeiten und auch bei positiven Entwicklungen (z. B. Ergebnisse der Gesundheitsuntersuchungen, bestandene Prüfungen, Zuchtgedanken) informieren. Er wird Ihnen selbstverständlich auch bei auftretenden Problemen, z. B. bei gesundheitlichen Fragen oder Schwierigkeiten in der Ausbildung gern zur Seite stehen.
?	**Haben Sie schon genaue Vorstellungen und suchen Sie nach einem bestimmten Hundetyp (Arbeits- oder Showlinie), dann fragen Sie den Züchter, ob er Ihnen seine Zuchthündin in der Arbeit oder in einer Showsituation vorstellt.**	Sicher wird Ihnen ein gewissenhafter Züchter gern entweder das Arbeitsvermögen seiner Hündin (sofern die Trächtigkeit noch nicht zu weit fortgeschritten ist) oder von anderen von ihm gezüchteten Hunden zeigen bzw. wenn es sich um einen Züchter der Showlinie handelt, die Show-Qualitäten seiner Zuchthündin genau erklären. Ein guter Züchter sollte stolz auf seine Zuchthunde sein.

DER PASSENDE WELPE

Vertrauen Sie Ihrem Züchter, lassen Sie sich von ihm bei der Auswahl Ihres Welpen beraten. Ein guter Züchter kennt die Eigenheiten und die Charakterzüge jedes seiner Welpen genau. Schließlich hat er die Kleinen in den letzten acht Wochen gut beobachten können.

Um jeden einzelnen Welpen genau einschätzen zu können, lassen einige Züchter am 49. Lebenstag einen Welpentest durchführen. Zu diesem Zeitpunkt ist das Gehirn eines Welpen vollständig entwickelt. Ursprünglich wurden Welpentests von Verhaltensforschern, Hundezüchtern und Ausbildern entwickelt, um ein Instrument für die Auslese von Welpen für die Blindenführhundeausbildung zu haben. Bei einem Welpentest wird jeder Welpe allein, ohne die Sicherheit seiner Hundefamilie, von einer ihm unbekannten Person in einer ihm unbekannten Umgebung beobachtet. Ohne die Sicherheit ihrer Geschwister zeigen Welpen häufig ganz andere Reaktionen und Verhaltensweisen. Der Züchter erhält so Hinweise über die Charaktermerkmale und das Verhalten des Welpen. Dieser Test kann aber nicht das Verhalten des erwachsenen Hundes eindeutig voraussagen, denn dieses wird durch die künftigen Erfahrungen des Welpen mit der Umwelt und mit seinem neuen Besitzer weiter beeinflusst. Aus den Testbeobachtungen kann man jedoch auf das augenblickliche Wesen und das derzeitig gezeigte Verhalten des Welpen schließen.
Die Beobachtungen geben uns Anhaltspunkte darüber, wie man künftig mit der Prägung des Welpen vorgehen muss. Die Testergebnisse ergänzen deshalb die Beobachtungen, die der Züchter bei der Aufzucht gemacht hat und runden das Charakterbild ab.

WEICHEN STELLEN FÜR DIE ZUKUNFT

Jeder Welpe ist eine eigenständige Persönlichkeit, deshalb muss die weitere Prägung und Erziehung durch den neuen Besitzer je nach Persönlichkeit des Welpen sehr unterschiedlich sein. Fragen Sie Ihren Züchter, er wird Ihnen sicher Tipps für die weitere Prägung Ihres Welpen geben, um eine möglichst optimale Sozialisierung und Erziehung seiner Nachzucht zu gewährleisten.
Bis zum Ende der 16. Lebenswoche hat der Welpenkäufer die Möglichkeit, den Welpen auf den richtigen Weg zu bringen. In dieser Zeit sollte z. B. ein eher selbstsicherer Welpe schon lernen, dass es mehr Spaß macht, mit dem Menschen zusammen etwas zu unternehmen, als allein herumzustromern. Ein sehr selbstsicherer Welpe sollte nicht die Erfahrung machen, dass er allein die Welt entdecken und auch ohne seinen Menschen Spaß haben kann. Lassen Sie ihm niemals zu viel Freiraum, denn sonst beschwören Sie spätere Probleme herauf. Führen Sie einen unsicheren, eher vorsichtigen Welpen gezielt und einfühlsam an die unterschiedlichsten Umweltsituationen heran. Zeigen Sie ihm, dass die Welt sehr viele schöne Seiten hat, und dass Ihr Welpe sich auf Sie verlassen kann. So wird auch aus einem anfangs vorsichtigen Welpen ein selbstsicherer Hund.

Zwei selbstbewusste gelbe Labrador Welpen schauen in die Welt hinaus.

EIGENE VORSTELLUNGEN UND ZIELE

Mit Hilfe seines Wissens kann der Züchter einen für Sie geeigneten Welpen aussuchen, dessen Wesen, Temperament und Veranlagung für Ihren späteren Verwendungszweck passend ist. Sie sollten deshalb Ihrem Züchter genau sagen, was für Vorstellungen und Ziele Sie haben. Was erwarten Sie von Ihrem künftigen Familienmitglied? Welche Charaktereigenschaften bevorzugen Sie, was können Sie nicht akzeptieren? Suchen Sie einen passionierten Jagdhund oder einen unerschrockenen Rettungshund oder einen verschmusten Familienhund? Möchten Sie züchten? Würden Sie auch einen Welpen mit einem zuchtausschließenden Fehler akzeptieren? Bedenken Sie, nicht jedes Lebewesen ist vollkommen, dennoch kann gerade dieser Welpe der perfekte Lebenspartner für Sie sein! Beschreiben Sie Ihrem Züchter möglichst genau Ihre Vorstellungen. Jeder Welpenkäufer hat so die Chance auf die erste Wahl, denn jeder Welpe ist anders und jeder Welpenkäufer hat auch andere Vorstellungen. Vertrauen Sie bei der Welpenauswahl auf das Gespür, das Wissen und die Erfahrung Ihres Züchters.

ERZIEHUNG UND BEZIEHUNG

— *Wie Welpen lernen*

WARUM ERZIEHUNG SO WICHTIG IST

Um in unserer Gesellschaft nicht zum Problem zu werden, braucht jeder Hund ein gewisses Maß an Grundgehorsam. Sicher gibt es kein Patentrezept, wie viel Erziehung wirklich sein muss, das muss jeder Hundehalter für sich entscheiden.

Der Hund benötigt auf jeden Fall so viel Erziehung, dass er in unserer Gesellschaft nicht unangenehm auffällt oder aneckt. Ein verantwortungsbewusster Hundehalter wird seinem Retriever deshalb eine sorgfältige Erziehung angedeihen lassen. Eine Erziehung, die Zeit und Geduld erfordert. Hundeerziehung sollte didaktisch abwechslungsreich und fachkundig aufgebaut sein. Scheuen Sie sich nicht, fachkundige Hilfe in Anspruch zu nehmen. Die Rassehundeclubs, aber auch Hundeschulen bieten Welpen- und Junghundekurse an. Profitieren Sie von dem Wissen der kompetenten und erfahrenen Ausbilder. Neben praktischen Unterweisungen wird in diesen Kursen theoretisches Fachwissen vermittelt.

LERNEN FÜRS LEBEN

Allein mit dem Wort Erziehung assoziieren viele von uns „Zucht und Ordnung“. Keiner von uns mag dieses Wort, jeder denkt gleich an Einschränkungen und Verbote. Die meisten frischgebackenen Hundebesitzer halten Erziehung für etwas Schreckliches, besonders wenn sie ihrem kleinen, süßen, wuscheligen Hundekind so beim Spielen zuschauen. Viele denken, lassen wir ihn erst einmal seine Jugend genießen, das was an Erziehung notwendig ist, können wir auch noch später nachholen. Sie erziehen ihren Welpen erst einmal nicht, bis er dann außer Rand und Band ist und sich die ersten Probleme bereits eingestellt haben. Doch dies ist ein völlig falscher Ansatz! Eine sinnvolle Erziehung beginnt natürlich im Welpenalter. Mit Liebe, Konsequenz und natürlich auch mit viel Spaß können Sie dem Welpen vieles beibringen. Erziehung ist alles, was Sie mit Ihrem Welpen machen, alles was er erlebt,

Vertrauensvolle Mensch-Hund-Beziehung

jedes Spiel, jeder Spaziergang, jedes Lob, jede Zurechtweisung. Schon jetzt legen Sie den Grundstein für sein weiteres Leben. Bereits als Welpe muss Ihr Hund den Umgang mit anderen Hunden lernen, denn jetzt wird der Grundstein für soziales Verhalten gegenüber Artgenossen gelegt. Führen Sie ihn auch spielerisch an die verschiedensten Umweltgegebenheiten heran, damit er künftig in den unterschiedlichen Lebenssituationen zurechtkommt. Je mehr Ihr Welpe erlebt, umso einfacher wird er später auch mit neuen Situationen umgehen können. Formen Sie sich einen sicheren Partner für Ihr Leben, denn Erziehen heißt Lernen fürs Leben!

VORTEILE GUTEN BENEHMENS

Mit einer guten Erziehung sichern Sie Ihrem Welpen ein erfülltes und artgerechtes Leben. Bereits vom ersten Tag an stellen Sie die Weichen dafür. In der Regel wird aus einem unerzogenen Welpen später auch ein unerzogener Hund: ein Hund, der immer zu Hause bleiben muss, da er zu unruhig ist und es viel zu anstrengend ist, ihn mitzunehmen; der an der Leine zerrt und mit anderen Hunden Streit anfängt; der immer an der Leine bleiben muss, da er nicht hört und man deshalb Angst hat, dass er auf die Straße rennt und überfahren wird – ein Hund, der somit keine Lebensqualität hat, eben weil er unerzogen ist.

Ein gut erzogener Hund ist eine Bereicherung für Ihr Leben. Sie werden es genießen, ihn überall mitnehmen zu können, und er wird es genießen, überall dabei sein zu dürfen. Ein Zuviel an Erziehung gibt es nicht, wenn sie wohl dosiert und in freundlicher Atmosphäre stattfindet. Es kann höchstens ein Zuwenig an Erziehung geben. Je besser ein Hund erzogen ist, desto mehr Freiheiten können Sie ihm einräumen, desto mehr Freiheiten lässt er Ihnen. Ein Hund sollte keine Belastung sein, sondern ein Partner, der Ihr Leben bereichert.

ALLER GUTEN DINGE SIND DREI

Grundsätzliche Mindestziele der Hundeerziehung:

- Kommen, wenn man ihn ruft, in jeder Situation, bei jeder nur erdenklichen Ablenkung.
- Bei Fuß gehen, das heißt ordentlich, ohne an der Leine zu zerren, aber auch frei bei Fuß aufmerksam nebenhergehen.
- Sitzen- oder Liegenbleiben und neben seinem Menschen oder auch allein warten, bis es weitergeht, ohne zu behindern oder zu stören.

Jeder verantwortungsvolle Hundehalter sollte mit diesem Mindestmaß an Gehorsam sicherstellen, dass der Hund immer und überall, in jeder Situation, nicht zu einem Problem oder zu einer Gefahr für die Gesellschaft wird.

Erziehung bedeutet Lernen für ein entspanntes und zufriedenes Leben.

ERZIEHUNG BEDEUTET KONSEQUENZ

„Antiautoritäre Erziehung" funktioniert bei Hunden nicht! Wir Menschen müssen ihnen schon klarmachen, wann wir mit ihrem Verhalten einverstanden sind und wann nicht. Erziehung bedeutet somit auch, Verbote auszusprechen und konsequent darauf zu achten, dass diese eingehalten werden. Beim täglichen Training fördert der Hundehalter das Miteinander mit seinem vierbeinigen Kameraden. Die gemeinsame Beziehung wird gefestigt und so wird aus dem guten Kontakt zwischen Welpe und Halter eine echte Bindung – eine Bindung fürs Leben. Im Gegensatz zu vielen Menschen fällt es einem Welpen leicht, eine Autorität anzuerkennen. Im Grunde ihres Herzens lieben Hunde klare Regeln, sie fühlen sich in einem geregelten Tagesablauf sehr wohl. Als Rudeltier fällt es ihnen leicht, sich unterzuordnen. Ein Einordnen in die Regeln einer Gemeinschaft ist für den Hund deshalb etwas ganz normales. **Hunde sind Gewohnheitstiere und sollten deshalb vom ersten Tag an, an die geltenden Regeln gewöhnt werden. Es dauert zudem viel länger, schlechte Angewohnheiten wieder abzugewöhnen, als die Dinge, die man nicht dulden möchte, gleich zu unterbinden.**

ERZIEHUNG VERSUS AUSBILDUNG

Erziehung muss sein, Ausbildung sollte sein! Hunde wollen geistig und körperlich gefordert werden, deshalb sollte es das Bestreben jeden Hundehalters sein, bereits den Welpen seinen Anlagen entsprechend zu beschäftigen und auszubilden. Leider gibt es immer noch Hundehalter, die sich nicht vorstellen können, dass ein Hund auch beschäftigt werden muss. Sie lassen deshalb ihrem Hund, neben der allgemeinen Erziehung, keine weitere Ausbildung angedeihen, denn sie denken: „Mein Hund soll es gut haben, er muss nicht arbeiten!"

Was zu viel ist, ist zu viel! Hunde kommunizieren deutlich.

Doch dies ist ein Gedankenfehler! Hunde sind erst wirklich glücklich, wenn sie ihre genetisch verankerten Anlagen ausleben können, deshalb ist nur ein beschäftigter Hund auch ein zufriedener Hund. Mit was Sie Ihren Hund sinnvoll beschäftigen ist völlig egal. Retriever können in vielen Disziplinen sinnvoll beschäftigt werden. Die Beschäftigung als Jagdhund oder im Dummysport kommt ihnen anlagemäßig am Nächsten. Ob Ihr Hund nun seine Anlagen im Jagd- oder im Sportbereich ausleben darf oder in einem anderen Bereich, z. B. bei der Rettungshunde-, Lawinen- und Sanitätshundearbeit oder bei einem anderen Hundesport, ist völlig egal. Das was Sie zusammen tun, muss zu Ihnen und Ihrem Hund passen. Deshalb muss das Ziel und das Maß der weiterführenden Ausbildung individuell auf den jeweiligen Hund und Ihre Lebenssituation abgestimmt werden.

MENSCH UND HUND ALS HARMONISCHES TEAM

Jeder Welpe ist eine echte Persönlichkeit mit eigenen Fähigkeiten. Was aus diesem ganz einmaligen Lebewesen wird, hängt einzig und allein von seinem Besitzer ab. Denn auch der hochbegabteste Hund erzieht sich nicht von allein, ein umfassendes Wissen über die Hundeausbildung, aber auch ein Gefühl für den Welpen gehören zur erfolgreichen Ausbildung unbedingt dazu. Und gerade weil jeder Retrieverwelpe so einzigartig ist, ist die Erziehung und Ausbildung immer wieder eine neue Herausforderung, auch für schon erfahrene Retrieverhalter.

Eine erfolgreiche Ausbildung hängt in großem Maße von einer guten und ausgeglichenen Mensch-Hund-Beziehung ab. Beobachtet man die Hunde, die Arbeitsprüfungen gewinnen, stellt man fest, dass sie neben der sicher perfekt erbrachten Leistung auch durch ihren ausgeglichenen und sicheren Arbeitsstil überzeugen. Diesen überzeugenden Arbeitsstil können jedoch nur die Hunde erreichen, die Vertrauen zu und Achtung vor ihrem Menschen haben, und die gezeigte Leistungen aus Zutrauen und nicht aus Angst erbringen. Sicher muss der Hundehalter immer den lenkenden Part in der Beziehung Mensch/Hund haben, er muss für den Hund eine Autoritätsperson sein. Doch sollte Autorität nicht mit falsch verstandenem Druck oder gar Zwang gleichgesetzt werden. Einer Autoritätsperson sollte man vertrauen und sich vor allem auf sie verlassen können. Harmonie ist somit die Grundlage jeder erfolgreichen und glücklichen Mensch-Hund-Beziehung. Der Mensch sollte den Hund als seinen Kameraden sehen, als seinen Lebenspartner.

ERZIEHUNG VON WELPEN

Es ist unumstritten, dass jedes Lebewesen, auch der Hund, am einfachsten und effektivsten über positive Verstärkung lernt. Dies bedeutet: Je öfter der Welpe für eine Handlung gelobt und belohnt wird, umso verlässlicher wird er das erwünschte Verhalten zeigen.

KOMMUNIKATION UNTER HUNDEN

Sicher sollte es das Ziel sein, die Erziehung des Welpen so weit wie möglich positiv zu gestalten. Doch er muss auch lernen, dass es bestimmte Dinge im Zusammenleben gibt, die nicht akzeptiert werden können. Positive Verstärkung ist auch nicht die einzige Erziehungsform, die Hundeeltern anwenden. Sicher haben Welpen in den ersten Lebenswochen sehr große Freiheiten, die Toleranz der Alttiere überwiegt, nur in wenigen Fällen werden sie in die Schranken gewiesen. Doch wird auch in den ersten Lebenswochen nicht jedes Verhalten der Welpen von den Alttieren akzeptiert. Verhaltensbeobachtungen bei Wölfen haben gezeigt, dass Welpen von den älteren Wölfen immer öfter zurechtgewiesen werden und immer weniger Fehlverhalten akzeptiert bzw. ignoriert wird, je älter die Welpen werden. Im Alter von 8 Wochen, also zu Beginn der Sozialisierungsphase, ist „Schluss mit Lustig" – die Alttiere reagieren nun massiver auf Fehlverhalten der Welpen. Ab der 9. Lebenswoche lernen sie intensiv die Kommunikationsregeln des Rudels. Die deutlichen Abbruchsignale (Schnauzgriff, auf den Boden drücken) und die eindeutigen Drohsignale (Nasenrunzeln, Lefzen anheben, Drohknurren) der erwachsenen Hunde muss der Welpe nun beobachten und interpretieren lernen. Die erwachsenen Hunde zeigen ihm, dass das Leben in einer sozialen Gemeinschaft

☞ VERHALTEN VON ALTTIEREN GEGENÜBER WELPEN

	Ignorieren	Schnauzgriff	Auf-den-Boden-Drücken
Bis zur 8. Lebenswoche	58,14 %	24,56 %	17,30 %
Ab der 9. Lebenswoche	11,21 %	49,53 %	39,72 %

Quelle: Bloch, Der Wolf im Hundepelz, 2004

Gegenseitige Zuneigung – ganz eindeutig!

nur mit klaren Regeln funktioniert und nicht ausschließlich aus Spiel, Spaß und reiner Freude besteht. Welpen versuchen von der ersten Sekunde an auch auszutesten, wie weit sie bei Ihnen gehen können. Deshalb wehret den Anfängen mit artgerechter Konsequenz.

KOMMUNIKATION MIT DEM MENSCHEN

Genauso, wie sich erwachsene Hunde im Rudel gegenüber Welpen verhalten, genauso sollten Sie auch reagieren. Teilen Sie Ihrem Welpen unmittelbar mit, wenn er etwas richtig macht, aber auch, wenn er etwas macht, das Sie nicht möchten. Der Welpe lernt auch in der menschlichen Gemeinschaft über Erfolg und Misserfolg; durch Versuch und Irrtum; über es geht oder es geht nicht. „Ein bisschen falsch" oder „in etwa richtig" kennt der Welpe nicht. Lassen Sie deshalb niemals „fünfe gerade sein". Der Welpe versteht nur gegensätzliche Zustände wie richtig/falsch, ja/nein oder positiv/negativ.

Kommunizieren Sie deshalb mit Ihrem Welpen schwarz/weiß (es ist falsch/es ist richtig), mit wenigen aber eindeutigen Signalen.

Kommunizieren Sie mit Ihrem Welpen über positive und negative Signalpaare, dann verständigen Sie sich mit ihm auf einer freundschaftlichen Teambasis.

Nicht angestrebt werden sollte die „Par-Force"-Erziehung (= mit Gewalt) früherer Zeiten, in der es ein Herrscher-Sklaven-Gefälle gab. Für die Retrieverarbeit brauchen wir einen Teamgefährten und keinen unterwürfigen Hund. Wir brauchen einen Partner, der freiwillig mit dem Menschen zusammenarbeiten möchte, der, wenn es nötig ist, aber auch eigenständig sein kann; einen Hund, der aufgeschlossen und clever versucht, Aufgaben zu meistern. Wenn wir mit dem Hund positiv/negativ kommunizieren, dann lernt er schnell, dass es von Vorteil ist, mit uns zusammenzuarbeiten.

Arbeitet der Hund in der Entfernung, dann kommentiere ich sein aktuelles Verhalten mit verbalen Signalen, um ihm direkt und eindeutig mitzuteilen, ob er es gerade falsch oder richtig macht. So rufe ich zum Beispiel ein freundliches „Prima“ oder „Gut so“ für ein richtiges Verhalten und ein unfreundliches „Eejjjhhh“ oder „Nein“, wenn er sich falsch verhält.

AUTHENTIZITÄT IST WICHTIG

Hunde lernen durch gedankliche Verknüpfung (Assoziation), wiederholten Erfolg oder Misserfolg und durch Beobachten und Imitation. Hunde sind Weltmeister im Beobachten! Deshalb ist es sehr wichtig, dass Sie im Grunde Ihres Herzens das meinen, was Sie zu Ihrem Hund sagen. Lob oder Tadel sollte niemals zur Pflichtübung werden. Spielen Sie kein Theater – der Welpe merkt schnell, wenn Sie es nicht ehrlich meinen. Hunde hören nicht nur auf das, was wir sagen, sie beobachten und interpretieren unsere Körperhaltung, unsere Stimmlage (hoch, tief, fröhlich, sicher, unsicher, aufgeregt, zittrig, panisch, aggressiv usw.) und auch unsere Körpergerüche.

RICHTIG LOBEN

Lerninhalte sollten unbedingt über positive Motivation vermittelt werden. Spaß am Lernen ist oberstes Gebot. Deshalb muss das Training so aufgebaut sein, dass der Welpe eigentlich nichts falsch machen kann. Achten Sie darauf, dass Ihr Welpe Ihr Lob auch als Lob empfindet. Aber wie wird nun richtig gelobt?

TONFALL UND LAUTSTÄRKE

Der Welpe versteht den Inhalt unserer Worte nicht, er interpretiert den Tonfall, dieser muss entsprechend der Signalbedeutung gewählt werden. Für eine richtig erbrachte Handlung erfolgt das Lob in freundlicher, hoher, lobender Stimmlage. Hunde empfinden hohe Töne als angenehm und freundlich. Hunde haben auch ein sehr feines Gehör. Je leiser Sie mit dem Welpen sprechen, umso aufmerksamer und interessierter wird er sein.

LOB MUSS ANGENEHM SEIN

Das Lob muss so gewählt werden, dass es für Ihren Welpen angenehm ist. Empfindet er Ihr Lob als etwas Erstrebenswertes, dann wird er es freudig annehmen und Kontakt zu Ihnen suchen. Sie werden das Gefühl haben, dass er vor Stolz fast platzt. Er ist stolz darauf, etwas richtig gemacht zu haben. Empfindet Ihr Welpe Ihr Lob als etwas Lästiges oder gar bedrohliches, wird er versuchen, sich zu entziehen. Er wird Ihnen ausweichend begegnen, sich ducken und keinen glücklichen Eindruck machen. Haben Sie das Gefühl, dass er Ihrem Lob ausweicht, dann loben Sie falsch, so bestätigen Sie auch nicht die richtige Ausführung des erwünschten Verhaltens. Probieren Sie aus, was Ihr kleiner Kerl als angenehm empfindet. Passen Sie Ihr Lob der Persönlichkeit Ihres Welpen an. Er darf es auf keinen Fall als lästig empfinden.
Manche Hunde reagieren sehr gut auf Leckerchen, andere wollen Leckerchen erst gar nicht annehmen. Manche Hunde freuen sich über eine überschwängliche Streicheleinheit, anderen ist es wiederum eher unangenehm, angefasst zu werden. Sie mögen es nicht, wenn man sie streichelt, solange sie sich auf etwas konzentrieren. Wieder andere Hunde sind für ein anschließendes Spiel empfänglich.

TONLAGE UND TIMING

Für Lob und Tadel ist es sehr wichtig, dass Sie diese mit einem zeitnahen, korrekten Timing und mit einer richtig gewählten Tonlage aussprechen. Wenn Sie auf das gezeigte Verhalten Ihres Hundes in etwa so reagieren, wie ein guter engagierter Sportreporter ein Fußballspiel kommentieren würde, dann sind Sie in Tonlage und Timing korrekt. Um eine Aktivität zu fördern, wählen Sie kurze, wiederholt freundliche Töne – um eine Aktivität zu unterbinden, einzelne lange, tiefe, unfreundliche Töne.

INTENSITÄT DES LOBS

Die Intensität des Lobes muss auf das Wesen des Hundes abgestimmt werden.
Bei manchen Hunden reicht ein freundliches lobendes Wort, andere brauchen förmlich eine verbale Lobeshymne. Sie müssen mit Lob überschüttet werden, um zu Höchstformen auflaufen zu können. Manchmal ist weniger Lob mehr, da es Hunde gibt, die durch zu viel Lob außer Rand und Band geraten.

Dominante Körpersprache schüchtert den Welpen ein.

Begeben Sie sich auf Höhe des Hundes. Dann loben Sie richtig.

DOMINANTE KÖRPERSPRACHE VERMEIDEN

Bedrohen Sie beim Loben den Welpen nicht mit Ihrer dominanten Körpersprache.
Achten Sie unbedingt darauf, dass Sie sich nicht zu sehr über Ihren Welpen lehnen und so eine dominante Körperhaltung einnehmen. Setzen Sie sich am besten zu ihm auf den Boden oder hocken Sie sich hin, begeben Sie sich auf seine Höhe.

BELOHNEN, NICHT BESTECHEN

Achten Sie darauf, dass die Belohnung nicht zur Bestechung wird. Belohnen Sie nur bereits erbrachtes Verhalten; locken Sie den Welpen niemals mit einem Leckerchen, denn dann ist dies keine Belohnung, sondern eine Bestechung. Zu schnell durchschaut Ihr Welpe diese Aktion und wird die von ihm erwartete Leistung nur noch erbringen, wenn er die Belohnung bereits sieht. So wird nicht Ihr Signal zum Auslösereiz, sondern die Belohnung, d. h. das Verhalten wird abhängig vom Sehen der Belohnung.

VERBALES LOB PLUS MOTIVATION

Zu Beginn des Lernens reicht ein rein verbales Lob allein nicht aus. Das gesprochene Lob muss mit einer für den Welpen wichtigen Motivation positiv verstärkt werden. Diese kann, wenn er gern frisst, ein Leckerchen sein, wenn er gern spielt, ein Spiel, oder wenn er Streicheln sehr genießt, auch Streicheln. Die Motivation muss auf jeden Fall so ausfallen, dass der Welpe diese gern haben möchte, sonst wäre es ja auch keine Belohnung.

VARIATIONEN ERHALTEN DIE SPANNUNG

Die Motivation des Hundes erhalten Sie durch Belohnungen. Sind diese jedoch immer gleich, wird es für den Hund langweilig. Deshalb ist es von großer Wichtigkeit, unvorhersehbar zu sein. Verändern Sie immer mal wieder die Art der Belohnung, wechseln Sie zwischen den Motivationsbereichen hin und her.

Das Selbstbewusstsein des Welpen stärken Sie, wenn Sie ihn für bestandene Abenteuer loben.

Hier springt Ruby über eine seichte Pfütze ...

... und wird dafür gelobt.

GUTE LEISTUNG BESTÄTIGEN

Zu Beginn der Lernphase bestätigen Sie den Welpen, wenn er etwas richtig gemacht hat, jedes Mal mit einem ausgiebigen Lob. Führt Ihr Welpe die Übung zuverlässig aus, dann hat er verstanden. Nun können Sie die Belohnung nach und nach reduzieren. Belohnen Sie nur noch eine absolut korrekt ausgeführte Übung. Steigern Sie so die Ausführungsqualität der Übung; die Messlatte Ihrer Ansprüche wird immer höher. Funktioniert auch das, dann schleichen Sie sich aus dem Belohnen langsam heraus, indem Sie nach dem Glücksspielprinzip belohnen (einmal wird belohnt, ein anderes Mal nicht).

WELCHES LOB FÜR WELCHE ÜBUNG?

Für mache Übungen haben sich bestimmte Formen des Lobens besser bewährt:

— Leckerchen bei Übungen, bei denen es um Genauigkeit geht.
— Spiel bei Übungen, deren Ziel die Schnelligkeit ist.
— Übungen zur Selbstdisziplin wie z. B. „Steadiness"-Übungen sollten mit einem ausgelassenen Spiel beendet werden, um eventuell aufgestaute Spannung wieder abzubauen.

Tut Ihr Welpe etwas Verbotenes, dann müssen Sie ihm unmittelbar und nachhaltig mitteilen, …

RICHTIG TADELN

Heute hat sich die Einstellung zur artgerechten Hundeerziehung stark verändert. Erziehungsmethoden, die nur über positive Motivation arbeiten, werden propagiert, was sehr lobenswert ist. Doch nur über die antiautoritäre Schiene, nur über Motivation, kann man einen Hund nicht erziehen. Der Welpe muss, genau wie auch Kinder, lernen, dass bestimmte Grenzen einzuhalten sind. Diese Grenzen müssen Sie Ihrem Welpen aufzeigen und ihm klarmachen. Handlungsweisen des Welpen, die nicht erwünscht sind, müssen Sie sofort abbrechen bzw. unter ein Verbot (Tabu) stellen.

TONLAGE BEIM TADELN

Sollte Ihr Welpe etwas Unerwünschtes tun, müssen Sie ihm eindeutig mitteilen, dass er sich momentan auf dem Holzweg befindet. Wählen Sie eine Stimmlage, die der Situation entspricht. Allein durch den Tonfall muss dem Welpen schon klar werden, dass dieses Verhalten nicht akzeptiert wird. Ideal ist eine unfreundliche, tiefe, knurrende Stimmlage.

NICHT SCHREIEN!

Schreit man immer mit seinem Welpen, dann hat man nicht mehr die Möglichkeit, Signalen in brenzligen Situationen mehr Ausdruck zu verleihen; man hat sein Limit bereits erreicht. Signale, in einer angenehmen Lautstärke ausgesprochen, ermöglichen durch Variieren der Lautstärke, das Signal zu verstärken.

EMOTIONSLOS UND ÜBERLEGEN

Nehmen Sie alles, was Ihr Welpe macht, nicht persönlich. Menschliche Emotionen wie Rache, Aggression, Zorn, Stress sind hier fehl am Platz – alle diese Emotionen kennt der Hund nicht. Reagieren Sie deshalb überlegen und gerecht, so wie man es von einem Leitbild erwarten kann, dann wird der Welpe Ihre Autorität (positive Dominanz) gern anerkennen.

KONSEQUENTE REAKTIONEN

Unerwünschte Handlungsweisen müssen immer und nicht nur zeitweise verboten werden – seien Sie konsequent. Ihr Welpe versteht nur, wenn Sie jedes Mal vergleichbar reagieren. Nur wenn Sie eindeutig sind, kann er verstehen und lernen, was Sie von ihm erwarten.

… dass dieses Verhalten nicht erwünscht ist.

VERHALTEN NACHHALTIG UNTERBRECHEN

Die Korrektur soll das momentan gezeigte Verhalten des Hundes sofort nachhaltig abbrechen. Wenn Sie zweimal für das Gleiche negativ einwirken müssen, dann ist die Intensität der Korrektur falsch gewählt. Die Intensität der Korrektur muss dem jeweiligen Verhalten angepasst sein.

RICHTIG REAGIEREN

Wenn der kleine Schlingel nun etwas Unerwünschtes tut, dann nehmen Sie ihn einfach hoch und bringen ihn vom Tatort weg. Sie können den Frechdachs auch einfach leicht wegschubsen. Benutzen Sie dabei als Verbotsverstärker ein unfreundliches, tiefes „Nein" oder „eeejjhhh". Seien Sie konsequent – aber kein Zorn, keine langen Beschuldigungsreden, keine Grobheit. Unterbrechen Sie das unerwünschte Verhalten des Welpen.

Härteste Strafen, die nur im Notfall angewandt werden sollten, sind ein Im-Nacken-Herunterdrücken (nicht am Nackenfell packen und schütteln) oder ein nachgeahmtes Über-die-Schnauze-Beißen (Schnauzgriff). Um den Schnauzgriff auszuführen, greifen Sie von oben mit der Hand über die Schnauze des Welpen, halten diese kurz fest und drücken sie etwas nach unten. Kommentieren Sie Ihre Aktion immer mit einem strengen, unfreundlichen, knurrenden „Nein".

HANDSCHEUE

Oftmals hört man, dass die Hand des Menschen nicht streicheln und ebenfalls strafen darf, denn der Hund würde solch widersprüchliches Verhalten nicht verstehen und deshalb mit Handscheue reagieren. Doch beobachtet man Verhalten in der Wolfs- bzw. Hundewelt, dann sieht man, dass über direkten Körpereinsatz Schnauzenzärtlichkeiten, Beschwichtigungen und Unterwerfungen gezeigt werden, aber auch Dominanz durchgesetzt wird. Die Schnauze leckt, die Schnauze straft – und damit hat kein Hund ein Problem. Verhaltensweisen also, die man auch schon im Spiel der Welpen untereinander beobachten kann.

Verbieten Sie alles sofort, was der Welpe in seinem künftigen Leben nicht darf.

EINSATZ VON LOB UND TADEL

Kurz und knapp!
Das ist falsch!
Das ist richtig!

Lob und Tadel müssen ausgeglichen eingesetzt werden, um die Bereitschaft und die Motivation des Hundes, mit Ihnen zusammenzuarbeiten, zu erhalten und sein Vertrauen Ihnen gegenüber nicht zu zerstören. Stellen Sie sich eine zweiarmige Waage vor; eine Waagschale für positive und eine für negative Einwirkungen! Wirken Sie nun negativ ein, da der Hund etwas zeigt, was Sie nicht möchten, dann wird sich die negative Waagschale nach unten bewegen. Wenn der Hund daraufhin sein Verhalten ändert und es dann Ihren Vorstellungen entspricht, müssen Sie ihm dies auch unmittelbar mit einem Lob mitteilen. Dieses Lob landet nun in der positiven Waagschale, und bringt somit die Waage wieder ins Gleichgewicht. Der Hund hat durch diese Vorgehensweise die Möglichkeit, genau zu verstehen, was Sie von ihm erwarten. Wichtig ist der blitzschnelle Wechsel von der freundlichen zur unfreundlichen Stimmlage und umgekehrt. Der Welpe hat so die Möglichkeit, zu verstehen, was wir von ihm wollen.

DAS RICHTIGE TIMING

Der richtige Zeitpunkt (= Timing) entscheidet über Erfolg und Misserfolg in der Erziehung des Welpen. Der Hund kann nur Dinge verknüpfen, die fast gleichzeitig passieren. Innerhalb von 0,5 bis maximal 2 Sekunden müssen Sie entweder positiv oder negativ reagieren, damit der Hund Rückschlüsse auf sein Verhalten ziehen kann und so lernt, ob er sich momentan richtig oder falsch verhält. Am besten ist es, wenn Verhalten bereits im Ansatz mit einem Falsch- bzw. Richtig-Signal belegt wird.
Häufig jedoch kommt das Lob oder die Maßregelung nicht mit der erforderlichen Schnelligkeit, sodass der Welpe dann seine (Un-)Tat und das Lob bzw. die Strafe nicht mehr in Verbindung bringen kann. Die Folge ist, dass er nicht versteht, was der Mensch eigentlich von ihm will und dadurch die Beziehung Mensch-Hund negativ beeinträchtigt wird. Achten Sie deshalb unbedingt auf Ihr genaues Timing!

WIE SAG ICH'S MEINEM HUND?

Jedes Wort, jedes Signal ist für den Welpen zunächst bedeutungslos. Auch die Worte für Lob und Tadel muss er lernen. Neben der Klangfolge des Wortes nimmt der Welpe auch unsere jeweilige emotionale Stimmung auf.

Ist unsere Stimmung positiv, wird das gesprochene Signal positiv geprägt, ist unsere Stimmung negativ, wird das Signal negativ geprägt. Wir müssen deshalb lernen, mit unserer Stimme richtig umzugehen. Ein Lob muss mit immer freundlicher, hoher Stimme ausgesprochen werden und eine Korrektur immer mit tiefer, unfreundlicher Stimme. **Um eine Aktivität zu fördern, wählen Sie kurze wiederholt freundliche Töne – um eine Aktivität zu unterbinden, einzelne lange tiefe unfreundliche Töne.** Eine eindeutige Stimmlage macht es Ihrem Retriever leichter zu verstehen, was Sie von ihm erwarten. Signale, also Worte, auf die hin der Welpe etwas tun muss, d. h. ein bestimmtes Verhalten zeigen sollte (z. B. sich hinsetzen, wenn man „Sitz" sagt), müssen freundlich ausgesprochen werden, damit er sie auch gern ausführt.

SIGNALE (BEISPIELE)

„Hier"	⟶	Herankommen
„Sitz"	⟶	Hinsetzen
„Platz"	⟶	Hinlegen
„Fuß"	⟶	bei Fuß gehen
„Steh"	⟶	Hinstellen
„Nein"	⟶	Abbruchsignal
„Gut gemacht"	⟶	Lob

ZUORDNUNG: SIGNAL – VERHALTEN

Als verbale Signale für bestimmte Handlungen müssen Sie immer dieselben Worte verwenden. Auch wenn für uns „Sitz" dasselbe bedeutet wie „Bitte setz dich" oder „Mach doch mal Sitz", so sind es für den Welpen unterschiedliche Klangfolgen. Überschütten Sie Ihren Hund deshalb nicht mit einem Wortschwall, denn dann kann er Sie nur schlecht verstehen. Einzelne Wörter mit klaren Ansagen und somit Aussagen versteht er besser als lange höfliche Sätze.

Verbinden Sie die Signale bewusst mit Gesten (Körpersprache des Hundehalters). Der Kommunikationsschwerpunkt der Hunde liegt auf der Körpersprache, weshalb Hunde auch bei uns stark auf unsere Gesten und Handzeichen achten und diese lesen und interpretieren. Erst über Erfahrung lernt der Welpe bestimmte Handlungen mit bestimmten Wörtern zu verknüpfen. Hat er mehrfach erfahren, dass bei diesem Wort ein bestimmtes Verhalten von ihm erwartet wird und wurde für die Ausführung kräftig gelobt, dann hat er den Zusammenhang zwischen Signal und Verhalten gelernt. Genauso lernt er auch, was er nicht darf. Seien Sie auch hier konsequent, dann versteht Sie Ihr Hund leichter.

WELPENTRAINING

Wir können unserem Hund nicht verbal erklären, was wir von ihm erwarten, und er kann uns auch nicht sagen, ob er das, was wir von ihm wollen, auch verstanden hat. Ob er die Aufgabe verstanden hat oder nicht, können wir nur daran ablesen, ob er diese gelöst hat oder nicht. Löst er die Aufgabe nicht wie erwartet, dann suchen Sie den Fehler auf jeden Fall erst einmal bei sich und Ihrer Aufgabenstellung. Wenn er die Aufgabe also nicht löst, dann müssen Sie Ihren Trainingsaufbau überdenken – lernen Sie die Technik der kleinen Schritte. **Gestalten Sie die Aufgaben so, dass der Welpe die Möglichkeit hat zu verstehen, sich dann richtig verhält und Sie Ihn für sein richtiges Verhalten positiv bestärken können.** Hunde lernen am schnellsten über positive Bestätigung. Müssen Sie bei einer Aufgabenstellung zu oft korrigieren (negativ einwirken), dann ist die Aufgabe zu schwer gewählt. Gehen Sie in diesem Fall eine oder mehrere Trainingsstufen zurück. Gestalten Sie die Aufgabe einfacher. Machen Sie kleinere Trainingsschritte. So wird Ihr Welpe die Möglichkeit haben Sie zu verstehen und lernt, was Sie von ihm erwarten. Zu viele Korrekturen demotivieren den Welpen schnell, er wird die Lust an der gemeinsamen Arbeit verlieren.

LÄNGE DER TRAININGSEINHEIT

Erfolg motiviert! Über den Erfolg steigert man mehr und mehr die Bereitschaft des Welpen, mit dem Menschen zusammenzuarbeiten. Er lernt über den Erfolg, was wir von ihm erwarten. So lernt er z. B. das Signal („Such") mit der Aktion (zu suchen) zu verknüpfen. Um den Welpen nicht zu überfordern, sollte die Trainingseinheit mit einer Übung beginnen, die er zu 100 % kann. Steigern Sie im Laufe der Trainingseinheit langsam die Anforderungen. Beenden Sie die Trainingseinheit, wenn es am besten klappt. Hören Sie niemals mit einer fehlerhaften Übung auf. Die Trainingseinheit sollte somit mit einem Erfolgserlebnis beginnen und mit einem Erfolgserlebnis enden. So bleibt dem Welpen die Beschäftigung mit Ihnen positiv in Erinnerung, und er ist für das weitere Training motiviert.

Eine Übung kann variiert werden,

— indem man die gleiche Handlungsabfolge an unterschiedlichen Orten abfragt, d. h. das Gelände variiert.
— indem man die Anforderungen langsam steigert, d. h. das Gelände schwieriger wählt, Entfernungen oder Ablenkungsreize steigert.
— indem man einmal mit Handzeichen und mit verbalem Signal die Übung abfragt und einmal nur mit Handzeichen oder nur mit verbalem Signal.
— indem man die Hörzeichen mit abgewandtem Körper, auf Entfernung, außer Sicht abfragt.

Aber bitte nicht alles auf einmal, sondern eines nach dem anderen.

WENN DER HUND ÜBERHAUPT NICHT BEGREIFT

Haben Sie überhaupt keinen Trainingserfolg, dann hat dies meist etwas mit Ihnen zu tun. Hunde achten bei uns Menschen auf die Körperhaltung, Stimmlage, Körpergerüche. Hunde haben ein sehr feines Gespür für unsere Stimmungen. Ist der Mensch gestresst oder schlecht gelaunt, dann wird der Lernerfolg beim Hund ebenfalls schlecht oder gar nicht vorhanden sein.
Wenn unser Hund uns fortwährend nicht versteht, dann können folgende Gründe vorliegen:
Der Mensch ...

— hat Stress oder Zeitnot
— hat keine Geduld
— ist nicht konsequent genug
— führt ständig neue Begriffe für dieselbe Übung ein

Das Voranschicken auf den Futternapf ist eine lustige Übung, ...

... die Blue gern ausführt, um dann auf Pfiff ...

... schnell wieder zurückzulaufen.

— wählt einen falschen Ort mit zu viel Ablenkung
— überfordert den Welpen (viel zu langes Training oder zu schwerer Trainingsaufbau)
— baut Übungen nicht logisch auf
— bedrängt oder ängstigt den Welpen
— kommuniziert nicht klar – es gibt nur „Ja“ oder „Nein“. Ein „Jein“ gibt es nicht!

ERHALTEN SIE DIE SPANNUNG

Wiederholen Sie eine erfolgreiche Übung niemals in der gleichen Weise. Variieren Sie den nächsten Schritt immer etwas, damit es für den Welpen spannend bleibt. Wiederholt man eine Übung immer und immer wieder, wird auch das spannendste Training mit der Zeit langweilig. Die Bereitschaft, die Aufgabe auszuführen, nimmt ab, der Welpe verliert das Interesse. Wandeln Sie das Training deshalb leicht ab, steigern Sie die Anforderung in kleinen Schritten. So erhalten Sie die Spannung aufrecht und vermitteln Ihrem Welpen immer deutlicher, was Sie von ihm erwarten.

BESCHWICHTIGUNGSSIGNALE

Hunde beschwichtigen ihr Gegenüber, indem sie z. B.

- den Kopf oder Körper abwenden,
- erstarren oder sich extrem langsam bewegen,
- wedeln,
- sich hinsetzen oder hinlegen,
- gähnen,
- im Bogen gehen,
- am Boden schnüffeln,
- die Pfote heben,
- blinzeln.

BEENDEN EINER ÜBUNG

Signalisiert uns der Welpe, dass er keine Lust mehr hat, indem er vermehrt Übersprungverhalten zeigt, dann haben Sie eindeutig zu viel gemacht. Das Sozialverhalten des Hundes wird zum wesentlichen Teil durch Konfliktvermeidung bestimmt. Entsteht ein Konflikt, und der liegt bei einer Überforderung vor, dann liegt der Fehler meist bei uns selbst. Der Welpe zeigt Beschwichtigungssignale. Hunde gähnen nicht nur, wenn sie müde sind, sondern auch, wenn sie Spannung abbauen wollen.
Die meisten Signale des Hundes haben je nach Situation eine andere Bedeutung als wir ihnen zuordnen.
Beenden Sie das Training immer, wenn es am schönsten ist und am besten klappt. Ihr Welpe sollte immer mit Eifer bei der Sache sein und noch mehr wollen. Üben Sie lieber öfter am Tag einige Minuten als einmal am Tag viel zu lange. Kurze Trainingseinheiten lassen sich immer zwischendurch einbauen.

CLICKERTRAINING

Beim Clickertraining arbeitet man über positive Verstärkung. Der Clicker ist eine Art Knackfrosch. Wenn man ihn drückt, ertönt das typische „Klick-Klack"-Geräusch. Er wird als sogenannter positiver Verstärker benutzt. Um diesen einsetzen zu können, muss er vorher beim Hund eingeführt, d. h. konditioniert werden. Mit dem Clicker kann man den Hund auch in Entfernung punktgenau ohne zeitliche Differenz bestätigen, wobei der Click vom Hund als Vorbote der Belohnung verstanden wird. Der Click kündigt dem Hund an: „Dein Verhalten ist richtig. Jetzt gibt es dafür eine Belohnung."

KONDITIONIEREN DES CLICKERS

Den Welpen auf den Clicker zu konditionieren ist sehr einfach. Man braucht dazu den Welpen, den Clicker und Leckerchen. Den Clicker nimmt man in die eine Hand, das Leckerchen in die andere. Dann kann es losgehen: Ist der Welpe nun in Ihrer Nähe, dann Click! Sicher schaut der Welpe dann zu Ihnen hoch. Nun bekommt er eine Belohnung und weiter geht's ... Click – Belohnung, Click – Belohnung, Click – Belohnung.
Der Welpe begreift schnell, dass der Click ein Leckerchen bedeutet.
Ob Ihr Hund verstanden hat, können Sie ganz einfach überprüfen. Warten Sie, bis Ihr Welpe sich z. B. hinsetzt, dann clicken Sie einmal. Schaut er Sie danach erwartungsvoll an, um das Leckerchen zu bekommen, dann hat er verstanden. Wenn nicht, benötigt er noch einige Click – Belohnungen. Der Welpe muss verknüpfen, dass der Click eine Belohnung bedeutet. Der Click belohnt ihn für die momentan gezeigte Handlung, auch wenn er das Leckerchen erst viele Sekunden später bekommt. Der Welpe verknüpft die Belohnung mit der Handlung.

FÜR UND WIDER

Beim klassischen Clickertraining werden alle unerwünschten Handlungen des Hundes ignoriert und nur erwünschte Handlungen (beginnend mit Verhalten, das in die Richtung des gewünschten Verhaltens geht) mit einem Click (mit späterer Belohnung) bestätigt. Das Verhalten wird so geformt, also schrittweise zum erwünschten Zielverhalten

gelenkt (= Shaping). Mit dieser Methode wird der Hund animiert aktiv auszuprobieren, welche Handlungen erwünscht sind, um dann belohnt zu werden. Er lernt, wenn er neues Verhalten anbietet, dann besteht die Möglichkeit, dafür belohnt zu werden.
Der Retriever muss jedoch als Allererstes lernen, ruhig abzuwarten, bis er die Erlaubnis bekommt, etwas zu tun. Das wichtigste Lernziel eines Retrieverwelpen ist daher, das Warten zu lernen. Er muss lernen zu entspannen und abzuschalten, er muss lernen nur aktiv zu sein, wenn sein Mensch es erlaubt. Durch Shapen besteht die Gefahr, dass der Retriever zu aktiv werden könnte, deshalb ist es für seine Erziehung nicht unbedingt sinnvoll.
Eine sehr gute Möglichkeit bietet der Clicker jedoch, den Hund bei Gehorsamsübungen auch auf Entfernung positiv zu bestätigen und somit eine Belohnung anzukündigen.

MARKERWORT STATT CLICKER

Anstatt des Clickers benutze ich lieber meine Stimme (= Markerwort). Auch über die Stimme kann ich auf Entfernung mit meinem Hund kommunizieren und ihm auf die Sekunde genau und somit zeitnah mitteilen, was er richtig und was er falsch gemacht hat. Dafür führe ich wie beim Clickern einen verbalen positiven Verstärker ein wie z. B. die Worte „Ja", „Gut", „Brav" oder Ähnliches.

Vorteil Ich kann den Clicker nicht vergessen, meine Stimme habe ich immer dabei. Und noch wichtiger: Ich habe beide Hände frei, was für das exakte Führen eines Retrievers (Markierungen, Einweisen, Verlorensuche) unabdingbar ist.

Nachteil Man muss die Stimme sehr genau kontrollieren, damit sie immer gleich klingt und keine Gefühlsschwankungen über sie transportiert werden.

Aufmerksam schaut der Welpe zu seinem Menschen, voller Erwartung, was passiert.

ENTWICKLUNGS-PHASEN

— *Neugeborenen- und Übergangsphase*

DIE PHASEN IM ÜBERBLICK

Die Entwicklung des Welpen vollzieht sich in den ersten Lebenswochen rasant schnell. Die Wissenschaft bezeichnet die Entwicklung des Hundes von der befruchteten Eizelle bis zum Tod als Ontogenese.

Das Sozialverhalten von Hunden entwickelt sich entsprechend eines genetisch terminierten Zeitplanes. In der Jugendentwicklung eines Hundes, also in dem Zeitraum von der Geburt bis zum Erreichen der Geschlechtsreife, werden bestimmte Phasen durchlaufen. Die stärksten Verhaltensänderungen finden in dieser Periode statt, weshalb diese Zeitspanne für uns von besonderem Interesse ist. Die Basis, mit welchen Situationen und Problematiken der Hund gut umgehen kann, wird gelegt. Es entwickeln und festigen sich grundlegende Verhaltensformen, die später kaum mehr veränderbar sind. Das emotionale (gefühlsmäßige) und kognitive (Wahrnehmen, Denken, Erkennen) Bewusstsein für die Umwelt wird geschaffen. Die amerikanischen Verhaltenswissenschaftler Scott und Fuller erforschten, wie sich die Verhaltensentwicklung eines Welpen in den ersten Lebensmonaten auf das spätere Leben des adulten (= erwachsenen) Hundes auswirkt. Über fast ein Jahrzehnt beobachteten und dokumentierten sie die Entwicklung von 470 Welpen. Auf Grundlage dieser Beobachtungen teilten sie die Entwicklungszeit in verschiedene Phasen ein. In ihrer Studie „Genetics and the social behaviour of dogs" veröffentlichten sie 1965 die Ergebnisse ihrer Studie. Jeder Hund ist ein Individuum, dies trifft auch für Welpen aus demselben Wurf zu. Die Entwicklungsphasen geben uns wichtige Informationen und Anhaltspunkte, jedoch kann die individuelle Entwicklung eines Hundes von diesen Phasen etwas abweichen. Jeder Hund ist ein Einzelwesen mit individueller Entwicklungsgeschwindigkeit.

☞ ENTWICKLUNGSPHASEN DES WELPEN

(Scott & Fuller 1965)

ENTWICKLUNGSPHASE	ZEITRAUM
Neugeborenenphase	Von der Geburt bis zum 14. Lebenstag
Übergangsphase	Vom 15. bis 21. Lebenstag
Sozialisierungsphase	Vom 21. Lebenstag bis zur 12. / 14. Woche
Junghundphase	Von der 12. / 14. Woche bis zur Geschlechtsreife
Reifungsphase	Von der Geschlechtsreife bis zum 2. / 3. Lebensjahr

NEUGEBORENENPHASE

Die erste Lebensphase des Welpen umfasst den Zeitraum von der Geburt bis etwa zum 14. Lebenstag. In diesen ersten Lebenstagen schlafen und fressen die Welpen ausschließlich.

Am Anfang sind die Augen und Ohren des Welpen geschlossen, er ist blind und taub. Die Mutterhündin lockt die Welpen in dieser Zeit nicht mit Lauten, sondern nur durch Anstupsen mit der Schnauze.
Die Welpen sind völlig auf ihre Mutter angewiesen, damit diese sie wärmt, füttert und ihnen mit Leckstimulation ermöglicht, Kot und Urin auszuscheiden. Die Regulierung der Körpertemperatur (ca. 38 bis 39 Grad) ist nicht eigenständig möglich, die Welpen halten ihre Körpertemperatur durch Ankuscheln an die Mutter oder Geschwister. Ist ihnen kalt oder haben sie Hunger, dann beginnen sie leise zu winseln oder auch laut zu fiepen. Die Umwelt hat einen großen Einfluss auf das körperliche Wohlbefinden der Welpen.
Der Welpe ist kälte-, wärme- und schmerzempfindlich und nimmt Berührungen wahr. Positiv für die soziale Entwicklung des Welpen ist schon in dieser Zeit die Zuwendung des Menschen, der Welpe nimmt die Berührung sowie den Geruch wie auch ein verbales Ansprechen des Menschen wahr.

WAS FINDET IN DIESER ZEIT STATT?

Entwicklung des Welpen

- Der Welpe ist noch ganz auf die Mutter angewiesen.
- Kot und Urinausscheidung findet nur über Leckstimulation der Mutter statt.
- Die Ohren öffnen sich (ca. 7. Lebenstag).
- Die Augen öffnen sich (ca. 10. Lebenstag).
- Das Riechvermögen und der Geschmackssinn sind gering ausgeprägt.

Aktivitäten des Welpen

- Kriechen ist nur vorwärts und im Kreis möglich.
- Regulieren der Körperwärme über das Ankuscheln an die Mutter und Geschwister.

ENTWICKLUNG DER SINNESORGANE

Die Sinnesorgane entwickeln sich langsam. Die Ohrenkanäle des Welpen öffnen sich etwa ab dem 7. Lebenstag. Um den 10. Lebenstag herum öffnen sich die Augen. Die motorischen Fähigkeiten des Welpen sind noch begrenzt, in den beiden ersten Lebenswochen ist Kriechen nur vorwärts oder im Kreis möglich. Der Gleichgewichtssinn ist jedoch schon gut ausgebildet, fällt ein Welpe um, kann er sich von allein wieder aufrichten. Leichtes Kopfpendeln in vertikaler und horizontaler Richtung erleichtert dem Welpen das Finden der Mutterzitzen (= Suchpendeln). Die Milchquelle der Mutter wird vom Welpen am Geruch erkannt, obwohl das Riechvermögen noch gering ausgeprägt ist und nur auf kurze Distanz funktioniert. Geruchsnerven und die entsprechende Region im Gehirn sind noch nicht sehr weit entwickelt. Der Geschmackssinn ist gering ausgeprägt.

Probleme selbstständig lösen

Sobald der Welpe geboren ist, beginnt er zu lernen. Sehen wir einen Welpen, so ruft dieses kleine, hilflose, schutzsuchende Lebewesen sofort auch in uns Menschen beschützende Mutterinstinkte hervor. Beobachtet man den Welpen jedoch genau, dann bemerkt man, dass dieser von der ersten Sekunde an dem (Über-)Lebenskampf ausgesetzt ist.

Jedes Lebewesen, egal ob Mensch oder Tier, muss im Laufe seines Lebens viele Frustrationen bewältigen. Um eine Frustrationstoleranz aufbauen zu können, sollte man zulassen, dass der Welpe Probleme bewältigen lernt, um ihn so gezielt an Frustrationen heranzuführen. Um ihn nicht zu sehr zu frustrieren, sollte er jedoch auch eigenständig das jeweilige Problem bewältigen können; setzen Sie ihn also nur „mildem“ Stress aus. Durch den täglichen Kampf um die beste Zitze z. B. oder den manchmal mühsamen Weg zur wärmenden Mutter oder den aneinander gekuschelten schlafenden Geschwistern, lernt der Welpe bereits in seinen ersten Tagen den Umgang mit Stress und Frustration. Er sollte von Anfang an nicht in Watte gepackt werden, sondern schon vom ersten Lebenstag an positive und negative Erfahrungen sammeln dürfen.

So ein kleiner Welpe ruft in uns Menschen sofort Mutterinstinkte wach.

ÜBERGANGSPHASE

Die kürzeste Entwicklungsphase, die sogenannte Übergangsphase, umfasst etwa den Zeitraum vom 15. bis 21. Lebenstag. Die Sinnesorgane des Welpen sind nun schon ganz gut ausgeprägt.

Deutliches Sehen und Fixieren ist nun möglich und bildet die Grundlage für das erste langsame Erkunden der Umwelt. Der Welpe beginnt seine Umwelt, also den Menschen, andere Tierarten und seine Umgebung, aktiv wahrzunehmen. Die Wurfkiste und auch Gegenstände in ihr finden sein Interesse. Nach und nach beginnen nun die Milchzähne durchzubrechen. Das vollständige Welpengebiss (= 28 Milchzähne) ist erst mit ca. der 6. Woche vorhanden.

WAS FINDET IN DIESER ZEIT STATT?

Entwicklung des Welpen

- 28 Milchzähne versuchen durchzubrechen.
- Der Welpe kann nun alleine Urin ausscheiden und Kot absetzen.
- Umwelteinflüsse (Menschen, andere Tierarten, Umgebung) werden wahrgenommen.
- Lautäußerungen verbessern sich

Aktivitäten des Welpen

- Der Welpe kriecht nun auch rückwärts, vorher nur vorwärts oder im Kreis.
- Aus dem Kriechen werden die ersten Gehversuche.
- Am Ende dieser Phase kann er schon ganz gut laufen.
- Der Welpe fängt an, das Lager kurzzeitig zu verlassen.
- Erstes Schwanzwedeln kann beobachtet werden.
- Erste spielerische Kontakte unter den Geschwistern (Anstoßen mit Pfoten, Belecken untereinander).

LAUFEN, HÖREN UND SEHEN

Die Welpen können sich nun immer besser fortbewegen, sie kriechen auch rückwärts und stemmen sich auf den Beinchen nach oben. Aus den Kriechbewegungen werden die ersten wackligen Gehversuche. Gelegentlich kann man bereits jetzt soziale Signale wie Knurren und Schwanzwedeln beobachten, auch die Lautäußerungen des Welpen werden gezielter. Die verbesserten Sinnesleistungen führen dazu, dass die Welpen sich zunehmend miteinander beschäftigen. Nun kann man erste spielerische Kontakte beobachten, wie Pföteln, Vorderkörper-Tiefstellung, gegenseitiges Belecken und diverse Spielaufforderungen.

STUBENREINHEIT – PRÄGUNG DURCH DEN ZÜCHTER

In den ersten zwei bis drei Lebenswochen kann der Welpe sich nicht alleine lösen, die Ausscheidung erfolgt reflexartig. Dieser Reflex wird durch Belecken von der Mutterhündin ausgelöst. Ab etwa der 3. Lebenswoche ist der Welpe in der Lage, sich gezielt zu lösen. Die Mutterhündin hält in dieser Zeit das Lager aber immer noch sauber, indem sie den Urin aufleckt und den Kot des

Welpen brauchen Körperkontakt. Zufrieden und entspannt liegen diese drei Welpen zusammen.

Welpen auffrisst. Von Natur aus versucht der Welpe sein Schlaflager nicht zu verunreinigen. So kann man oftmals beobachten, dass der Welpe mit zunehmender Mobilität beginnt, das Lager kurzzeitig aktiv zu verlassen, um außerhalb diesem Kot und Urin abzusetzen. Diese Entwicklung ist Teil der sozialen Prägung. Zeigen die Welpen dieses Verhalten, dann sollte der Züchter erst in der Wurfkiste, und später in direkter Nähe zur Wurfkiste einen geeigneten Löseplatz einrichten, um dieses natürliche Verhalten zu fördern. Das Material, das man für den Löseplatz auswählen kann, sollte sich deutlich von den Kuscheldecken unterscheiden. Wählen Sie ein nicht textiles Material dafür aus, am besten saugendes Papier, Inkontinenzeinlagen oder Kleintierstreu. Halten Sie die weitere Umgebung der Wurfkiste und des Auslaufs „klinisch" rein, nichts außer dem Löseplatz darf nach Kot und Urin riechen.
Wo sich der Welpe nun löst, wird sein späteres Verhalten prägen. Schon jetzt entwickelt er eine Vorliebe für eine bestimmte Bodenbeschaffenheit. Wird er im Zwinger gehalten und hat nur die Möglichkeit, sich auf Beton zu lösen, wird er auch künftig harten Untergrund bevorzugen. Die Prägung auf einen bestimmten Untergrund, z. B. auf Zeitungspapier, Stoffe, Teppiche, Fliesen, Dielen, Sand, Rindenmulch, Rasen etc. findet jetzt statt. Ebenso wird der Welpe eine Vorliebe dafür entwickeln, ob er sich lieber im Haus oder im Garten löst. Hat er schon beim Züchter die Möglichkeit, vom Haus in den Garten zu kommen, ist dies von großem Vorteil. Welpen lernen sehr schnell! Achtet der Züchter von Anfang an darauf, dass die Welpen sich auf dem vorbereiteten Löseplatz lösen, kann man bald beobachten, dass diese ihr Spiel unterbrechen, um zu ihrem Löseplatz zu eilen. Auch nachts werden sie den Löseplatz aufsuchen, wenn sie es gewohnt sind und die Möglichkeit dazu haben. Der Züchter leistet somit einen entscheidenden Beitrag zur optimalen Frühprägung in Bezug auf die Stubenreinheit. Wird ein Welpe in dieser Hinsicht optimal geprägt, braucht der neue Besitzer nur dafür zu sorgen, dass sein Hund regelmäßig die Möglichkeit hat, sich im Freien zu lösen.

SOZIALISIERUNGS-PHASE

— *Von der 3. bis zur 12./14. Lebenswoche*

START INS LEBEN

Im Alter von 3 Wochen beginnt für den Welpen eine ganz neue Phase der Entwicklung, die Sozialisierungsphase. Diese Entwicklungsphase endet etwa in der 12./14. Lebenswoche.

Die Sinnesorgane sind schon ganz gut ausgebildet. Die Welpen beginnen sich immer mehr mit der belebten und unbelebten Umwelt auseinanderzusetzen. Sie werden immer neugieriger und beginnen mutiger und erwartungsvoller die Wurfkiste immer länger und immer weiter zu verlassen, um die direkte Umgebung um das Lager herum zu erkunden. Sie brauchen jedoch noch die Möglichkeit, bei eventueller Gefahr schnell zurück in die schützende Behausung oder zur Mutter zu flüchten und sind somit immer noch an das schützende Lager gebunden. Mit jedem weiteren Lebenstag wird die Sicherheit der Welpen größer und mit zunehmender Sicherheit wird auch der Radius um das Lager herum größer. Die Mutterhündin beginnt nun gelegentlich Futter hervorzuwürgen, das die Welpen dann gern fressen. So fördert die Hündin gezielt die Entwöhnung der Welpen, denn ab der 6. bis 8. Woche sollten die Welpen nicht mehr nur gesäugt werden, sondern auch festes Futter zu sich nehmen können.

Die Sozialisierungsphase ist die wichtigste und daher eine sehr sensible Phase. Hunde lernen in diesem Zeitraum mehr als in ihrem weiteren gesamten verbleibenden Leben.

Der Organismus des Welpen verfügt über die Fähigkeit, die Eigenschaft von Synapsen, Nervenzellen oder auch ganzen Hirnarealen in Abhängigkeit von ihrer Verwendung zu verändern (= Neuroplastizität). Somit werden soziale und physische Elemente der Umwelt dauerhaft in emotionale und kognitive Schemata abgespeichert. Je mehr Eindrücke und Erfahrungen ein Hund in der Sozialisierungsphase sammeln kann, desto mehr Nervenverknüpfungen entwickeln sich im Gehirn, nach

Die Welpenschar erkundet neugierig die Welt.

WAS FINDET IN DIESER ZEIT STATT?

Entwicklung des Welpen

- Welpen sind in der Lage, direkten Kontakt zur Umwelt zu knüpfen.
- Die Welpen bewegen sich immer sicherer und erkunden auch die weitere Umgebung des Lagers.
- Soziale Verhaltensmuster im Zusammenspiel mit Mutter und Geschwistern entwickeln sich.
- Der Welpe lernt, sich in die Rangordnung einzufinden.
- Beginn der Entwöhnung (Hervorwürgen von Futter der Mutterhündin).
- Der Welpe prägt sich ein, was er angenehm oder unangenehm empfunden hat.
- Verhaltensweisen formen sich.
- Grundgedächtnis und Schaltbahnen im Gehirn bilden sich aus.
- Die Prägung auf den Menschen findet statt.
- Beginn der ersten Angstphase gegenüber fremden Personen oder ungewohnten Objekten (7. / 8. Woche).
- Bis zur 8. Lebenswoche ist die Entwicklung des Gehirns weitgehend abgeschlossen.

Aktivitäten des Welpen

- Streiten um Futter
- Fressen in der Gemeinschaft
- Überwindung des Futterneides
- Kampfspiele (Sieger und Verliererrolle werden geübt)
- Meutespiele (Jagdtrieb)
- Tabus werden erlernt
- Korrektur von Fehlverhalten durch andere Rudelmitglieder

dem Motto „use it or lose it“. Die Grundlagen zum Erreichen einer sozialen Sicherheit werden gelegt, weshalb die Auseinandersetzung mit der Umwelt für eine flexible Anpassung an die verschiedenen Umweltbedingungen unverzichtbar ist. Einfach ausgedrückt bedeutet das: So wie der Welpe seine belebte und unbelebte Umwelt in dieser Zeit erlebt, so wird er in seinem weiteren Leben auch seine Umwelt wahrnehmen. Er wird alles, was er künftig erlebt, in Bezug zu den Erfahrungen setzen, die er in der Sozialisierungsphase gemacht hat. Daraus ergibt sich: Ein Hund wird alle Reize, die er in dieser Zeit als positiv kennenlernt, in seinem weiteren Leben positiv, also nicht als Bedrohung empfinden. Ebenso wird er umgekehrt alle Reize, die ihm Angst gemacht, die ihn bedroht haben, in seinem weiteren Leben als negativ empfinden. Fehlverhalten und Ängste, die ihre Wurzel in dieser wichtigen Entwicklungsphase haben, sind praktisch irreversibel und nicht therapierbar.

VERANTWORTUNGSBEWUSSTE AUFZUCHT

Züchter und Hundehalter haben einen sehr großen Anteil daran, die Entwicklung des Welpen nachhaltig positiv oder negativ zu beeinflussen. In der Sozialisierungsphase lernen die außergewöhnlich aufgeschlossenen Welpen die Regeln des Umgangs mit ihrem Sozialpartner Mensch und gewöhnen sich an die Reize der Umwelt. So wie der Welpe seine Umwelt in dieser wichtigen Sozialisierungsphase erlebt und wahrnimmt, wird sich auch sein soziales Verhalten ausprägen und dauerhaft bestimmte Verhaltensmuster herausbilden. Die Umwelterfahrungen bestimmen langfristig das Verhalten des Hundes und prägen ihn. Es ist deshalb außerordentlich wichtig, dass der Züchter Ihres künftigen Lebensgefährten verantwortungsbewusst die Welpen artgerecht prägt. Kommerziell arbeitende Hundevermehrer werden diesen Aufwand in einer Massenzucht nicht aufbringen können.

ENTWICKLUNGSSCHÄDEN VERMEIDEN

Die Entwicklung des Gehirns ist nun weitgehend abgeschlossen. Die Nervenzellen im Hundegehirn teilen sich in etwa bis zur 6. Woche, die Ausbildung von weiteren Nervenfasern sowie die Neubildung von Versorgungszellen des Gehirns finden bis ca. zur 11. Woche statt. Wächst der Welpe in der Sozialisierungsphase mit zu wenigen Reizen auf, dann führt das unweigerlich zu Entwicklungsschäden. Durch Reizarmut können sich bestimmte Verhaltensbereiche nicht oder nur unzureichend entwickeln. Das Erkunden neuer und unbekannter Situationen bis zur 12. Lebenswoche ist ganz besonders wichtig. Reize, Gegenstände, Lebewesen und Situationen, die vom Welpen selbstständig erkundet und als harmlos abgespeichert wurden, werden auch später für den Hund keine wirklich stress- oder angstauslösenden Situationen mehr darstellen. Entwicklungsgeschädigte Hunde geraten in ihrem weiteren Leben häufig schnell in Stress oder zeigen eine nur geringe Lernfähigkeit, auch haben sie oftmals nur unzureichende Konfliktlösungsstrategien. Auffällig sind diese Hunde, da sie entweder extrem hyperaktiv oder extrem gehemmt sind.

REIZE JA – ÜBERREIZUNG NEIN

Um den Welpen gut zu fördern, ist jedoch Ihr Fingerspitzengefühl gefragt. Es gilt die Waage zu halten zwischen einem reichhaltigen Angebot unterschiedlicher Reize auf der einen Seite und einer Überforderung auf der anderen. Bieten Sie dem Welpen ausreichend Gelegenheit, die Welt und seine Möglichkeiten zu erkunden. Stellen Sie den geeigneten Rahmen zur Verfügung, warten Sie dann jedoch ab, was passiert. Notwendige Voraussetzung ist, dass der Welpe selbst kontrollieren kann, in welchem Ausmaß und bis zu welcher Reizstärke er sich dem Unbekannten, Schreck auslösenden nähert. Verfallen Sie nicht in Hektik, von der Annahme getrieben, Sie könnten etwas versäumen.

Zusammen mit der Mutter machen die Welpen erste Erfahrungen in der Natur.

Der Welpe muss vielfältige Erfahrungen mit seiner Umwelt ...

Arbeiten Sie nicht hektisch und verbissen akribisch eine lange Liste von Situationen und Reizen ab, die Sie unbedingt abhaken müssen. Nicht jede Unterlassung führt zu einer Fehlentwicklung. Haben Sie klare Vorstellungen von dem, was man einem Welpen im entsprechenden Alter zumuten kann und was ihn überfordern könnte. Bieten Sie ihm genügend Reize, aber vermitteln Sie ihm auch Sicherheit und geben Sie ihm unbedingt die Möglichkeit, zur Ruhe zu kommen, um das Erlebte verarbeiten zu können. Hat ein Welpe diese Möglichkeit nicht, da das nächste Ereignis schon wieder vor der Tür steht, wird er völlig konfus und in seinem Kopf entsteht ein großes Durcheinander. Er kann das Erlebte nicht verlässlich einordnen, kann keine Schlüsse daraus ziehen und sinnvoll deuten. Er fühlt sich überfordert und hilflos diesem Chaos von Reizen ausgeliefert. Er ist gestresst von einem Zuviel! Aus einer solchen Überreizung entsteht immer Unsicherheit und Angst! Sicherlich war alles gut gemeint, aber erreicht wurde das Gegenteil von dem, was beabsichtigt war.

DER MENSCH ALS SOZIALPARTNER

Die Prägung des Welpen auf den Menschen als Sozialpartner findet idealerweise in der Sozialisierungsphase statt. Jetzt ist es wichtig, dass der kleine Retriever lernt, dass es nichts Schöneres gibt, als mit seinem menschlichen Lebenspartner zu spielen und die Welt kennenzulernen. Diese Eindrücke wird er sein ganzes weiteres Leben nicht mehr vergessen. Mangelhaft sozialisierte Hunde werden oft zu einer Gefahr für den Menschen und auch für seine Artgenossen. Es ist deshalb enorm wichtig, dem Welpen jetzt entsprechende Aufmerksamkeit und Zeit zu schenken. Welpen aus reizarmen Aufzuchten sind nicht oder nur unzureichend in der Lage, eine soziale Bindung zu einem anderen Lebewesen aufzubauen. Wer diese Phase versäumt, wird zeitlebens einen scheuen und ängstlichen Hund haben, der weder mit dem Menschen und oftmals auch nicht mit Artgenossen soziale Bindungen eingehen kann. Über das gemeinsame Spiel eignet sich der Welpe auch die Fähigkeit zum Lernen an. Nur ein gut sozialisierter Welpe kann sich auf eine geordnete Erziehung einlassen.

Beachten von Spielregen

Durch das Spiel und durch den Kontakt zur Mutter werden schon früh soziale Verhaltensmuster entwickelt. Je älter die Welpen werden, umso intensiver sind auch die erzieherischen Maßnahmen der Mutterhündin. Häufig kann man beobachten, dass sich Welpen mehrmals täglich ihrer Mutter aktiv unterwerfen müssen.

... und im Spiel mit Artgenossen machen.

So lernt er die Regeln der Gemeinschaft.

Sie müssen lernen, sich in die Rangordnung einzufinden. Immer wieder wird den Welpen die Überlegenheit des erwachsenen Hundes klargemacht. Dieser bestimmt ganz eindeutig, wann gespielt wird und wann das Spiel zu Ende ist. Dies dient dazu, den Welpen die Regeln des familienorientierten Sozialverbandes begreiflich zu machen und ist nicht als ein streng hierarchischer Akt zu werten. Durch diese Interaktion lernt der Welpe auch gezielt die Hundesprache. Die Welpen müssen die Regeln lernen, die im Rudel einzuhalten sind! Sie müssen lernen sich unterzuordnen, denn das gemeinschaftliche Leben kann nur funktionieren, wenn jeder sich einfügt und an die Regeln hält. Dieser Lebensabschnitt beginnt etwa mit der 7. Lebenswoche. Bis dahin hatten die Welpen noch viele Freiheiten, auch bei den älteren Hunden durften sie sich einiges herausnehmen. Das ändert sich nun, die Regeln eines gemeinschaftlichen Lebens werden vermittelt. In der Natur übernimmt in dieser Zeit auch der Rüde einen Teil der Erziehung.

Gemeinsam ist besser als allein

Anfangs spielt jeder Welpe für sich allein. Die Geschwister werden lediglich als Spielobjekt, jedoch nicht als Spielpartner in das Spiel mit einbezogen. Etwa im Alter von 8 Wochen reift im Welpen das Verständnis für das Gemeinsame. Er begreift, dass es viel interessanter und aufregender ist, etwas zusammen zu tun, als sich allein zu beschäftigen. Die Welpen beginnen nun immer gezielter gegenseitig Kontakt aufzunehmen und miteinander zu spielen.

Über das gemeinsame Spiel mit den Geschwistern und der Mutter entwickeln sich Regeln, wie z. B. die Beißhemmung.

In diesen Spielen lernen die Welpen, wie Konflikte (möglichst ohne Verletzungen) ausgetragen werden, wie Konflikte vermieden werden und im Sozialspiel auch die Regel der Kommunikation. Somit wird über das Spiel nicht nur Freude am Lernen vermittelt, der Welpe lernt auch die Eingliederung in die Gemeinschaft. Der Welpe lernt in dieser Phase über das Spiel zwei Dinge: Lernen und Unterordnung.

Bei den Hunden liegt der Schwerpunkt der Erziehung auf dem motivierenden spielerischen Lernen. Diese Art des Spielens sollte von uns kopiert und genutzt werden, um dem Welpen die von uns definierten Grenzen im neuen Zuhause verständlich zu machen. Passen wir uns an und vermitteln dem Welpen unsere Spielregeln so, dass er sie verstehen kann, dann wird er freudig die damit verbundenen Grenzen akzeptieren.

DAS NEUE ZUHAUSE

Mitten in der wichtigen und sensiblen Sozialisierungsphase zieht der noch sehr junge Hund bei seiner hündischen Familie aus und bei seiner neuen menschlichen Familie ein.

Von einer auf die andere Minute ist der Welpe völlig allein – keine Mutter mehr, keine Geschwister mehr, kein vertrauter Mensch mehr, keine vertraute Umgebung. Der Einzug ins neue Zuhause ist für den Welpen eine gewaltige Umstellung. Alles um ihn herum ist neu und fremd. Lassen Sie ihm Zeit, alles zu verkraften und überfordern Sie ihn nicht. Ein Welpe braucht in dieser für ihn schwierigen Zeit in erster Linie Liebe und Geborgenheit, damit er Vertrauen zu Ihnen und seiner neuen Umgebung aufbauen kann.

☞ *Einkaufsliste*

- ☐ Futter- und Wassernapf (empfehlenswert sind höhenverstellbare Futterständer)
- ☐ Verstellbares, mitwachsendes Welpenhalsband
- ☐ Leichte Leine
- ☐ Hundepfeife mit Pfeifenband
- ☐ Hundebett / Korb
- ☐ Schlafdecke
- ☐ Zimmerkennel
- ☐ Spielzeug
- ☐ Welpendummy
- ☐ Hundebürste
- ☐ Kamm
- ☐ Zeckenzange
- ☐ Krallenzange
- ☐ Kauartikel
- ☐ Welpenfutter (nach Absprache mit dem Züchter)

VOR DEM EINZUG

Bevor Sie den Welpen beim Züchter abholen, sollten Sie Ihr Haus welpensicher machen. Der Welpe untersucht alles, was ihm begegnet. Besonders interessant sind alle Dinge, die nach seiner menschlichen Ersatzfamilie riechen. Schuhe, Socken, Unterwäsche, die Handtasche oder die Laptop-Tasche sollten Sie deshalb ordentlich wegräumen, damit Ihr Welpe diese Dinge nicht mit seinen kleinen spitzen Milchzähnchen untersucht und bearbeitet. Wertvolle Teppiche sollten Sie ebenfalls erst einmal einrollen und zur Seite legen. Auch den dekorativen Kleinkram und die Topfpflanzen, die sich in Reichweite des Welpen befinden, sollten weggeräumt werden. Sichern Sie auch alle elektrischen Leitungen und das Telefonkabel. Setzen Sie sich auf den Boden, betrachten Sie aus der Perspektive des Welpen Ihre Wohnung, dann werden Sie schnell sehen, wo Sie etwas verändern müssen. Kurzfristig weichen muss vor allem alles, was für einen nage- und fressfreudigen Welpen lebensgefährlich sein könnte.

Nach ein paar Wochen hat der Welpe sich bei Ihnen eingelebt, dann können Sie nach und nach alle Dinge wieder an den gewohnten Platz stellen. Nun kennt er bereits die ersten Erziehungsbegriffe, sodass Sie ihm klarmachen können, dass er diese Dinge nicht als Spiel- oder Kauobjekt missbrauchen darf. Kaut er an etwas Unerlaubtem, dann nehmen Sie ihm dies mit dem Verbotssignal ab und bieten ihm stattdessen etwas Erlaubtes an.

Der Welpe braucht Beschäftigung und auch Geborgenheit, um Vertrauen aufzubauen.

EINZUG DES WELPEN

Mit dem Abholen Ihres Welpen beim Züchter übernehmen Sie die Verantwortung für die weitere Erziehung und die bestmögliche Prägung und Sozialisierung. Mit dem Einzug im neuen Zuhause verändert sich das Leben des Welpen radikal. Seine vertraute Umgebung hat er verlassen und auch seine Geschwister und seine Mutter sind nicht mehr da. Sicher wird er sich sehr allein fühlen. Ihr Welpe muss sich nun völlig neu orientieren, er braucht seine Ersatzmeute, den Menschen, der ihm in der neuen unbekannten Umgebung Zuwendung und Geborgenheit gibt. Dies ist Ihre Chance – werden Sie seine Vertrauensperson, sein Sozialpartner, an dem er sich orientieren kann. Nutzen Sie die folgenden Wochen, in denen Ihr kleiner Retriever sehr lernbereit ist und legen Sie den Grundstein für eine solide Grunderziehung. Verschwenden Sie keine Sekunde. Ihre Aufgabe als Hundehalter besteht jetzt darin, ihn optimal zu fördern, ohne ihn dabei zu überfordern.

WOHLORGANISIERTER UMZUG

Um Ihrem neuen Lebensgefährten den Umzug etwas zu erleichtern, können Sie einiges tun. Ideal ist, wenn Sie Ihren Welpen beim Züchter schon mehrmals besucht und sich mit ihm beschäftigt haben. So lernt der Welpe seinen neuen Menschen kennen, gewöhnt sich an ihn und seinen Geruch. Bei Ihrem letzten Besuch sollten Sie einen Gegenstand aus Ihrem Haushalt beim Züchter zurücklassen. Dieser Gegenstand sollte nach Ihrer Familie riechen, deshalb eignen sich neugekaufte Gegenstände nicht. Geeignet ist eine alte Hundedecke, ein altes Kissen, ein getragenes T-Shirt, ein großes Frotteehandtuch oder Ähnliches. Liegt dieser Gegenstand nun beim Züchter im Welpenauslauf, dann hat Ihr Welpe die Gelegenheit, sich über diesen Gegenstand an den Geruch Ihrer Wohnung und Ihrer Familie zu gewöhnen. Auch sollten Sie den Züchter bitten, bei der Abholung des Welpen einen Gegenstand aus dem Welpenauslauf mitnehmen zu dürfen, am besten eines der Lieblingsspielzeuge des Welpen. Dieses vertraute Spielzeug wird in der neuen Umgebung für den Welpen eine Brücke schlagen, mit deren Hilfe er in der neuen Umgebung stressfreier ankommt. Möglich sind auch akustische Reizgeber. Wird z. B. beim Züchter immer wieder dieselbe beruhigende Melodie eines Liedes abgespielt, so können Sie diese auch im neuen Zuhause einsetzen, um den Welpen etwas Vertrautes zu geben. Durch das Hören der vertrauten Melodie können Sie dem Welpen das Ankommen in seinem neuen Zuhause etwas erleichtern.

TRAGEN DES WELPEN

Einen Welpen nimmt man immer mit zwei Händen hoch. Mit einer Hand greift man unter den Po und mit der anderen Hand greift man von vorne zwischen den Vorderläufen des Welpen durch ans Brustbein. So kann man ihn sicher hoch und liebevoll in den Arm nehmen. Auf diese Weise haben Sie auch einen zappelnden Welpen gut im Griff. Heben Sie einen Welpen niemals am Nackenfell oder an den Vorderbeinen hoch. Die Schulter- und Ellenbogengelenke sind noch sehr weich und könnten irreparable Schäden davontragen.

Greifen Sie beim Tragen mit beiden Händen zu. Stützen Sie mit einer Hand den Po des Welpen.

DIE ERSTEN TAGE

Geben Sie Ihrem Welpen ein paar Tage Zeit, sich in seiner neuen Umgebung zurechtzufinden. Verzichten Sie auf eine große Willkommensparty. Ihre Nachbarn und Freunde werden dies sicher verstehen. Es dauert gewiss nur ein paar Tage, bis sich der Welpe in Ihrem Haus eingelebt und Vertrauen zu seiner neuen Familie gefasst hat. Dann ist immer noch Zeit, ihn allen vorzustellen.

24-STUNDEN-RUNDUMBETREUUNG

Ein Welpe (8 Wochen alt) ist ein süßes kleines Geschöpf. Etwas ganz Entzückendes zum Kuscheln. „Der schläft ja noch viel", hört man überall. Das ist richtig, aber dennoch macht es viel Arbeit, einen Welpen aufzuziehen. Ein 8 Wochen alter Welpe braucht 24 Stunden Rundum-Betreuung. In den ersten Tagen wird sich Ihr gesamter Tagesablauf mehr oder weniger an den Bedürfnissen des Welpen orientieren. Nehmen Sie sich für die ersten Wochen am besten Urlaub und versuchen Sie alle dringenden Verpflichtungen schon vor Ankunft des Welpen zu erledigen.

Eingliederung in die Familie

Nutzen Sie die erste Zeit, vermitteln Sie ihm Geborgenheit, Sicherheit und Wärme. Geben Sie Ihrem Welpen aber auch nicht das Gefühl, dass er im Zentrum Ihrer Aufmerksamkeit steht. Er muss jetzt schon lernen, wo sein Platz in seiner menschlichen Ersatzfamilie ist. Schenken Sie ihm zu viel Aufmerksamkeit, fühlt er sich sehr schnell als wichtigste Person im Haushalt, und genau das sollten Sie ihm nicht vermitteln. Zerstören Sie in den ersten Tagen das aufkeimende Vertrauen nicht mit zu vielen Verboten, aber erlauben Sie auch nicht, was er später nicht darf. Seien Sie besser vorausschauend. **In der Sozialisierungsphase ist Erziehung groß geschrieben. Erziehung ist nicht gleich Ausbildung. Erzogen sein muss jeder Hund, damit er nicht zum Problem für die Gesellschaft wird.**

TAGESABLAUF EINES WELPENBESITZERS

Exemplarischer Tagesablauf eines ca. 8 Wochen alten Welpen. Dieser Tagesablauf muss natürlich an die individuellen Bedürfnisse Ihres Welpen angepasst werden.

6:00 Uhr
Der Welpe wird im Kennel unruhig. Die Nacht ist zu Ende. Raus in den Garten zum Pinkeln.

6:15 Uhr
Zurück von der Pipirunde im Garten, dann kleine Beschäftigungs- und Spielrunde mit dem Welpen.

6:45 Uhr
Die morgendliche Mahlzeit des Welpen wird zubereitet. Der Welpe frisst.

7:00 Uhr
Der Welpe hat gefressen und getrunken, nun muss er wieder nach draußen in den Garten gebracht werden, damit er sich lösen kann.

7:15 Uhr
Zurück aus dem Garten, der Welpe ist nun müde und wird nun im Kennel einige Zeit schlafen.

10:30 Uhr
Der Welpe wird wach. Gleich raus mit ihm in den Garten, er muss sich nach dem langen Vormittagsschlaf lösen.

10:45 Uhr
Zurück aus dem Garten. Auf dem Plan steht nun Spiel im Haus, eine aufregende Entdeckungstour im Garten oder ein kleiner Ausflug in die Natur.

12:00 Uhr
Die Mittagsmahlzeit wird zubereitet. Der Welpe frisst und trinkt.

12:15 Uhr
Nach dem Fressen noch mal Pipirunde im Garten.

12:30 Uhr
Der Welpe ist müde und satt, schläft im Kennel.

16:30 Uhr
Der Welpe wird wieder wach. Nun aber schnell in den Garten, er muss sich wieder lösen.

16:45 Uhr
Zubereitung einer kleinen leichten Zwischenmahlzeit. Der Welpe frisst und trinkt.

17:00 Uhr
Kurz in den Garten, damit er sich lösen kann.

17:15 Uhr
Spiel draußen im Garten oder im Haus. Zielgerichtetes Spiel.

17:45 Uhr
Wieder zurück im Haus. Kuscheln ist angesagt.

18:00 Uhr
Der Welpe ist müde und schläft wieder im Kennel.

20:00 Uhr
Der Welpe wird munter, d. h. wieder raus mit ihm in den Garten, damit er sich lösen kann.

20:15 Uhr
Spiel im Haus, danach etwas kuscheln.

20:45 Uhr
Abendmahlzeit wird zubereitet. Der Welpe frisst und trinkt.

21:00 Uhr
Noch mal kurz raus in den Garten, der Welpe muss sich lösen können.

21:15 Uhr
Danach wieder Kuscheln, der Welpe schläft auf dem Schoß von Frauchen/Herrchen ein.

22:30 Uhr
Der Welpe wird wieder wach, nun schnell raus in den Garten, er muss sich lösen.

22:45 Uhr
Letzte Abendrunde mit dem Welpen im Garten. Dann ab mit ihm in den Kennel, es ist Schlafenszeit!

2:00 Uhr
Der Welpe wird im Kennel wach. Wieder kurz raus, pinkeln lassen.

2:15 Uhr
Zurück im Haus, schnell den Welpen in den Kennel und dann wieder ins Bett.

6:00 Uhr
Ein neuer Tag beginnt. Der Welpe wird im Kennel wach. Aufstehen! Der Welpe muss raus in den Garten, er muss pinkeln …

FREMDELPHASE

Sensible Phasen in der Jugendentwicklung eines Hundes sind für die Entstehung von Angst, Furcht und anderen Ablehnungsreaktionen im Erwachsenalter verantwortlich. Schon beim Züchter (ca. 5. Woche) erlebt der Welpe zum ersten Mal eine Zeit, in der man eine erhöhte Schreckhaftigkeit auf unerwartete Außenreize beobachten wird. In der 7. bis 8. Woche kann man wieder eine solche sensible Phase beobachten: Ähnlich wie bei menschlichen Kindern, kommen die Welpen in eine Fremdelphase. In dieser Zeit ist der Welpe Neuem gegenüber eher unsicher bis ängstlich und sucht vermehrt Schutz bei seiner Vertrauensperson. Es kann auch sein, dass er von einem Tag auf den anderen plötzlich Angst vor Dingen hat, die er bereits kennt. So kann er plötzlich Angst vor der Mülltonne zeigen, an der er schon oft vorbeigegangen ist; vielleicht mag er auch nicht mehr in die Garage laufen, obwohl es vorher kein Problem für ihn war. Es gibt die unterschiedlichsten Situationen. Bleiben Sie entspannt! Die Zeit geht vorüber. Lesen Sie dazu auch weiter auf S. 132 ff.

SPIELEN UND KAUEN

Geben Sie Ihrem Retrieverwelpen einige wenige Dinge zum Spielen und Zerkauen. Als Spielzeug können Sie im Zoofachhandel Kauseile, Stoff- und Gummigegenstände sowie Bälle (groß genug oder mit Seil, damit sie nicht verschluckt werden können) erwerben. Achten Sie darauf, dass das Spielzeug nicht quietscht. Ein alter Socken, den man ausstopft, ein geknotetes Tuch oder die innere Papprolle von der Haushaltspapierrolle sind auch ideale Spielartikel, die man schnell selbst

Was ist denn das?

Vorsichtig nähert sich Ailis.

Stolz trägt sie die Beute davon!

gebastelt hat. Der Welpe darf mit diesen Gegenständen spielen und sie auch herumtragen. Suchen Sie vorausschauend nur Spielobjekte aus, die Ihr Welpe auch später in seinen Besitz nehmen darf. Alles andere sollte tabu für ihn sein, denn wenn er jetzt mit Schuhen spielen darf, macht er später vor dem neu gekauften Paar auch keinen Halt. Achten Sie darauf, dass er das Spielzeug nicht zerstört, bereits hier sollten Sie mit der Erziehung beginnen. Der kleine Retriever sollte nicht lernen, dass es Spaß macht, auf Apportiergegenständen herumzukauen.
Zum Kauen sollten Sie dem Welpen Hundekuchen, Kaustangen, Rinder- oder Schweineohren, Hufe oder getrocknete Rinderhautstreifen anbieten. Auch eignet sich getrocknetes Brot und rohes Gemüse wie z. B. Mohrrüben, Kohlrabi oder Ähnliches. Mit diesen Dingen ist Ihr Welpe gut beschäftigt und kann sein natürliches Kaubedürfnis an geeigneten Objekten befriedigen.

SOZIALE SPIELREGELN

Nach einigen Tagen wird sich Ihr Welpe eingelebt haben. Nun können Sie beginnen, ihn vorsichtig mit den Regeln seiner neuen Umgebung vertraut zu machen. Zeigen Sie ihm nun seine Grenzen und die sozialen Spielregeln – Tag für Tag und das 24 Stunden lang. Setzen Sie vom ersten Tag an Tabus,
Ihr Welpe muss die Grenzen der Welt kennenlernen, in der er nun lebt, diese sind unter Umständen lebenswichtig. Jeder gut geprägte Welpe hat schon beim Züchter erfahren, dass es Grenzen für ihn gibt. Hunde sind Rudeltiere und haben von Natur aus die Bereitschaft, sich in eine soziale Gemeinschaft einzuordnen. Der Mensch muss nur verstehen, dass es bei der Hundeerziehung um Kommunikationslernen geht, um das Etablieren von Beziehungen und Bindungen. Es ist notwendig, dem Hund Grenzen zu setzen, um ihm von Beginn an zu zeigen, welche sozialen Möglichkeiten ihm eröffnet werden.
Hunde fühlen sich sicher, wenn sie sich an genauen Regeln orientieren können, die ihnen helfen, sich in der Welt zurechtzufinden.
Der Welpe wird Ihre Autorität gewiss schnell anerkennen, wenn Sie ihn nicht durch ungerechte und inkonsequente Behandlung demoralisieren und einschüchtern. Sie als Teammitglied in dem Team Mensch/Hund bestimmen, was Sie akzeptieren und was nicht. **Was Sie dem Kleinen einmal erlaubt haben, hat er gelernt, und einmal Gelerntes kann man nur noch mit Mühe wieder verändern. Deshalb gilt: Was der erwachsene Hund nicht soll, sollte auch der Welpe nicht tun dürfen.** Bei einem Welpen mag das noch niedlich erscheinen, wenn er an Ihnen hochspringt; nicht mehr lustig finden Sie es bestimmt, wenn Ihr erwachsener Hund Sie mit schmutzigen Pfoten anspringt und so Ihre helle Hose einige Pfotenabdrücke aufweist. Erlauben Sie dem Welpen auf der Couch zu liegen, ist das in Ordnung. Aber dann sollte es auch für den erwachsenen Hund gelten. Überlegen Sie sich zu Beginn, was Sie Ihrem Hund in seinem ganzen Hundeleben erlauben wollen und was nicht. Sie stecken die Grenzen, Sie stellen die Spielregeln von Anfang an auf.

TEAMPARTNER MENSCH & HUND

Ein Welpe wird sich seinem Menschen gern anschließen, wenn dieser sich als emotional positiver und aufrichtiger Bindungspartner herausstellt. Um dies zu erreichen, muss der Mensch für den Welpen vertrauenerweckend, zuverlässig und in vielerlei Hinsicht attraktiv sein und auch immer dann verfügbar, wenn er ihn braucht. Deshalb muss Erziehung so motivierend und spannend sein, dass unser kleiner Retriever gern das macht, was wir von ihm erwarten. Dies erreichen wir nur, wenn er sich in unserer Nähe sicher und geborgen fühlt. Er soll uns vorbehaltlos vertrauen und auf unsere Überlegenheit und Weitsicht bauen. Über erzwungene Unterordnung kann man zwar absoluten Gehorsam erreichen, aber niemals absolute Zuverlässigkeit. Ziel der Erziehung ist somit, einen Teampartner heranreifen zu lassen und nicht einen Sklaven zu schaffen. Wir als Sozialpartner müssen unserem Welpen alle Situationen im Alltag zeigen und ihm die sozialen Spielregeln in unserem Haushalt beibringen. Lassen Sie die Entwicklungsphasen nicht ungenutzt verstreichen, indem Sie Ihren Welpen vor Stress, Lärm und wertvollen Erfahrungen abschirmen. In diesen ersten Lebenswochen in Ihrem Zuhause kann er wichtige Erfahrungen sammeln, auf die er sein Leben lang zurückgreifen wird. Zu einem späteren Zeitpunkt ist eine Prägung in dieser Qualität nicht mehr möglich. Der Hund kann Versäumtes nur schwer wieder aufholen. Es liegt in Ihrer Hand, ob aus Ihrem Welpen ein gut erzogener, sozialisierter und wesensfester Retriever wird bzw. ein eher ängstlicher zurückgezogener oder ein unerzogener Köter. Die Prägung des Welpen können Sie als Hundehalter im positiven und negativen Sinn beeinflussen. Zweifellos wird jedes Lebewesen ein Leben lang lernen, aber die entscheidende Zeit für einen Hund sind die ersten Lebenswochen im neuen Heim.

KONSEQUENZ

Konsequenz ist nicht gleich körperliche Härte – Nachlässigkeit und Toleranz wird der Hund als Schwäche auslegen. Der Mensch sollte die Leitfigur des Welpen werden, dieser muss lernen, dass sein Mensch, wenn er sich an ihm orientiert, auf ihn aufpasst, das er ihn beschützt, tröstet und ihm in unbekannten Situationen hilft. Macht ein Welpe diese Erfahrung, dann wird er seinen Menschen als Leitfigur auch gern anerkennen.

Du kleiner Frechdachs! – Nein!

STUBENREINHEIT

Von der ersten Minute an, also direkt wenn der Welpe sein neues Zuhause betritt, wird die Stubenreinheit als ein zentrales Thema seine neue Familie beschäftigen.

Hat der Züchter Ihres Welpen schon vorgearbeitet und ihn auf einen Löseplatz geprägt (siehe S. 46 f.), dann haben Sie es einfach. Bringen Sie nun den Welpen nur noch regelmäßig nach draußen. Er wird auch bei Ihnen seinen Löseplatz erkennen. Fragen Sie deshalb den Züchter, welchen Untergrund er gewählt hat. Wenn Ihr Züchter das nicht getan hat, kein Problem! Dann benötigen Sie nur etwas mehr Zeit. Werden Sie nicht ungeduldig, wenn es nicht gleich zu 100 % funktioniert, der Welpe zeigt nur das Verhalten, das er in den ersten Wochen seines Lebens gelernt hat. Sie haben jedoch die Möglichkeit, mit etwas Geduld das Löseverhalten nach Ihren Wünschen zu formen. Ihr Retriever wird sich an den Ort gewöhnen, den Sie ihm zum Lösen zuweisen. Voraussetzung ist jedoch, dass Sie darauf achten, dass er sich immer dort löst. Möchten Sie später nicht, dass sich Ihr Hund auf dem gepflegten Rasen in Ihrem Garten löst, dann sollten Sie es auch dem Welpen nicht gestatten. Richten Sie ihm einen Löseplatz ein, den er immer benutzen darf.

WANN MUSS ER NACH DRAUSSEN?

Bereits am ersten Tag sollten Sie darauf achten, ob der Kleine nach draußen muss. Begleiten Sie deshalb jeden Erkundungsausflug Ihres Welpen. Beobachten Sie ihn genau. Zeigt er einen Ansatz zum Pinkeln, das sieht man daran, dass die beiden Hinterbeine des Welpen etwas auseinandergehen und der Hintern sich dann in Richtung Boden senkt, dann sagen Sie sofort streng das kurze Hörzeichen „Nein“ und nehmen den Welpen unverzüglich auf den Arm. So stoppen Sie im Ansatz diese Handlung. Sie verhindern, dass er Urin absetzt und teilen dem Welpen unmissverständlich mit,

Bereits beim Züchter wird der Welpe auf den Löseplatz geprägt.

☞ VERHALTENSREGELN FÜR STUBENREINHEIT

REGEL 1	Bringen Sie den Welpen immer zur gleichen Stelle im Garten. Diese wird er bald als Löseplatz akzeptieren.
REGEL 2	Gehen Sie grundsätzlich mit dem Welpen hinaus: — nach dem Schlafen — nach dem Fressen — nach dem Spielen
REGEL 3	Beobachten Sie Ihren Welpen! Er muss unverzüglich hinaus, wenn er: — hektisch am Boden schnüffelt, — sich beim Schnüffeln um die eigene Achse dreht. Nehmen Sie dann den Welpen auf den Arm und tragen ihn direkt zum Löseplatz.
REGEL 4	Loben Sie ihn überschwänglich, wenn er draußen sein Geschäft verrichtet hat. Streicheln Sie ihn, geben Sie ihm ein Leckerchen. Feiern Sie ein großes Fest mit ihm – tolle Leistung!
REGEL 5	Passiert ein Missgeschick im Haus, dann machen Sie kein Theater, sonst könnte der Welpe Ihre Aufmerksamkeit als Belohnung (miss)verstehen.
REGEL 6	Reinigen Sie im Haus die Stellen, an denen sich der Welpe aus Versehen gelöst hat, sehr gründlich mit Seifenlauge und wischen Sie mit Essigessenz oder Desinfektionslösung nach. Es darf kein Geruch zurückbleiben. Dieser Geruch würde den Welpen animieren, diesen Platz wieder zu benutzen.
REGEL 7	Wann muss der Welpe in der Nacht raus? Wenn er unruhig wird, anfangs kann das auch alle 2 Stunden sein. Nach einigen Tagen können Sie das Zeitintervall immer mehr vergrößern.

dass dies hier nicht erwünscht ist. Bringen Sie ihn nun in den Garten und setzen Sie ihn auf die Stelle, auf der er sich künftig lösen soll. Meist hockt sich der Welpe dann innerhalb kürzester Zeit wieder zum Pinkeln hin. Nun sollten Sie diese Handlung unbedingt ausgiebig loben. Der Welpe muss verstehen, dass es hier richtig ist. Wenn er sich zum Kotabsetzen hinhockt, er macht dann einen krummen Rücken und senkt den Hintern, sollten Sie entsprechend verfahren.

EINFÜHREN EINES SIGNALS

Sie haben dann auch die Möglichkeit, das Lösen mit einem Signal zu belegen. Oftmals ist es sehr praktisch, wenn der Hund gelernt hat, sich auf Signal zu lösen. Dann braucht man nicht ewig zu warten, bis er soweit ist. Bringen Sie den Welpen auf den ihm bekannten Löseplatz und sagen Sie in dem Moment, in dem er sich dort zu lösen beginnt, immer das gleiche Signal. (z. B. „Mach schnell", „Pippi machen"). Loben Sie ihn, während er sich löst.

REGELN FÜR DAS HINAUSGEHEN

Hunde sind Gewohnheitstiere, sie lieben es deshalb, einen geregelten Tagesablauf zu haben. Hat der Welpe feste Fütterungszeiten, wird sich auch die Verdauung bald darauf einstellen. Schnell werden Sie herausfinden, wann sich Ihr Welpe lösen muss. Beobachten Sie ihn genau – wird er unruhig und beginnt zu suchen oder dreht sich im Kreis, dann ist dies ein sicheres Zeichen dafür, dass er nach draußen muss. Der Zimmerkennel kann ebenfalls eine wertvolle Hilfe sein (siehe S. 76 ff). Wichtig ist, dass Sie als Vertrauensperson Ihren Welpen nach draußen bringen und auch bei ihm bleiben, bis er sein Geschäft erledigt hat. Geben Sie ihm durch Ihre Anwesenheit Sicherheit, insbesondere in der dunklen Nacht. Sonst passiert es schnell, dass der Welpe nicht draußen, sondern auf dem Weg in die sichere und bekannte Wohnung sein Geschäft verrichtet.

TAGSÜBER

Der Welpe muss sich immer nach dem Schlafen, nach dem Fressen und nach einem aufregenden Spiel lösen. Auf jeden Fall sollte er regelmäßig alle zwei Stunden ins Freie gebracht werden. Lieber einmal mehr als einmal zu wenig. Um den Überblick im Alltagschaos zu behalten ist es sehr hilfreich, wenn Sie sich auf einem Zettel notieren, wann Sie mit dem Welpen das letzte Mal draußen waren. Mit zunehmendem Lebensalter verlängern sich die Abstände, in denen er sich lösen muss.

NACHTS

Ein 8 Wochen alter Welpe kann noch keine acht bis zehn Stunden durchhalten, deshalb sollten Sie noch einmal spät abends, kurz vor dem Schlafengehen, mit ihm nach draußen gehen und dann in etwa alle zwei Stunden. Stellen Sie sich am besten einen Wecker, falls Sie einen zu festen Schlaf haben. Nach und nach können Sie die Zeit verlängern, bis er dann nach einigen Wochen auch die ganze

DER LÖSEPLATZ

Löseplätze sollten so gestaltet sein, dass man diese gut sauber halten kann. Aus erzieherischen und hygienischen Gründen sollten Sie regelmäßig den Kot mit Kotsäckchen, Papiertüchern oder einer Schaufel einsammeln. Der Urin sollte im Untergrund des Löseplatzes schnell versickern. Halten Sie den Löseplatz sauber, sonst sucht sich Ihr Welpe schnell einen neuen sauberen Ort. Desinfizieren Sie diesen auch regelmäßig. Löseplätze kann man im Welpenauslauf, im Garten oder auch auf der Terrasse oder dem Balkon einrichten.

Löseplatz im Haus oder auf dem Balkon

Bewährt haben sich flache große Blumenkastenuntersetzer oder flache Kisten (mindestens 80 × 80 cm), die man im Gartencenter bekommt. Diese Untersetzer werden mit Kleintierstreu befüllt. Ideal sind Pellets aus gepresstem Mais oder Stroh. Sie zerfallen, wenn sie feucht werden. So kann man leicht beurteilen, wann es Zeit für eine neue Einstreu wird. Beobachtet man, dass sich der Welpe lösen möchte, nimmt man ihn und setzt ihn auf die Kleintierstreu. Durch das nun folgende Lob bestätigt, wird er schnell den Löseplatz akzeptieren und ihn selbstständig aufsuchen.

Löseplatz im Garten

Im Garten kann man für den Welpen, aber auch für den älteren Hund, einen festen Löseplatz einrichten. Dafür benötigt man eine ruhige Ecke von ca. 4 m^2. Die Erde wird etwa 50 cm tief ausgehoben und mit etwas Gefälle eine Drainage eingebaut. Als unterste Schicht wählt man eine Folie und schüttet feinen Kies darauf. Auf dem Kies kann man den Kot leicht aufnehmen. Diese Löseplätze sind einfacher sauber zu halten als Gras.
Auf Gras kann man Kot nie ganz entfernen, es verbleibt immer ein Rest zwischen den Halmen.
Den Kies sollten Sie regelmäßig mit reichlich Wasser wässern, um ihn gründlich zu reinigen. Prägen Sie Ihren Welpen auf einen solch speziellen Löseplatz, wird er sich nur dort und nicht im gesamten Garten lösen.

Merken Sie, dass sich Ihr Welpe lösen muss, dann sollten Sie ihn unverzüglich nach draußen tragen.

Nacht durchhalten kann. Falls Ihr Welpe mitten in der Nacht unruhig wird, sollten Sie ihn auf jeden Fall hinausbringen, auch wenn eigentlich noch nicht die Zeit dafür ist. Lassen Sie sich von ihm aber auf keinen Fall zu einem Spiel animieren, sondern bringen Sie ihn hinaus und, sobald er sein Geschäft verrichtet hat, wieder hinein. Legen Sie sich wieder ins Bett und beachten Sie ihn nicht, auch wenn er Ihnen signalisiert, dass er jetzt für ein tolles Spiel aufgelegt wäre. Zeigen Sie ihm, dass jetzt Schlafenszeit ist und nicht gespielt wird.

WAS TUN, WENN ETWAS DANEBEN GEHT?

Trotz aller Vorsicht ist es doch passiert. Ein kleines Häufchen prangt auf dem Teppich. Greifen Sie bitte nicht auf antiquierte Erziehungsmethoden zurück. Der Welpe lernt absolut nichts, wenn Sie seine Nase in seine Hinterlassenschaft drücken. Auch wenn Sie sich noch so über das Häufchen auf dem guten Teppich ärgern, räumen Sie es wortlos weg. Fassen Sie sich lieber an die eigene Nase, denn Sie haben nicht aufgepasst. Beobachten Sie Ihren kleinen Retriever genauer, damit Sie mitbekommen, wenn er nach draußen muss. Haben Sie Geduld! Der Welpe ist frühestens im Alter von drei bis vier Monaten soweit, dass er Blase und Darm kontrollieren kann.

BLITZBLANK SAUBER

Ist ein Malheur in der Wohnung passiert, dann säubern Sie die Stelle gründlich. Vermeiden Sie Reinigungsmittel auf Ammoniakbasis. Urin ist auch ammoniakalkalisch, für den Hund wird diese Stelle trotz Putzen weiterhin nach Urin riechen, sodass er diese auch künftig als Toilette benutzt. Putzen Sie am besten mit Seifenlauge und wischen Sie mit Essigessenz oder Desinfektionslösung nach. So können Sie sicher sein, dass Sie den Uringeruch beseitigt haben.

FÜTTERUNG DES WELPEN

Welpen bekommen vier Mal am Tag zu fressen. In der Regel gibt Ihnen Ihr Züchter einen Futterplan und Futter für die erste Zeit mit. Sie sollten das Futter auf keinen Fall sofort umstellen.

Der Kleine hat schon genug mit dem räumlichen Umzug und der neuen Situation zu kämpfen, wenigstens das Futter sollte noch das gewohnte sein. Sie riskieren sonst stressbedingte Durchfallerkrankungen. Sollte Ihr Welpe unter Durchfall leiden, suchen Sie bitte einen Tierarzt auf.

FUTTERUMSTELLUNG

Falls Sie ein anderes Futter als Ihr Züchter verwenden möchten, sollten Sie warten, bis der Umzugsstress überwunden ist und Ihr Welpe Vertrauen zu Ihnen und Ihrer Familie aufgebaut hat. Dann können Sie durch Beimischen des neuen Futters die Ernährung langsam umstellen.

DIE RICHTIGE FUTTERMENGE

Eine Mangelernährung kann ebenso wie ein Zuviel an Futter zu bleibenden Entwicklungsschäden führen. Lassen Sie Ihren Welpen nicht zu dick werden. Optimal ist, wenn Sie die Rippen, ohne dass Sie danach graben müssen, problemlos fühlen können. Seine Knochen, Gelenke, Sehnen und Bänder sind noch nicht voll belastbar und sollten deshalb nicht mit Übergewicht überlastet werden. Bei Wolfswelpen in der Natur kann man nach der Nahrungsaufnahme eine kurze Spielphase beobachten, was sozusagen unserem Verdauungsspaziergang entspricht. Diese Bewegungsphase regt die Durchblutung an und fördert so die Verdauung. Körperlich

FÜTTERUNGSREGELN

- Füttern Sie den Welpen immer am gleichen Platz.
- Frisst er seine Portion nicht auf, dann nehmen Sie den Napf weg und entsorgen den Futterrest. In den ersten Tagen kann es vorkommen, dass er die vom Züchter angegebene Menge nicht frisst. Machen Sie sich keine Sorgen, der Kleine fühlt sich bei Ihnen noch nicht ganz zu Hause und außerdem fehlen ihm seine Geschwister als Futterkonkurrenten (Futterneid). Lassen Sie sich jetzt nicht dazu verführen, ihm mit besonderen Leckereien das Fressen schmackhaft zu machen. So erziehen Sie ihn nur zu einem Futtermäkler. Verhungern wird er freiwillig bestimmt nicht.
- Üben Sie immer den Hier-Pfiff (Tüt-Tüt), wenn Sie den Welpen zur Fütterung rufen. So verbindet er das Herkommen mit etwas Positivem.
- Der Wassernapf sollte gut zugänglich und immer mit sauberem Wasser gefüllt sein. Erneuern Sie das Wasser mehrmals täglich.

anstrengend ist sie jedoch nicht – ein Verdauungsspaziergang ist auch kein Gewaltmarsch. Welpen, die zu viel gefressen haben, werden hingegen sofort nach dem Fressen müde und schlafen. Welpen, die zu wenig bekommen haben, denken weder ans Spielen noch ans Schlafen, sie laufen nach Futter suchend durchs Haus.

BETTELN VERBOTEN

Vom ersten Tag an muss der Welpe lernen, dass er vom Esstisch nichts bekommt. Lassen Sie ihn erst gar nicht die Erfahrung machen, dass von dort etwas für ihn abfallen könnte. Er muss lernen: Nur das, was sich in seinem Futternapf befindet, ist für ihn bestimmt. Das, was auf dem Tisch der Menschen steht, hat nichts mit seiner Ernährung zu tun.

FÜTTERUNGSTIPPS VOM TIERARZT

Beitrag von Dr. Susanne Wisniewski, Kleintierzentrum in Iffezheim

Zum Thema Fütterung von Welpen kursieren unter Hundehaltern und auch Züchtern verschiedenste gedankliche Ansätze, die in sehr vielen Fällen heute sowohl aus ernährungsphysiologischer wie medizinischer Sicht nicht mehr haltbar sind.

Wachstumskurve für Elio (Hund/m) Aufzucht / Rudorf

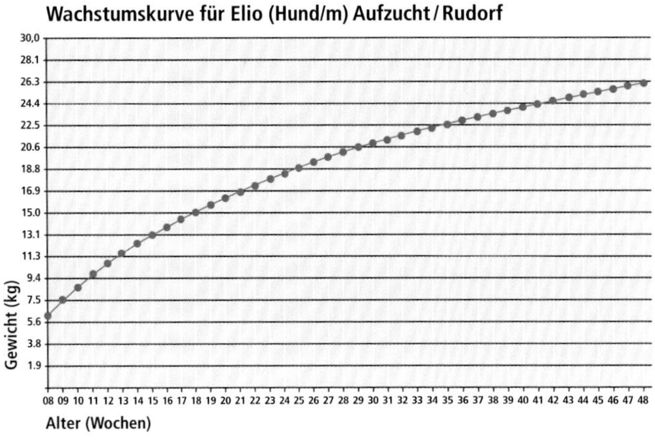

Neben reinem Trockenfutter werden Welpen meist aus ideologischen Gründen mit Dosenfutter, mit rohem Fleisch und Gemüse, getreidefrei, vegetarisch oder gar vegan ernährt. Die Medien bieten zu allen Fütterungsformen scheinbar plausible Begründungen selbsternannter Experten oder findiger Futtermittelfirmen.

Die Institute für Ernährungswissenschaften haben seit Jahren umfangreiches wissenschaftliches Material erarbeitet, welches einer modernen angepassten Fütterung von Welpen und Junghunden zugrundegelegt werden muss.

Unstrittig ist heute, dass wachsende Hunde andere Ansprüche an ihr Futter haben als ausgewachsene Tiere. Strebt man eine optimierte Fütterung des Junghundes an, sollte bis zur Vollendung des 1. Lebensjahres ein speziell für großwüchsige Hunde zusammengesetztes Futter gewählt werden.

FUTTERMENGE

Das Ziel der Fütterung von nicht mehr gesäugten Welpen sollte sein, die für die Rasse durchschnittliche Entwicklung herbeizuführen. Maximale Wachstumsraten sind insbesondere bei großwüchsigen Rassen wie den Retrievern unerwünscht, da sie die Entwicklung von orthopädischen Problemen begünstigen können. Überfütterung sollte daher strikt unterbleiben.

WACHSTUMSKURVE

Als ungefähre Richtlinie für die Gewichtszunahme gilt: Der Welpe sollte bis zum 5. Lebensmonat drei Gramm/Tag pro Kilogramm des erwarteten Gewichts des erwachsenen Hundes zunehmen. Für das Beispiel eines Golden Retriever-Rüden mit 34 kg Endgewicht ergibt sich also eine Zunahme von etwa 100 g/Tag, sprich 700 g/Woche. Der Tagesbedarf der individuellen Welpen kann +/– 16 % variieren, weshalb Mengenangaben auf den Futterpackungen immer nur ein grober Anhaltspunkt sein können. Grundsätzlich richtet man mit zurückhaltender knapper Fütterung jedoch weniger Schaden an als mit zu viel Futter.

Die Futtermenge kann NICHT alleine durch die Kontrolle der Körperkondition (man fühlt die Rippen) bestimmt werden. Eine zuverlässige Kontrollmöglichkeit ist allein die Wachstumskurve (siehe Kasten), die heutzutage in den meisten Tierarztpraxen erstellt werden kann.

Anhand des idealen Endgewichts Ihres Welpen wird das ideale aktuelle Gewicht errechnet und mit dem tatsächlichen Gewicht verglichen.

— Wiegen Sie Ihren Welpen (wöchentlich)
— Gleichen Sie die Futtermenge im Laufe des Wachstums Ihres Welpen laut Wachstumskurve an.

FUTTERZUSAMMENSETZUNG

Eine Über- oder Unterversorgung an bestimmten Nährstoffen, Mineralstoffen oder Vitaminen kann der Gesundheit Ihres Hundes abträglich sein. Die Bedeutung und die ideale Menge der verschiedenen Futterbestandteile verändert sich mit dem Alter, dem Aktivitätslevel und dem körperlichen Zustand.

EIWEISS-ENERGIE-VERHÄLTNIS

Um ein Futter sinnvoll bewerten zu können, muss das Eiweiß-Energie-Verhältnis (Gramm verdauliches Protein (vP) pro Megajoule verdauliche Energie (vE)) bekannt sein. In der Absetzphase sollten 15 g vP pro MJ vE enthalten sein, ab dem 6. Lebensmonat genügen 12 g vP pro Megajoule. Ein erwachsener Hund benötigt nur noch 10 g vP pro Megajoule vE. Leider wird auf den meisten Futterpackungen lediglich der sogenannte Rohproteingehalt anstelle des verdaulichen Proteins angegeben. Die Verdaulichkeit eines Proteins kann je nach Herkunft des Proteins (Rinderfilet oder Hühnerbeine) stark variieren, liegt jedoch bei qualitativ hochwertigen Futtersorten um die 70 %. Bei bekannter Verdaulichkeit kann also aus dem Rohprotein auf das verdauliche Protein umgerechnet und so das Protein-Energie-Verhältnis ermittelt werden.

Die zwar üblichen, jedoch relativ nutzlosen Rohproteinangaben auf kommerziellen Futterpackungen können also keineswegs, wie oft behauptet, zur Beurteilung der Qualität einer Futtersorte herangezogen werden.

KALZIUM-PHOSPHOR-VERHÄLTNIS

Neben Energie- und Proteingehalt eines Futters spielen vor allem die Mineralstoffe Kalzium und Phosphor eine Rolle. Die empfohlene Kalziummenge im Futter muss in Zusammenhang mit dem Phsophorgehalt gesehen werden. Das Kalzium-Phosphor-Verhältnis sollte etwa bei 1,1 : 0,9 liegen und keinesfalls durch zusätzliche Gaben von Mineralstoffpräparaten verändert werden.

ZUSATZPRÄPARATE

Auch Vitaminpräparate sollten auf dem Speiseplan eines Retrieverwelpen nicht erscheinen, da kommerzielle Futtermittel grundsätzlich bereits ausreichend mit Vitaminen angereichert sind. Vor allem Zusatzgaben von Vitamin-D können den Stoffwechsel eines wachsendes Hundes beeinflussen und Skelettschäden verursachen.

Studien zufolge, ist die Zusammensetzung selbst zubereiteter Rationen zu einem sehr großen Anteil nicht dem Bedarf des Hundes angepasst, sondern weist gravierende Unter- bzw. Überversorgung mit bestimmten Inhaltsstoffen auf. Welpenfutter renommierter Futterhersteller entsprechen heutzutage den ernährungsphysiologischen Bedürfnissen von Welpen, sodass sie als Basis einer ausgewogenen Ernährung herangezogen werden sollten.

ABWECHSLUNG DURCH FRISCHES

Die Zufütterung geringer Mengen von frischem Fleisch, Gemüse, Obst, Milchprodukten oder Innereien bringt Abwechslung in den Speiseplan, verbessert die Akzeptanz und vermindert das Risiko später auftretender Nahrungsmittel-Intoleranzen oder Allergien.

ENTSPANNUNG UND SCHLAF

Darf sich ein Hund langweilen? Da die Welpenzeit so kurz ist und man überall liest und hört, wie wichtig eine gute Sozialisierung des Welpen ist, versucht man in die Welpenzeit so viel wie möglich hineinzupacken. Man möchte auf keinen Fall etwas versäumen.

TERMINKALENDER

Schnell hat der Welpe einen eigenen Terminkalender. Jeden Morgen auf dem Spaziergang ein kleines Trainingsprogramm: Montag zur Welpensozialisierung, Dienstag zum ersten Dummykurs, Mittwoch noch etwas Gerätetraining – der Hund soll ja auch Spaß haben, Donnerstag auf den Bahnhof Züge anschauen, Freitag muss Frauchen zum Einkaufen in die Stadt, gute Idee, da kann der Welpe mal Aufzug fahren. Und jeden Abend natürlich auf dem Spaziergang noch eine minikleine Trainingseinheit. So! Die Woche ist geschafft, nun ist endlich Wochenende. Juhu, ich habe „frei"! Was für ein Glück, nun bleibt genügend Zeit, um sich mit Freunden zum Hundetraining zu treffen.

EINFACH MAL HUND SEIN …

Viele Hundebesitzer glauben ihrem Retriever einen Gefallen zu tun, wenn sie ihn den ganzen Tag über beschäftigen und er immer in Aktion sein „darf" (bzw. „muss"). Doch wo bleibt da Zeit für den Welpen, einfach mal Hund sein zu dürfen, nichts zu tun oder nur herumzustromern, zu buddeln, zu schnüffeln, also Aktivitäten, die er gern tut. Wann hat er Zeit, einfach nur die Natur zu beobachten, Schmetterlinge zu jagen, Vögel zu beobachten und ganz nebenbei alltägliche Erfahrungen in seiner vertrauten Umgebung zu sammeln. Wo bleibt die Zeit, sich dösend auszuruhen und den Tag nach hündischer Art langsam auf sich zukommen zu lassen. Wir Menschen sind getrieben von jeder Menge Termine und Aktivitäten und führen ein sehr ausgefülltes Leben. Müssen wir nun auch unseren Hund in einen derartigen Stress führen?
Entschleunigen Sie sein Leben! Er braucht für seine artgerechte Entwicklung Ruhe. Nehmen Sie das Gas runter. Es ist zum Wohle Ihres Hundes und sicher auch zu Ihrem eigenen Wohl.

VIERBEINIGER ZAPPEL-PHILIPP

Immer öfter kann man Hunde beobachten, die man als hyperaktiv bezeichnet. Manchmal hört man auch, der hat ADHS. Das ADHS-Label erlaubt es den Besitzern, etwas Verantwortung abzugeben, denn ADHS ist allgemeingültig eine Störung, für die man nichts kann. Oft bekommen Besitzer von hyperaktiven Hunden auch den Ratschlag, dieser muss mehr ausgelastet und beschäftig werden. Sicher gibt es Hunde, die nach einer entsprechenden Auslastung müde in ihrem Körbchen liegen. Doch es gibt auch Hunde, die immer unruhiger werden, je mehr ihr Besitzer sie auslastet. Sie stehen dauernd unter Strom!

Hyperaktive, überdrehte Hunde weisen folgende Verhaltensauffälligkeiten auf:

- **eingeschränkte Konzentrationsfähigkeit**
- **erhöhe Reaktion auf Außenreize**
- **motorische Impulsivität und Hyperaktivität**

Neben der These, dass es sich bei ADHS um einen Gendefekt handelt, gibt es auch eine Theorie, dass ADHS infolge bestimmter krankmachender Umweltbedingungen entsteht. Hirnstrukturen entwickeln sich je nachdem, wie das Gehirn genutzt wird. Es finden Anpassungen in häufig genutzten Hirnregionen statt. Untersuchungen haben gezeigt, dass es zu Beginn der Pubertät eine erhöhte Anfälligkeit gibt. Als verantwortlich werden folgende Faktoren erwähnt: ungünstige Aufzuchtbedingungen, zu frühe Stresserfahrungen. Ist ein Welpe sowieso schon eher aufgeregt und lässt sich durch Außenreize leichter aufputschen, dann wird mit jeder Stimulation auch die entsprechende Hirnregion stärker aktiviert, was zur Folge hat, dass diese sich auch stärker entwickelt. Das wiederum führt zu einer noch größeren Ablenkbarkeit und Aktivität, während andere Verschaltungen im Gehirn z. B. für Impulskontrolle und Fokussierung ungenutzt und damit unterentwickelt bleiben. **Ein Teufelskreis – nach dem Motto „use it or loose it". Übertragen bedeutet das: Pfade, die begangen werden, bilden sich aus. Diese werden zu einem Weg, zu einer Straße. Pfade, die nicht begangen werden, verkümmern und wachsen mit der Zeit zu und verschwinden so.**

Entspannung ist ein wichtiger Teil des Lebens.

UMWELTFAKTOREN, DIE STRESS VERURSACHEN

Welche Umweltfaktoren der ersten Lebenswochen haben Einfluss auf eine erhöhte Stimulationsbereitschaft?

Vorgeburtliche Erfahrungen und Stresserlebnisse der Mutterhündin
Die Ruhe oder Unruhe eines Wurfes, bedingt durch die Wurfgröße

— Bei kleinen Würfen findet sich automatisch ein gemeinsamer Rhythmus aus Schlafen, Spielen, Schlafen, Fressen, Schlafen etc.
— Bei großen Würfen ist immer einer der Welpen wach. Somit ergibt sich für jeden einzelnen Welpen immer öfter ein Anreiz zur Aktion und gemeinsamem Spiel.

Das Erziehungsverhalten der Mutterhündin
Im Idealfall macht die Mutterhündin während der Phase des Abstillens ein regelrechtes Frustrationstraining, fördert so die Impulskontrolle durch ihre Reaktion und etabliert ein Stillhaltesignal (Schnauzgriff). Oftmals sind die Hündinnen jedoch überfordert und zeigen übertriebene oder gar keine Erziehungsmaßnahmen.

Der Züchter sollte negativen Entwicklungstendenzen der Welpen ausgleichend entgegenwirken, da erregende und hemmende Verschaltungen im Gehirn ohne Einflussnahme gefestigt werden.

— Forschere und aktivere Welpen sollten etwas beschränkt werden. Sie müssen lernen, sich zu beherrschen.
— Zurückhaltende Welpen sollten gefördert werden. Sie sollten Mut fassen, selbstbewusster und aktiver werden.

Im Züchterhaus wird schon der Grundstein gelegt, welche Rolle der Mensch für den Welpen spielt.

— Mensch als der große Zampano, der nur für wildes Spiel und Spaß zuständig ist.
— Mensch als Spiel- und Schmusepartner, der neben dem Spiel auch Anlaufstelle für Entspannung und Schlafen ist.

Nach einer aufregenden Situation, ...

Hyperaktivität und Überdrehtheit eines Hundes ist meist auf ungünstige Umweltbedingungen und falsche Erziehung zurückzuführen, die eine vorliegende Disposition zu leichter Erregbarkeit verstärken. Somit gibt es auch Möglichkeiten, mit vorbeugenden Maßnahmen dieser Entwicklung entgegenzuwirken und diese zu verhindern.

WAS ALSO TUN!

Schnelles Reaktionsvermögen, eine stärkere Orientierung an Außenreizen und eine höhere Aktivität sind bei Retrievern aus Field Trail/Arbeitslinien züchterisch gewollte Eigenschaften. Diese genetische Ausstattung begünstigt unter ungünstigen Umweltbedingungen (Aufzucht, Ausbildung) das Entstehen von Hyperaktivität. Gerade Welpen aus Arbeitslinien-Würfen werden oft an Hundeführer abgegeben, die schon sehr genau wissen, was sie mit ihrem vielversprechenden Welpen alles machen wollen und wann dieser die ersten

... muss der Welpe auch lernen, ...

... dass er auch einmal warten muss.

sportlichen und jagdlichen Prüfungen absolvieren soll. Um alles richtig zu machen und um nichts zu versäumen, wird der Welpe schon früh sein Lernprogramm absolvieren. Häufig berichten Hundeführer schon von Schlafproblemen ihres 8 Wochen alten Welpen, von hysterischen Anfällen beim Festhalten, von Schnappen nach den Kleidern und Händen, von Jaulen, Fiepen, Kläffen. Erste Erregungsproblematiken, die später zur Grundlage ernstzunehmender Probleme werden können.

Haben Sie einen solch auffälligen Welpen, dann heißt es, diesem Welpen im ersten Lebensjahr erst einmal Selbstkontrolle und Ruhe beizubringen und das, bevor das Training des favorisierten Hundesportes aufgenommen wird. Der Welpe/Junghund muss lernen, sich in aufregenden Situationen zu entspannen, genügend zu schlafen, Bewegungsreize zu ignorieren und sich unter Ablenkung zu konzentrieren.

ENTSPANNUNGSÜBUNGEN

Mit Entspannungsübungen kann man die Fähigkeit des Hundes zur Entspannung fördern. Doch wie bringt man dem Welpen bei, sich auf ein Signal hin zu entspannen?

ENTSPANNUNGSSIGNAL

Ein verbal konditioniertes Entspannungssignal ist eine sehr gute Möglichkeit. Dies bedeutet, man konditioniert den Welpen auf ein verbales Signal, d. h. wenn der Welpe dieses bestimmte Wort hört, sollte er damit assoziieren, dass nichts Aufregendes passiert und er sich entspannen kann. Ein Entspannungssignal muss gründlich konditioniert werden. Sie können auch mit Gerüchen und Geräuschen arbeiten, was allerdings eher unpraktisch ist, da man diese nicht immer einfach reproduzieren kann, denn dafür muss man immer etwas dabei haben.

WANN IST DER WELPE ENTSPANNT?

Ihr Welpe entspannt sich ganz sicher, wenn er am Abend auf Ihrem Schoß liegt oder sich sein Bäuchlein kraulen lässt oder wenn Sie ihn hinter dem Ohr kraulen. Ob er entspannt ist, merken Sie an seiner Atmung, diese wird dann ruhiger und gleichmäßiger, an seiner Körperspannung, diese lässt nach, die Muskeln entspannen sich, sein Gesichtsausdruck entspannt sich, das Köpfchen legt sich z. B. auf die Pfoten oder auf den Boden. Wann er sich entspannt, müssen Sie einfach ausprobieren. Es kann sein, dass sich Ihr Welpe zu bestimmten Tageszeiten, z. B. am Abend besser als am Morgen entspannt; nach dem Fressen besser als vor dem Füttern; nach dem Gassigehen besser als davor. Es ist bei jedem Hund anders, denn Hunde sind Individuen. Probieren Sie es aus. Wenn man Entspannung nicht durch Streicheln oder Ähnliches auslösen kann, dann muss man warten, bis sich der Welpe hinlegt und sich von allein entspannt. Er soll aber (noch) nicht fest schlafen.

„MÜÜÜDE" HEISST „ENTSPANNE DICH"

Nun müssen Sie eine Verknüpfung zwischen der Entspannung und einem verbalen Signal herstellen. Ideale Signale sind z.B. „Müüüde!" „Schlaaaf gut!" „Guuute Nacht!" Sprechen Sie das Signal ruhig und beruhigend aus. Wählen Sie ein Signal, das Sie mögen und das Sie gut aussprechen können. Das Signal sollte sich auch in Stresssituationen gut anwenden lassen. Sobald Sie wissen, in welcher Situation

Auch Entspannen muss gelernt werden.

sich Ihr Welpe entspannt, beginnen Sie, das Entspannungssignal zu konditionieren. Bringen Sie den Welpen in die Situation, in der er sich entspannt, setzen Sie sich z. B. neben ihn, wenn Sie ihm das Bäuchlein kraulen und sagen Sie das verbale Signal, das Sie als Entspannungssignal konditionieren möchten. Entspannt sich Ihr Welpe, während er von Ihnen das Signal „Müüüde" hört, dann wird er das Signal mit der Entspannung verknüpfen. Wiederholen Sie das am besten mehrmals täglich. Nach genügend Wiederholungen reicht das Wort, also das verbale Entspannungssignal aus, um die Entspannung des Welpen auszulösen. Das geht natürlich nicht von heute auf morgen! Es braucht schon einige Wiederholungen, Tage, Wochen, bis das verbale Signal zuverlässig die Entspannung auslöst.

Konditionieren Sie ein Entspannungssignal.

ENTSPANNUNGSMASSAGE SAM

Eine andere Möglichkeit ist die Entspannungsmassage SAM. Wie konditioniert man SAM? In einem ruhigen Moment, z. B. während einer Schmusestunde, nehmen Sie den Kopf des Hundes so zwischen die Hände, dass Ihre Handflächen seine Wangen umschließen, während Ihre Daumen zwischen den Augen und den Ohren liegen. Kraulen Sie nun die Ohren mit Ihren Fingern direkt hinter der Ohrmuschel. Ihr Hund wird es genießen.
Ist SAM als Entspannungsmethode konditioniert, dann lassen sich in kritischen Situationen gleichzeitig akustische und optische Reize abschirmen, indem Sie beim Kraulen sanft die Augen zuhalten. Durch dieses Abschirmen fällt es dem Hund leichter, sich zu entspannen. Hunde, die SAM kennen und lieben gelernt haben, verstecken zusätzlich ihre Nase zwischen den Beinen des Menschen.
Mit dieser Übung werden Sie Teil der Stressbewältigungsstrategie Ihres Hundes und können ihm so in stressgeladenen Situationen aktiv helfen.

TRAINING MIT STEIGENDEM ERREGUNGSLEVEL

Wenn der Welpe sich nun in ruhigen Situationen zuverlässig entspannt, dann sind Sie auf einem guten Weg. Nun muss man langsam den Erregungslevel erhöhen. Sicher wird es nicht gleich zuverlässig funktionieren. Der Welpe wird nicht wie in der ruhigen Situation entspannen, aber Sie sollten merken, dass er in der etwas aufregenderen Situation deutlich herunterfährt.
Üben Sie auf diesem etwas höheren Niveau und steigern Sie langsam die Erregungssituationen, bis der Hund auch in Stresssituationen zuverlässig ruhiger wird. Üben Sie parallel weiterhin auch in entspannten Situationen, um das verbale Entspannungssignal zu festigen. Bis das Entspannungssignal auch in sehr aufregenden Situationen zuverlässig funktioniert, braucht es etwas Übung und Zeit.

SCHLAF, EIN GRUND-BEDÜRFNIS

Gesunder Schlaf, gesunder Geist, gesunder Körper! Früher ging man davon aus, dass der Schlaf keine wesentliche Bedeutung für den Organismus hat und lediglich eine Unterbrechung des Tagesablaufes darstellt. Heute weiß man, dass der Schlaf lebensnotwendig für einen gesunden Körper und eine ausgeglichene Psyche ist. Anhaltende Schlafstörungen führen zu gesundheitlichen und auch psychischen Störungen. Hunde brauchen viel mehr Schlaf als wir Menschen, um sich wohlzufühlen, psychisch stabil zu sein und ein starkes Immunsystem entwickeln zu können.

WAS IST SCHLAF EIGENTLICH?

Schlaf ist keine passive Tätigkeit. Während Teile des Körpers im Schlaf „auf Sparflamme" arbeiten, sind andere äußerst aktiv. Im Schlaf sind Kreislauf, Atmung und Puls verlangsamt. Der Körper reagiert schwächer auf äußere Reize. Gleichzeitig finden während des Schlafens wichtige Aufbau- und Abbauprozesse statt. Das Gehirn arbeitet auf Höchstleistung und verarbeitet die Erlebnisse des Tages. Bei unseren Hunden kann man das deutlich beobachten. Oftmals zucken sie im Schlaf oder bewegen die Beine als ob sie rennen, auch kann man gelegentlich Knurren und Bellen vernehmen.

Schlaf und Lernen: Im Schlaf ist das Gehirn aktiver als im Wachzustand. Im Schlaf wird Gelerntes im Gedächtnis verankert, Erlebnisse des Tages werden bewertet und unbewusst bereits gemachte Erfahrungen zugeordnet. Ständiger Schlafmangel verringert die Gedächtnisleistung. Schlaf ist also nicht nur hilfreich für das Lernen, er ist dafür sogar notwendig.

Schlaf und Immunsystem: Unser Immunsystem arbeitet im Schlaf auf Hochtouren. Während des Schlafes werden besonders viele immunaktive Stoffe ausgeschüttet und so die Immunabwehr gesteigert. Infektionen können so bekämpft werden. Ein Mangel an Schlaf führt schon nach sechs Tagen zu einer verminderten Antikörperausschüttung, die Immunaktivität nimmt ab.

☞ FOLGEN VON **SCHLAFENTZUG** BEI HUNDEN

1. STADIUM DES SCHLAFENTZUGES	überdreht
2. STADIUM DES SCHLAFENTZUGES	unkonzentriert, grobmotorisch und fahrig
3. STADIUM DES SCHLAFENTZUGES	nervös und schnell reizbar
4. STADIUM DES SCHLAFENTZUGES	aggressiv und kränklich
5. STADIUM DES SCHLAFENTZUGES	schwere bzw. chronische Erkrankungen

Die oben zitierten Ergebnisse stammen aus Forschungsreihen an Hunden, die dazu dienten zu erforschen, wie sich eine Unterschreitung des Ruhebedürfnisses auf den Mensch auswirkt.

WIEVIEL SCHLAF BRAUCHT EIN HUND?

WELPEN	20 bis 22 Stunden
ERWACHSENE HUNDE	17 bis 20 Stunden
SENIOREN	20 bis 22 Stunden
KRANKE HUNDE	20 bis 22 Stunden

Schlaf und Erkrankungen: Ein permanenter Schlafmangel führt zu einem erhöhten Risiko für psychische Probleme und erhöht auch das Risiko für körperliche Erkrankungen. Stress schwächt den Körper in seiner Gesamtheit. Untersuchungen haben ergeben, dass folgende Krankheiten auch bei Menschen durch Überforderung (mit-)verursacht werden: Krebs, Allergien, Organversagen und neurale Störungen.

TIEFSCHLAF- UND RUHEPHASEN

Erwachsene Hunde haben eine Tiefschlafphase von ca. 8 Stunden. In der Regel passen sie sich mit ihrer Tiefschlafphase dem Schlafrhythmus ihres Menschen an. Außerhalb der Tiefschlafphasen dösen sie.
In diesen Ruhephasen haben die Hunde als Beutegreifer die Fähigkeit, sehr schnell aufzuwachen, können aber genauso schnell wieder eindösen. Ihre Augen sind geschlossen, sie ruhen aus, aber die Nase und die Ohren sind dennoch in Alarmbereitschaft. Diese Ruhephasen sind nicht so erholsam wie die Tiefschlafphase.
Ein verantwortungsvoller Retrieverbesitzer sollte in unserer hektischen Zeit mehr darüber nachdenken, wie er seinem Hund ausreichend Zeit für Erholungsphasen bieten kann, als nach immer neuen Beschäftigungen für ihn zu suchen.

ABSCHALTEN GEZIELT LERNEN

Herunterfahren, Ausruhen und Schlafen sollte gelernt werden. Durch das hohe Maß an „will to please", mit dem unsere Retriever ausgestattet sind, wollen sie es uns recht machen und sagen immer: „Ich bin dabei", „Ich will mitmachen", „Was kann ich für dich tun". Durch diese erhöhte Aufmerksamkeit haben viele Retriever die Fähigkeit verloren, auf ihr natürliches Ruhebedürfnis zu bestehen. Obwohl auch sie ein genauso großes Ruhebedürfnis haben, wie andere Hunde auch. Verantwortungsvolle Hundebesitzer müssen deshalb darauf achten, dass ihr Hund auch genügend Schlaf und Ruhephasen bekommt. Wenn Ihr Retriever sich seine notwendigen Ruhezeiten nicht selbst nimmt, dann müssen Sie ihn feste Ruhezeiten lehren, sodass er Ausruhen und Herunterfahren lernt.

RITUALE FÜR RUHEPHASEN

Führen Sie Rituale für die Ruhephase ein. Manche Retriever sind so überdreht und so daran gewöhnt, immer in Aktion zu sein, dass man sie regelrecht dazu zwingen muss (siehe Kenneltraining, S. 78 f.). Um den Hund zur Ruhe zu „zwingen", können Sie sich wie mit einem überdrehten Kleinkind hinlegen und ein Nickerchen machen. Genießen Sie die gemeinsame Zeit, das fördert die Bindung und fördert auch Ihre Gesundheit.

EIN GEMÜTLICHER PLATZ ZUM SCHLAFEN

Hunde möchten gern in der Nähe ihrer menschlichen Familie sein. Den Menschen betrachtet der Welpe als seine Ersatzmeute, so ist es verständlich, dass er sich in seiner Nähe aufhalten möchte. Ist er von der Familie völlig abgeschnitten, macht dies dem Welpen Angst. Lässt man ihn nachts allein, gerade in der ersten Zeit, wird das Trennungs- und Einsamkeitsgefühl sehr stark ausgeprägt.

GEEIGNETER RUHEPLATZ

Als Ruheplatz schätzt der Hund einen zugfreien Ort, an dem er seine Ruhe findet und trotzdem das Geschehen überblicken kann. Der Schlafplatz des Welpen sollte deshalb nicht in der hintersten Ecke sein, an dem er so gar nichts mitbekommt. Es sollte ein angenehmer Ort sein, an dem sich der Welpe gern aufhält und sich dorthin gern zurückzieht. An diesem Ort sollte der Welpe sich sicher und geborgen fühlen und ungestört schlafen können. Hunde verschlafen etwa 70 % ihres Lebens! Wählen Sie deshalb einen strategisch guten Platz aus, an dem der Welpe zwar dabei ist, aber nicht direkt an einem „Laufweg" platziert, an dem sehr oft jemand vorbeiläuft. Denn hier würde der Welpe ständig aufschrecken und nicht zur Ruhe kommen. Ein guter Platz ist z. B. neben der Wohnzimmercouch auf der Seite, die nicht zur Zimmertür liegt. Der Welpe bekommt alles mit, wird aber nicht ständig gestört. Achten Sie unbedingt darauf, dass die ganze Familie die Ruhepausen des Welpen respektiert. Auch Ihre Kinder müssen den Welpen in seinen Ruhephasen und an seinem Ruheplatz völlig in Frieden lassen.

ZIMMERKENNEL

Hunde lieben es, sich in Höhlen zurückzuziehen, dort fühlen sie sich geborgen und geschützt. Die Hundebox bzw. der Zimmerkennel bietet ihm diesen Unterschlupf, deshalb sind es ideale Schlafplätze. Zudem ist ein Zimmerkennel, wenn er richtig eingeführt wurde, eine ausgesprochen sinnvolle und wichtige Erziehungshilfe. Sehen Sie den Kennel nicht als Gefängnis, sondern als Möglichkeit, Ihren Hund zu erziehen und schaffen Sie ihm hiermit eine Oase der Sicherheit und Geborgenheit.

Welpen brauchen Körperkontakt, um sich geborgen zu fühlen.

Der Zimmerkennel darf keinesfalls dazu genutzt werden, den Welpen einfach einzusperren, sondern ist als befristete Ruhezone gedacht. Falsch verstandene Kennelerziehung ist es, wenn der Welpe für Stunden darin eingesperrt ist, weil der Besitzer keine Zeit oder keine Lust hat, sich mit ihm zu beschäftigen und der Hund die meiste Zeit des Tages im Zimmerkennel verbringen muss. Sperren Sie den Welpen ebenso niemals zur Strafe dort ein, denn so wird der Aufenthalt im Kennel rasch negativ belegt und als wichtige Ausbildungshilfe wertlos.

WELCHES MODELL IST DAS RICHTIGE?

Im Handel sind verschiedene Modelle erhältlich. Vor dem Kauf sollten Sie sich Gedanken darüber machen, welche Box für Sie die richtige ist.

— Flugbox aus Kunststoff: Haben Sie vor, mit Ihrem Hund Flugreisen zu unternehmen, dann sollten Sie sich für eine Flugtransportbox entscheiden. Diese ist allerdings etwas sperriger und unhandlicher. Durch die geschlossene Form ist sie auch nicht so gut belüftet. Steht die Kunststoffbox in der Sonne, kann sich die Hitze darin schnell aufstauen und lebensbedrohlich für den Hund werden.

— Gitterbox aus Metall: Die Gitterbox besteht aus Metallgittern. Sie ist rundherum offen, der Welpe kann aus dieser gut heraussehen. Gitterboxen lassen sich mit wenigen Handgriffen zu einem flachen Paket zusammenfalten, das man leicht transportieren und verstauen kann.

— Stoffkennel: Der Stoffkennel ist eine gute Alternative. Da dieser sehr leicht ist, kann er, platzsparend zusammengeklappt, sehr gut mit auf Reisen genommen werden.

GRÖSSE UND AUSSTATTUNG

Der Zimmerkennel sollte so groß sein, dass der erwachsene Hund ausreichend Platz darin hat. Er sollte sich darin bequem umdrehen

Der Zimmerkennel sollte nicht zu klein gewählt werden.

können, ebenso sollte er mit erhobenem Kopf darin stehen und sich ausgestreckt hinlegen können.

Kennel gemütlich einrichten

Gestalten Sie eine behagliche Wohnhöhle für Ihren Welpen. Eine weiche Decke oder ein Vetbed eignen sich als Liegedecke im Kennel hervorragend. Ein Liegekissen mit Füllung kann einem zerstörerischen Welpen schnell zum Opfer fallen und ist deshalb nicht so geeignet. Haben Sie sich für einen offenen Gitterkennel entschieden, dann können Sie diesen mit einer Decke abdecken. Das schütz den Welpen vor Zugluft und schafft eine heimelige Atmosphäre.

GEWÖHNUNG — *an den Kennel*

01

02

1. Stellen Sie den Zimmerkennel auf den dafür vorgesehenen Platz in der Wohnung auf. Trainieren Sie, wenn der Welpe müde ist. Setzen Sie nun den Welpen davor und werfen Sie etwas Leckeres für ihn hinein. Ihr Welpe darf hinterherrennen und sich das Futter holen. Anfangs liegen die Futterbrocken am Eingang, später muss er ganz hineingehen, um an das Futter zu gelangen.

2. Werfen Sie nun eine größere Menge Futter hinein, sodass Ihr Welpe länger im Kennel bleiben muss, wenn er das ganze Futter fressen will. Die Tür ist aber noch nicht geschlossen, der Kleine darf wieder heraus, wenn er möchte.

3. Im nächsten Schritt schließen Sie die Tür, diese wird für die ersten Male nur angelehnt, so dass der Welpe sich an die geschlossene Tür gewöhnt, aber immer noch die Möglichkeit hat, jederzeit herauszukommen.

4. Parallel zu den hier beschriebenen Schritten sollten Sie Folgendes machen: Wenn der Welpe sich zum Schlafen irgendwo hinlegt, dann sollten Sie ihn hochnehmen und ihn sanft in den kuscheligen Kennel legen. Die Tür bleibt anfangs offen, später angelehnt, und dann verschlossen, je nachdem, wie weit Sie mit Ihrem Training vorangeschritten sind. Warten Sie, bis er ganz eingeschlafen ist, bevor Sie sich vom Kennel entfernen.

03

05

04

06

5. Nach einigen weiteren Durchgängen wird die Tür fest verschlossen. Bleiben Sie direkt neben der Box, damit Ihr Welpe sich nicht verlassen fühlt. Geben Sie ihm dann am besten etwas zum Kauen, dann ist er länger beschäftigt.

6. Eine weitere gute Möglichkeit ist es, den Welpen über Nacht an den Kennel zu gewöhnen; dann ist er sowieso müde, im Haus ist es ruhig; alles schläft und der Welpe hat nicht das Gefühl, etwas zu verpassen.

WAS TUN BEI PROTESTGESCHREI?

Nun kommt der Zeitpunkt, an dem Ihr Welpe merkt, dass er nicht mehr einfach so herauskann, wie er gern möchte. Macht sich Ihr Welpe im Kennel lautstark bemerkbar, dann glauben Sie nur nicht, dass Sie ihn mit Zuspruch und Trost beruhigen können. Er versteht den Sinn Ihrer Worte nicht. Die freundliche Stimmlage und beruhigenden Äußerungen wird er als Lob auffassen und sich so in seinem Tun bestätigt fühlen. Da sein Heulen und Bellen von Ihnen positiv bestätigt wird, wird er es fortsetzen. Besser ist, Sie ignorieren seinen Protest oder quittieren sein Verhalten mit einem scharfen „Nein". Durch Ihre negative Reaktion versteht Ihr kleiner Retriever schnell, dass sein Verhalten von Ihnen nicht akzeptiert wird. Ignorieren heißt, den Welpen überhaupt nicht beachten. Auch ein Blick in seine Richtung ist bereits eine Bestätigung für sein Verhalten.
Nach anfänglichem Protestgeschrei schlafen die Welpen meist schnell ein, und nach wenigen Tagen wird der Kennel auch schon als Ruheort freiwillig aufgesucht.

KAUEN BESCHÄFTIGT UND BERUHIGT

Hilfreich ist für viele Welpen, wenn sich in der Box etwas zum Kauen befindet. Sind sie dann anfangs noch etwas aufgeregt, können sie darauf herumkauen – Kauen beruhigt! Hört sein Protestgeschrei nicht auf, dann heißt es durchhalten – auch wenn es Ihnen schwerfällt. Lassen Sie ihn toben und bellen, er wird lernen, dass dieses Verhalten zu keinem Erfolg führt. Warten Sie, bis er aufgibt. Dies kann bei manchen Hunden einige Zeit dauern, seien Sie absolut konsequent. Eines kann ich Ihnen versprechen: Wenn Sie konsequent sind, dann wird das Protestgeschrei schnell immer kürzer werden und bald völlig verstummen. Wenn der Welpe endlich ruhig ist, gehen Sie hin und loben ihn. Lassen Sie ihn dann erst heraus. Er muss lernen, dass er nur herauskommt, wenn der ruhig ist.

KENNEL WIRD ZUR ALLTAGS-ROUTINE

Der Aufenthalt im Kennel muss für den Hund zur Routine werden. Steigern Sie nun den Zeitraum, den der Welpe im Kennel verbringt. Erst sehr kurze Aufenthaltsphasen von 5, dann 10, dann 15 Minuten, bis er sich daran gewöhnt hat.
Nun können Sie ihn auch einmal eine längere Zeit ruhig darin verweilen lassen.
Unterstützen Sie diese Übungen mit der Gabe von schmackhaften Leckerchen oder interessantem Spielzeug. Schnell wird er lernen, dass es begehrte Leckereien nur im Kennel gibt.
Er wird bald verstehen und binnen kürzester Zeit werden Sie merken, dass er, sobald Sie zur Leckerchentüte greifen, schon erwartungsvoll in Richtung Kennel läuft.
So positiv aufgebaut, wird Ihr Retriever seine Wohnhöhle schnell akzeptieren und kann darin auch einmal für kurze Zeit allein bleiben. Der Aufenthalt im Kennel wird für ihn zum gewohnten Tagesablauf – zur alltäglichen Routine werden.

VORTEILE DES KENNELS

DER SCHLAFPLATZ BLEIBT SAUBER

Hunde sind keine Nestbeschmutzer, deshalb wird der Welpe instinktiv seinen Schlafplatz sauber halten. Er wird es vermeiden, Kot und Urin dort abzusetzen. Der Zimmerkennel unterstützt somit das Training zur Stubenreinheit. Bei einem zu großen Platzangebot im Kennel verliert sich jedoch diese Wirkung. Haben Sie einen großen Kennel gekauft, damit auch der erwachsene Hund dort hineinpasst, dann ist das Platzangebot für den Welpen zu groß. Denn so hat er die Möglichkeit, sich eine Ecke als Toilette abzuteilen und den restlichen Platz zum Schlafen und Spielen zu nutzen. Also beschränken Sie den Platz, passen Sie ihn an die sich schnell verändernde Körpergröße Ihres Welpen an. Durch das Einklemmen einer Sperrholzplatte oder durch das Hinstellen einer Kiste oder eines umgedrehten Wäschekorbes können Sie den Platz im Kennel sehr einfach verkleinern. Stellen Sie den Kennel nachts neben Ihr Bett, so hören Sie, wenn der Welpe unruhig wird und sich meldet. Nehmen Sie ihn dann hoch und bringen Sie ihn auf dem Arm in den Garten, damit er sich dort lösen kann. Schenken Sie ihm aber nur die minimal notwendige Aufmerksamkeit. Bringen Sie ihn nach dem Lösen wieder in den Kennel – auch wenn er mit Ihnen spielen will – und legen Sie sich wortlos wieder ins Bett. Der Welpe muss lernen, dass in der Nacht Ruhezeit ist.

Mit der Zeit wird der Kennel zur Wohlfühlhöhle.

EINE HÖHLE ZUM ENTSPANNEN

Dreht Ihr Welpe schnell hoch oder ist gestresst und lässt sich durch nichts mehr beruhigen, dann haben Sie mit dem Kennel ein probates Mittel, ihm Ruhe und Entspannung beizubringen. Oftmals wissen Welpen nicht, wann es genug ist und müssen zur Ruhe „gezwungen" werden. Ein überdrehtes Kleinkind würden Sie auch versuchen, zu einem entspannenden Mittagsschlaf zu überreden. Ist der Welpe emotional sehr hochgepuscht (Stress oder Überdrehtheit), dann bringen Sie ihn in den Kennel, damit er dort in der Ruhe und Geborgenheit der gewohnten Wohnhöhle entspannen kann. Bieten Sie ihm dort etwas Feines zum Kauen an. Überhören Sie sein anfängliches Protestgeschrei.

NICHTS GEHT NEBENHER!

Kommen Sie nach einigen Überlegungen zu der Erkenntnis, dass Ihr Welpe bei Ihnen zu Hause fast den ganzen Tag im Zimmerkennel verbringen müsste, da Sie keine Zeit für ihn haben, dann möchte ich Sie zu Ihrem ausgefüllten Leben beglückwünschen. Sie sollten sich jedoch folgende Frage stellen: Können Sie in Ihrem bereits ausgelasteten Tag noch ausreichend Zeit für einen Hund erübrigen? Zeit, die Sie an jedem Tag der nächsten Jahre benötigen, um dieses „kleine Lebewesen" zu erziehen und zu beschäftigen. Nur wenn auch der Hund in Ihrem Leben eine entscheidende Rolle spielt, werden Sie ihn artgerecht halten. Einen Hund zu halten bedeutet Arbeits- und Zeitaufwand!

SICHER VERWAHRT, GUT BESCHÜTZT

Können Sie Ihren Welpen für kurze Zeit nicht beaufsichtigen, dann ist es besser, diesen im Zimmerkennel unterzubringen. Ihr Krabbelkind bringen Sie auch in den Laufstall und lassen es nicht unbeaufsichtigt durch die Wohnung krabbeln. Im Kennel kann sich der Welpe mit Spielzeug und Kaustangen beschäftigen und hat nicht die Möglichkeit, sich in den unbeobachteten Minuten unerwünschte Verhaltensweisen anzugewöhnen wie z. B. Teppich zernagen, Elektroleitungen anfressen. Im Zimmerkennel untergebracht, schützen Sie den Welpen somit vor eventuellen Verletzungen und Unfällen. Doch der Zimmerkennel ist kein Ort, um den Welpen hauptsächlich dort einzusperren. Der Aufenthalt im Kennel sollte tagsüber eher eine Ausnahme bleiben.

DIE NATUR ENTDECKEN

Geben Sie Ihrem neuen Familienmitglied genügend Zeit, sich in seinem neuen Zuhause einzugewöhnen. Ein kurzer Ausflug in den Garten reicht in den ersten Tagen.

Überall gibt es für den Kleinen etwas Neues zu entdecken. Ein acht Wochen alter Welpe ist sehr unternehmungslustig. Lassen Sie ihn nicht allein im Garten, erleben Sie mit ihm gemeinsam das Entdecken der unbekannten Welt. Jeder Ausflug ist ein echtes Feuerwerk verschiedenartiger neuer Reize, die der junge Hund erst einmal verarbeiten muss.

DIE WELT AUS HUNDEAUGEN

Betrachten Sie die Welt mit den Augen des Welpen, für ihn ist alles neu. Auch Dinge, denen wir keine Beachtung mehr schenken, da sie für uns alltäglich sind. So erlebt er jeden Baum, jeden Strauch, jedes Schild, jedes Auto, jeden Zaun, jeden Kanaldeckel, jeden Papierkorb, jede Parkbank als etwas Neues. Aber auch die Geräusche, die uns umgeben, sind neue Eindrücke für ihn. So nimmt er das Vogelgezwitscher wahr oder die Polizeisirene, das Klingeln an der Haustür oder die Geräusche der Nachbarn. Auch andersartige Gerüche und verschiedene Untergründe sind neue Erfahrungen. So ist es etwas völlig anderes, über einen Kiesweg zu gehen als über eine Wiese zu laufen oder über einen Gitterrost. Einfach alles, was ihm begegnet, ist interessant und erregt seine Aufmerksamkeit oder macht ihm Angst. Lassen Sie Ihren Welpen in dieser Zeit viele verschiedene Eindrücke sammeln, dann kann ihn auch in Zukunft so leicht nichts mehr erschüttern. Aber Vorsicht, überfordern Sie Ihren kleinen Retriever nicht. Es kommt auf das richtige Maß an, der Welpe muss behutsam mit der Umwelt vertraut gemacht werden, er muss die Möglichkeit haben, die neuen Eindrücke zu verarbeiten.

ERSTE AUSFLÜGE

Hat Ihr Welpe nach einigen Tagen Vertrauen zu Ihnen gefasst, hat er Sie als Sozialpartner akzeptiert, kann es losgehen. Nach und nach

Erste gemeinsame Abenteuer im Wald.

können Sie den Garten verlassen und zusammen mit Ihrem Welpen die nähere Umwelt um Ihr Haus herum erkunden. Bedenken Sie aber, eine Wegstrecke an einer befahrenen Straße entlang, ist für den Welpen an der Leine in diesem Alter auf jeden Fall zu anstrengend. Ist es nicht weit, bis Sie ins Grüne kommen, dann können Sie ihn in einem Welpentragesack dorthin tragen oder Sie nehmen einen Welpen-Kinderwagen, um die Strecke zu überbrücken. Gegebenenfalls müssen Sie sich ins Auto setzen und ins Grüne fahren.

Im Grünen angekommen, setzen Sie den Welpen dort auf dem Boden ab. Nun können Sie die nähere Umgebung erkunden und die ersten kleinen Abenteuer gemeinsam bestehen. Manche Welpen verlassen allerdings ihre bekannte Umgebung nicht gern und rennen dann unter Umständen zum schutzversprechenden Haus oder zum Auto zurück. Nehmen Sie diesen Welpen besser auf den Arm, tragen Sie ihn das erste Stück und setzen Sie ihn dann in einiger Entfernung vorsichtig ab.

Sie werden anfangs keine Leine brauchen, denn Ihr Welpe ist mit einer natürlichen Motivation zum Folgen ausgestattet (Folgetrieb) und wird Ihnen bereitwillig überallhin nachkommen. Vom Instinkt geleitet, wird er Ihnen folgen, denn er möchte Sie nicht verlieren. Lassen Sie ihm Zeit, seine Umwelt und alle Dinge zu erkunden, die sein Interesse erregen. Verweilen Sie auch einmal an interessanten Stellen etwas länger. Machen Sie eine Pause, setzen Sie sich zu ihm, kuscheln Sie etwas mit ihm, vermitteln Sie ihm durch den Körperkontakt Sicherheit. In unbekannten Situationen sind Welpen schnell gestresst. Beobachten Sie die Reaktion Ihres Welpen genau. Durch sein Verhalten wird er Ihnen unvermittelt zeigen, wann es ihm zu viel wird. Schnauze lecken, Gähnen, Kratzen usw. sind Übersprungshandlungen, die ein deutliches Indiz dafür sind, dass er in der jetzigen Situation überfordert ist.

Maggie im Welpenkinderwagen – ideal, wenn noch erwachsene Hunde mit im Haushalt sind.

Blue folgt seinem Menschen vertrauensvoll.

Gemeinsam bestehen sie die ersten Abenteuer.

WIE VIEL IST GENUG?

Übertreiben Sie Ihre Ausflüge nicht, wenige hundert Meter sind anfangs genug. Bedenken Sie, Welpen haben noch weiche Knochen, die extremen Belastungen nicht standhalten. Beobachtet man Welpen in Situationen, in denen sie selbst entscheiden können, wann sie sich bewegen und wann nicht, kann man sehen, dass auf eine intensive Bewegungsphase unmittelbar eine Ruhephase folgt. Gehen Sie nicht nach dem Motto vor: „Er weiß schon, wann es genug ist". Der Welpe wird seinem Menschen so lange folgen, wie er es körperlich vermag, da er sein Rudel nicht verlieren darf, denn sein Überleben hängt davon ab. Setzt er sich hin, ist er bereits hundemüde und überfordert. Sie müssen deshalb unbedingt auf die kleinsten Ermüdungsanzeichen reagieren und eine Pause machen oder ihn für einen Moment tragen, damit er sich wieder erholen kann.

FAUSTREGEL SPAZIERGANG

Die Länge des Spazierganges sollte dem Alter und der Belastbarkeit des Welpen angepasst werden. Die meisten Besitzer belasten ihre Welpen unwissentlich zu viel. Auch Spielphasen (z. B. die Bewegung in der Welpengruppe) müssen als Bewegungsphasen berechnet werden. Diese Phasen sollten im ersten Lebensjahr, mit zunehmendem Alter langsam ansteigend, eine Dauer von 15–30 Minuten (3-mal täglich) nicht überschreiten.

PLANEN SIE IHRE AUSFLÜGE

Die ersten Wochen sind eine schwierige Zeit – eine Gratwanderung zwischen Sozialisation und Überforderung. Überlegen Sie deshalb genau, wo Sie mit Ihrem Welpen welche neuen Erfahrungen sammeln möchten. Wo ist es sinnvoll? Wo weniger? Wo wird er überfordert? Fahren Sie lieber auch kurze Wegstrecken mit dem Auto oder tragen Sie ihn

Blue folgt seinem Menschen voller Vertrauen über einen querliegenden Baumstamm.

einen Teil des Weges. Packen Sie ihn aber nicht in Watte, er muss für seine gesunde Entwicklung Erfahrungen sammeln können. Welches Maß Sie wählen, sollten Sie mit Ihrem Bauchgefühl entscheiden.

Während der Zeit des intensiven Wachstums, also zwischen dem 1. und dem 9. Lebensmonat, sind die Knochen und Knorpel noch sehr weich. Das Skelett des Welpen ist noch überwiegend knorpelig, die Verknöcherung gerade erst eingeleitet. In den ersten Lebensmonaten darf ein Welpe deshalb nicht sehr stark belastet werden.

Starke mechanische Beanspruchung wie lange Spaziergänge oder Spielphasen mit anderen Hunden (achten Sie auch auf das Körpergewicht der Spielpartner) und auch zu wilde Spiele mit Kindern, können bleibende Schäden verursachen. Schäden im Gelenkknorpel können zu dauerhaften Arthrosen führen. Die Ansatzstellen von Sehnen und Bändern erreichen erst nach Abschluss der intensiven Wachstumsphase ihre volle Belastbarkeit. Gelenkerkrankungen des Retrievers sind genetisch bedingt, die Schwere der Erkrankung kann jedoch durch die Haltungsbedingungen (Belastung und Ernährung) beeinflusst werden.

HINAUF – JA! HINUNTER – NEIN!

Lassen Sie Ihren Welpen möglichst nicht von etwas herunterspringen oder steile Abhänge hinunterrennen, denn hier muss er das ganze Gewicht mit seinen noch weichen Gelenken abfangen. Hinaufsteigen stärkt hingegen die Rückenmuskulatur. Vermeiden Sie deshalb, dass Ihr Welpe Treppen hinuntersteigen muss. Ist er zu schwer zum Tragen, dann gehen Sie gemeinsam die Treppe. Sichern Sie ihn mit der Leine, sodass er die Treppe langsam und kontrolliert hinunterläuft. Versperren Sie zuhause die Treppen mit einem Kindergitter, damit Ihr Welpe diese nicht unkontrolliert hinablaufen kann. Heben Sie ihn auch ins Auto hinein und wieder heraus (siehe S. 116 f.), lassen Sie ihn nicht springen.

WIE VIEL BELASTUNG IST VERTRETBAR?

Beitrag von Frau Dr. Susanne Wisniewski, Kleintierzentrum in Iffezheim

Wachsende Hunde großwüchsiger Rassen, also auch unsere Retriever, leiden heute bis zu 30 % an genetisch bedingten Erkrankungen des Bewegungsapparates. Die Ausprägung und der Schweregrad dieser Erkrankungen (HD/ED/OCD) werden nicht unwesentlich von der Belastung der Gelenke während des Wachstums beeinflusst, weshalb es wichtig ist, das richtige Maß zu finden. Man sollte sich vor Augen halten, dass der Tagesablauf des Junghundes aus kurzen Bewegungsintervallen mit größeren Schlaf- und Ruhepausen, bestehen sollte (siehe S. 74 ff.).
Unsere Haushunde-Welpen verfügen über hohes Temperament und ausgeprägten Spieltrieb. Dazu werden sie mit sehr energiereichem Futter ernährt und geraten daher oft in einen erheblichen Energieüberschuss und Bewegungsdrang, den der Besitzer nur mit ausgiebigen Spaziergängen befriedigen 'zu können glaubt. Die Kombination „gute" Fütterung (häufig gleichzusetzen mit Übergewicht) und zu starke körperliche Beanspruchung führen in einen Teufelskreis. Der Junghund erhält durch viel Bewegung immer bessere Kondition und benötigt daher immer längere Spaziergänge um augenscheinlich zufrieden zu sein. Die wachsenden Gelenke und Knochen leiden dabei insbesondere unter Spitzenbelastungen wie sie beim Springen, Spielen und Apportieren auftreten. Sie nehmen jedoch auch dann Schaden, wenn durch eigentlich moderate Laufbewegungen der Erschöpfungspunkt der Muskulatur überschritten wird. Erschöpfung der Muskulatur ist jedoch keinesfalls gleichzusetzen mit einem insgesamt müden Welpen, da diesen sein ausgeprägtes Temperament und seine Spielmotivation noch lange munter erscheinen lassen, obwohl seine Muskulatur bereits ermüdet ist.
Um ein gesundes, der Entwicklung des Welpen zuträgliches Mittelmaß zu finden, hat sich gerade für den Hundeanfänger die Formel: „5 Minuten pro Lebensmonat 3-mal täglich" bewährt (siehe Tabelle unten). Diese Formel gilt jedoch nur bis zum 6. Lebensmonat. Danach wird das Bewegungspensum bis zum Abschluss des Wachstums nicht weiter gesteigert.
Die ermittelte Minutenzahl bezieht sich auf moderate Spaziergänge, in denen kein oder wenig Spiel mit anderen Hunden oder Beutespiel stattfindet. Spiel mit anderen Hunden ist für eine artgerechte mentale Entwicklung des Hundewelpen nötig, muss aber pädagogisch sinnvoll und wohldosiert stattfinden.

☞ BEWEGUNG DES WELPEN

ALTER (WOCHEN)	BEWEGUNG
8. – 12. Woche	15 Minuten 3-mal täglich
13. – 16. Woche	20 Minuten 3-mal täglich
17. – 20. Woche	25 Minuten 3-mal täglich
21. – 24. Woche	30 Minuten 3-mal täglich

KONTAKT MIT ARTGENOSSEN

Auf fast jedem Spaziergang hört man von anderen Hundebesitzern folgenden Satz: „Lassen Sie den Kleinen ruhig laufen, er hat doch Welpenschutz! Die Beiden können doch so schön spielen!"

Gemeint ist, dass Welpen im Umgang mit erwachsenen Hunden uneingeschränkten Schutz genießen. Doch Vorsicht – verlassen Sie sich nicht darauf. Bei fremden Hunden, die man nicht kennt, sollte man sich genau überlegen, ob es sinnvoll ist, seinen Welpen mit diesem Hund spielen zu lassen. Man unterliegt einem gefährlichen Irrtum, wenn man sich auf den „Welpenschutz" verlässt. Es ist nämlich ein absolutes Ammenmärchen, dass erwachsene Hunde gegenüber Welpen eine angeborene Beißhemmung haben. Fälschlicherweise werden die Hunde, die diesen Codex nicht befolgen, sogar als asozial und verhaltensgestört eingestuft. Tatsächlich haben Welpen bei erwachsenen Hunden oft relative Narrenfreiheit. Um dies zu verstehen, muss man sich das Hundeverhalten etwas genauer betrachten.

MUTTERHÜNDIN UND WELPEN

Nachdem eine Hündin ihre Welpen geworfen hat, kommt es vor, dass Welpen, die von ihr als nicht lebenswert betrachtet werden, von ihr regelrecht „aussortiert" werden. Diese Welpen werden entweder aktiv getötet, oder sie lässt sie einfach verhungern. Eine instinktsichere Hündin bemerkt sofort abweichendes Verhalten ihrer Welpen und handelt im Interesse des Wurfes, um die anderen nicht zu schwächen.

Schon jetzt zeigt sich, dass Welpenschutz kein biologisches Grundgesetz sein kann. Wenn überhaupt, kann man nur in den ersten Lebenstagen von Welpenschutz sprechen. Eine Hündin wird in den ersten Tagen nach dem Werfen ihre gesunden Welpen jedoch gegen Rudelmitglieder und Feinde massiv verteidigen.
Die Welpen sind für alle tabu. Sollte die Mutterhündin jedoch an einen übermächtigen Gegner geraten, wird sie ihre Welpen dem Widersacher preisgeben. Sie wird auf jeden Fall vermeiden, selbst ernsthaft verletzt oder gar getötet zu werden. Denn würde sie schwer verletzt, dann könnte sie ihre Welpen auch nicht mehr versorgen. Zudem wahrt sie mit diesem Verhalten ihre Chance auf weiteren Nachwuchs.

So etwas sollte mit Ihrem Welpen nicht passieren.

ENDE DER NARRENFREIHEIT

Mit zunehmendem Alter der Welpen wird die Mutterhündin jedoch lockerer, die Welpen werden immer mehr ins Rudel integriert. Nimmt man den Umgang der Elterntiere mit ihrem Nachwuchs in einem intakten Rudel zum Maßstab, stellt sich bereits nach acht Wochen eine wichtige Veränderung ein. In der ersten Zeit dürfen die Welpen innerhalb ihres eigenen Rudels beliebig über die Stränge schlagen und sich den Alten gegenüber fast alles herausnehmen. Gegenüber fremden Hunden müssen sie jedoch von Anfang an mit Konsequenzen rechnen. Die „Erziehung" im Rudel beginnt etwa ab der 8. Lebenswoche. Jetzt müssen die Welpen zunehmend mit Konsequenzen für ungehöriges Verhalten rechnen. Von den anderen Rudelmitgliedern werden sie jetzt in die Schranken gewiesen. Sie lernen nun, sich in die Rangordnung einzugliedern und diese zu akzeptieren – nur so werden sie wertvolle Rudelmitglieder. Die Erziehung im Rudel erfolgt ausgesprochen autoritär.

TREFFEN AUF DEM SPAZIERGANG

Treffen Sie auf einem Spaziergang einen erwachsenen Hund, dann fragen Sie zuerst den Besitzer, wie sich sein Hund gegenüber Welpen verhält. Kann er Ihre Frage nicht eindeutig beantworten oder erzählt er Ihnen etwas vom Welpenschutz, dann sollten Sie lieber auf eine nähere Begegnung verzichten. Negative Erfahrungen mit anderen Hunden sollten Sie vermeiden, denn diese prägen unter Umständen Ihren Welpen für sein ganzes Leben. Treffen Sie beim Spaziergang auf fremde Hunde, sollten Sie Ihren Welpen immer im Auge behalten. Im Notfall nehmen Sie den Kleinen einfach auf den Arm, um Schlimmeres zu verhindern. Dennoch dürfen Sie auch nicht übervorsichtig reagieren, kleinere angemessene Zurechtweisungen eines erwachsenen Hundes sind absolut erwünscht. Nur so kann Ihr Welpe richtiges Hundeverhalten lernen. Packen Sie Ihren Welpen nicht in Watte, lassen Sie ihm die Zeit und

Der Kontakt zu Artgenossen ist für Welpen sehr wichtig. Nur so lernen sie ...

Möglichkeit, seine Artgenossen und seine Umwelt zu erkunden. Bei Begegnungen und beim Spiel mit anderen Hunden sollten Sie Ihrem Welpen die Möglichkeit geben, seine Kommunikationsfähigkeiten zu erlernen und zu verbessern. **Der Welpe sollte regelmäßig Kontakt zu gut sozialisierten Artgenossen haben, denn keine Erfahrungen sind mit schlechten Erfahrungen gleichzusetzen.**

WAS KANN TOLERIERT WERDEN?

Erwachsene Hunde sind meist sehr gutmütig und vorsichtig zu Welpen und Junghunden, aber verlassen dürfen Sie sich nicht darauf. Erwachse Hunde erwarten von den Welpen, dass sie mit Respekt behandelt werden. Zeigt sich Ihr Welpe sehr stürmisch und unbesonnen, dann riskiert er strenge Maßregelungen des Althundes. Ihr kleiner Retriever sollte bei der Begrüßung eines Althundes eher zurückhaltend sein und deutliche Demutsgesten zeigen. Zeigt er ein respektvolles Verhalten, dann behandeln instinktsichere Hunde ihn auch freundlich und zeigen sich spielbereit.

... die Kommunikation unter Hunden.

Bei erwachsenen, instinktsicheren Hündinnen kommt es durchaus vor, dass sie fremde Junghunde und Welpen wegbeißen! Rüden dagegen sind großzügiger. Es kommt nicht selten vor, dass ein stattlicher Rüde großes Interesse an einem Welpen zeigt und dieses kleine Knäuel sogar zum Spielen auffordert. Oftmals wirft der Althund sich vor dem Welpen auf den Rücken und lässt sich von ihm beriechen und belecken. Unterbrechen Sie ein solches Spiel nicht. Diese Begegnungen sind sehr wichtig für die Entwicklung Ihres Welpen und sinnvoller als lange Spaziergänge, auf denen man nichts weiter mit dem Welpen unternimmt.

ZURECHTWEISUNG DURCH EINEN ALTHUND

Was bedeutet es aber, wenn ein Fremdhund sich auf Ihren Welpen stürzt und diesen angreift? Kann man in diesem Fall von asozialem Verhalten reden? Sicher gefällt uns ein solches Verhalten nicht, aber es kann unter Umständen natürliches Hundeverhalten sein. Oftmals gehen Althunde den stürmischen Welpen lieber aus dem Weg. Deutlich signalisiert der Althund dem Welpen durch Weggehen oder Wegdrehen des Kopfes, dass er mit dem Kleinen nichts zu tun haben will. Auch nach einem Spiel mit dem Welpen kann er deutlich zeigen, dass er dieses nun beenden will. Manchmal akzeptiert der Welpe diese deutlichen abweisenden Zeichen des älteren Artgenossen nicht. Er versucht weiterhin die Aufmerksamkeit des Älteren zu erregen, beißt diesen spielerisch in den Schwanz, in den Hals, in die Ohren oder springt ihn auffordernd an, um ihn zu einem Spiel zu animieren. Durch diese Aktionen belagert er den älteren Hund förmlich ohne dessen Einverständnis. Der Welpe nimmt den Althund offensichtlich nicht ganz ernst. Ein gut sozialisierter älterer Hund warnt den Welpen durch Knurren oder Brummen, oder wendet den Schnauzgriff an und zieht sich deutlich zurück.

Reagiert der Welpe immer noch nicht auf diese nun deutlichen Vorwarnungen des Erwachsenen, ist es völlig normal, dass dieser den forschen Wicht fühlbar in die Schranken weist. Selbst wenn der Welpe in dieser Situation durch das Lecken der Lefze des Althundes zu beschwichtigen versucht, riskiert er einen Verweis. Der Althund möchte einfach nur seine Ruhe haben. Dieser Verweis kann durchaus auch lauter und gefährlicher klingen. Kleine Kratzer sind in einer solchen Situation absolut tolerierbar. Wer nicht hören will, muss fühlen; der Welpe bekommt die Grenzen seiner Hemmungslosigkeit zu spüren. So lernt er seine Grenzen beim jeweiligen Gegenüber kennen. Der Althund erzieht den Welpen aus eigenem Interesse, wird diesen jedoch nicht absichtlich ernsthaft verletzen. Letzten Endes garantiert der Welpe rein biologisch das Fortbestehen des Rudels und dient damit der eigenen Sicherheit. Hat der Althund den Welpen deutlich gewarnt, liegt kein asoziales Verhalten vor, wenn er ihn so deutlich zurechtweist. Auch wenn es uns missfällt, es ist völlig normales Hundeverhalten.

Ist der Welpe etwas unsicher, dann sollte der Mensch ihm anfangs etwas Sicherheit vermitteln.

SPIEL MIT JUNGHUNDEN

Begegnen Sie auf Ihrem Spaziergang einem (oder mehreren) fremden, halbwüchsigen Artgenossen, kann es ganz schön zur Sache gehen. Vielfach kann man ziemlich grobes Verhalten zwischen den Halbstarken beobachten. Sie als Sozialpartner des Welpen sollten allerdings, wenn es zu viel für Ihren Welpen wird, die Halbstarken in ihre Grenzen weisen. Es ist Ihre Aufgabe, Ihrem Welpen ein Gleichgewicht aus Sicherheit und dem Gefühl, für sein Verhalten auch geradestehen zu müssen, zu vermitteln.
Haben Sie das Gefühl, Ihr Welpe kann sich dem Spiel nicht mehr erwehren und möchte der Situation entkommen, sucht er z. B. auch Ihre Nähe auf, dann geben Sie ihm den nötigen Schutz und brechen das Spiel ab. Holen Sie ihn aus der Situation heraus. Nehmen Sie ihn auf den Arm, bis sich die Halbstarken wieder beruhigt haben. Wenn wieder Ruhe eingekehrt ist, sollten Sie Ihren Welpen jedoch unbedingt wieder zu seinen Artgenossen auf den Boden setzen, denn er muss lernen, sich mit ihnen auseinanderzusetzen.
Unterbrechen Sie auch das Spiel, wenn das Gelände Löcher, hervorstehende Wurzeln oder Ähnliches aufweist. Sie sollten immer darauf achten, dass Ihr Welpe nicht überbeansprucht wird bzw. sich verletzt.

SPIELEN IST LERNEN FÜRS HUNDELEBEN

Der gegenwärtige Schwerpunkt der Erziehung liegt auf dem motivierenden spielerischen Lernen. Das gemeinsame Spiel ist der wesentliche Teil davon. Der Welpe lernt, dass Spiel Vergnügen bereitet.

Durch gemeinsames Spielen vermitteln Sie dem Kleinen Vertrautheit, Sicherheit und sein Selbstbewusstsein wird gestärkt. Es fördert die soziale Bindung zwischen Ihnen und Ihrem Hund.
Lassen Sie sich immer neue Spiele einfallen. Festigen Sie Ihre Autorität und die Bereitschaft des Hundes, Ihnen zu folgen. Fördern Sie mit dem Spiel die körperliche Entwicklung des Welpen, schulen Sie sein Gehirn sowie seine Konzentrations- und Lernfähigkeit. Im Spiel können Sie dem Welpen erste Tabuisierungselemente ganz einfach vermitteln. Mit zunehmendem Lebensalter entwickelt sich ganz langsam aus dem Spiel das Training für die weitergehende Ausbildung. Geistig anstrengende Ausbildungsphasen sollten dann immer mit einem auflockernden Spiel abgeschlossen werden, so wird der Hund belohnt und gleichzeitig motiviert.

SPIELREGELN

Vermeiden Sie endlose Wiederholungen. Ein und dieselbe Spielform wird schnell langweilig. Versuchen Sie deshalb das Spiel immer leicht zu variieren, damit die Spannung erhalten bleibt und der Welpe nicht das Interesse am Spiel mit Ihnen verliert. Und ganz wichtig: Erzwingen Sie niemals Wiederholungen! Das Spiel mit dem Welpen sollte lustbetont und motivierend sein. Entwickeln Sie ein Gespür für Ihren Welpen. Beenden Sie das Spiel, wenn es am Schönsten ist und nicht erst, wenn der kleine Retriever keine Lust mehr dazu hat.

KEINE DISKUSSIONEN

Vermeiden Sie alle Spiele, bei denen der Hund Sie nicht mehr ernst nehmen könnte. Achten Sie darauf, dass Sie immer der souveräne Part in der Mensch-Hund-Beziehung sind, der es nicht nötig hat, mit einem Welpen in Konkurrenz zu treten. Auch wenn der Kleine noch so niedlich ist und das, was er tut, eigentlich nicht so schlimm ist, setzen Sie sich durch. Die von Ihnen gesetzten Grenzen müssen eingehalten werden. Achten Sie unbedingt darauf, dass Sie den Rahmen des Miteinanders abstecken und nicht der Welpe seinen Freiraum selbst bestimmt. Aufgrund Ihrer mentalen Überlegenheit ist Ihr Wort Gesetz, über das nicht diskutiert wird. Sie bestimmen, wann eine Spielsequenz beginnt und wann das Spiel zu Ende ist.

SPIELE, DIE MAN VERMEIDEN SOLLTE

Vermeiden Sie grobe Zieh- und Zerrspiele mit Ihrem Welpen. Keinesfalls sollte er Sie als gleichgestellten Konkurrenten begreifen oder gar die Erfahrung machen, dass er damit durchkommt. Beginnt Ihr Welpe mit Ihnen zu kämpfen, versucht er Ihnen die Beute zu entreißen, dann ist das Spiel sofort zu beenden.

Gehen Sie weg, ignorieren Sie ihn. Er muss lernen, dass ein solches Verhalten keinen Sinn macht.

Nachlaufspiele, bei denen der Mensch dem Hund hinterherläuft, sind absolut tabu. Der Kleine sollte nicht lernen, dass er sich entziehen kann und Sie keine Chance haben, ihn zu fangen. Läuft er vor Ihnen weg, dann ist das Spiel eben aus. Ignorieren Sie ihn. Gehen Sie demonstrativ in eine andere Richtung, am besten außer Sicht. Schauen Sie sich nicht um, schon Ihr Blickkontakt ist für den Welpen eine positive Bestätigung für sein Verhalten. Sind Sie nicht mehr zu sehen, muss er sich beeilen, wenn er Sie nicht verlieren will. Er muss vom ersten Tag an lernen, sich nach Ihnen zu richten.

Mensch und Welpe genießen die innige Nähe.

ZEIT ZUM KUSCHELN

Sie bestimmen, wann Kuschelzeit ist. Reagieren Sie nicht auf die Aufforderungsversuche Ihres Welpen. Nehmen Sie den Kleinen auf den Arm oder Schoß, kraulen Sie ihn und streicheln Sie ihm sanft seinen Bauch. Wirken Sie ruhig auf ihn ein und vermeiden Sie hektische Bewegungen. Ihr Welpe soll bei Ihnen entspannen und die Situation genießen lernen. Wehrt er sich zu Beginn, dann halten Sie ihn so lange fest, bis er ruhiger wird. Er darf sich der Situation nicht entziehen. Geduld und Konsequenz sind hier gefragt. Steigern Sie die Zeit langsam, bis Ihr Retrieverwelpe in der Lage ist, einige Minuten ruhig auf Ihrem Arm zu verbringen.

MEINS UND DEINS

Demonstrieren Sie Ihrem Welpen, dass er bestimmte Dinge nur bekommt, wenn Sie es möchten. Belegen Sie zu diesem Zweck Gegenstände mit einem Berührungsverbot (Tabu).

Schritt 1

Nehmen Sie ein interessantes Spielzeug oder ein Leckerchen. Schenken Sie diesem Objekt besondere Beachtung, damit Ihr Welpe darauf aufmerksam wird. Legen Sie es dann demonstrativ in erreichbare Höhe auf den Wohnzimmertisch, auf das Sofa oder auf den Boden. Sicher wird er das begehrte Objekt haben wollen und sofort danach greifen. Sagen Sie ihm nun auf Hündisch, dass Sie das nicht möchten. Beugen Sie sich deutlich über das Objekt und knurren Sie den Welpen an. Sie können das Verbot auch mit einem tiefen knurrenden „Nein" unterstützen. Zudem können Sie sich blockierend zwischen ihn und das begehrte Objekt stellen. Er wird begreifen und zurückgehen. Hört er nicht auf Ihre Drohung, dann werden Sie massiver und schubsen ihn unsanft weg. In dem Moment, in dem Ihr Welpe zurückweicht, loben Sie ihn und geben ihm ein Leckerchen zur Bestätigung. Schnell wird er so begreifen, dass es lohnender ist, sich von dem begehrten Objekt zurückzuziehen.

Schritt 2

Lassen Sie nun das Objekt an seinem Platz liegen, wenden Sie sich ab und beschäftigen Sie sich mit anderen Dingen. Beobachten Sie Ihren Welpen jedoch aus dem Augenwinkel genau. Er ist sicher immer noch sehr interessiert und wird versuchen, Sie zu testen. Er wird Ihre „Unaufmerksamkeit“ nutzen, um doch noch an das Objekt seiner Begierde zu gelangen. Seien Sie nun auf der Hut! Nähert sich Ihr Welpe nun dem Ort, an dem das begehrte Objekt liegt, dann maßregeln Sie ihn erneut mit einem strengen „Nein“.
Manche Welpen geben danach auf, andere testen weiter und das Prozedere wird sich noch mehrmals wiederholen. Doch bald wird es ausreichen, nur noch den Kopf zu heben und ein leises „Nein“ zu knurren. Sie werden dann beobachten, dass sich Ihr Kleiner abwendet und so tut, als ob er nur zufällig vorbeigekommen wäre. Ihr Welpe wird schnell lernen, zwischen „deins und meins“ zu unterscheiden. Er wird akzeptieren, dass es Orte und Dinge gibt, die nicht für ihn bestimmt sind.
Achten Sie unbedingt darauf, dass er die Dinge nicht bekommen kann, sobald Sie außer Sichtweite sind. Nehmen Sie diese lieber weg und bringen Sie sie an einen sicheren Ort, an den Ihr Welpe nicht gelangen kann.
Ganz wichtig ist, dass alle Familienmitglieder die gleichen Grenzen setzen müssen. Was der eine verbietet, darf der andere nicht erlauben.

Was Sie nicht möchten, sollten Sie Ihrem Welpen von Anfang an verbieten.

Der Welpe muss lernen, wie fest er zubeißen darf ...

BEISSHEMMUNG

Beißhemmung – was ist das? Hunde sind von Natur aus Jäger und deshalb mit einem Raubtiergebiss ausgestattet, das sie befähigt, Beutetiere zu fangen und zu reißen. Der ungehemmte Biss eines Hundes kann sehr gefährlich sein. Beißhemmung bedeutet, dass der Hund die Kraft seines Bisses reduziert, um sein Gegenüber nicht zu verletzen. Die Beißhemmung sorgt dafür, dass beim Spiel, aber auch bei den meisten Formen der aggressiven Auseinandersetzungen, Verletzungen weitgehend vermieden werden. Bei gut sozialisierten Hunden mit Beißhemmung kann man beobachten, dass diese nicht zubeißen, sondern drohend in direkter Nähe des Gegners in die Luft schnappen, wobei kein Zahn den Gegner berührt. Lange Zeit dachte man, dass die Beißhemmung angeboren ist. Doch mittlerweile weiß man, dass diese erst erlernt werden muss.

Bereits in der Wurfkiste lernen die Welpen die Beißhemmung. Im Spiel mit den Geschwistern geht es meist hoch her. Spielerisch wird gekämpft, gekniffen und auch schon mal zugebissen. Beißt ein Welpe beim Spiel eines seiner Geschwister zu fest, dann jault dieses laut auf und wendet sich ab oder beißt als Reaktion auf den zu heftigen Angriff mit gleicher Wucht zurück, um das Geschwisterchen abzuwehren. Die Art und Stärke der Gegenwehr hängt von der Stärke des Angriffes ab. Gleiches wird mit Gleichem heimgezahlt. Danach wird das Spiel abgebrochen.

Der Welpe erfährt im Spiel: auf Aktion folgt Reaktion. Schnell wird er begreifen: Beiße ich zu fest zu, endet das schöne Spiel sofort und wird für eine längere Zeit nicht wieder aufgenommen. Infolgedessen wird er vorsichtiger werden. Er bekommt eine unmittelbare Reaktion auf seine Bissstärke. Spielerisch lernt er die Grenzen des Kämpfens kennen. Welpen, die in den ersten Wochen ihres Lebens isoliert ohne Artgenossen aufwachsen, haben keine Chance, die Beißhemmung zu lernen. Auch schlecht sozialisierte Hunde haben oftmals nicht gelernt, dass eigene Zu-

... und auch Leckerchen vorsichtig zu nehmen.

rückhaltung auch den Kontrahenten zur Zurückhaltung beim Schmerzzufügen veranlasst. Die Natur hat in vielfältiger Weise einen Mechanismus geschaffen, um dem Welpen ausreichend Rückmeldungen über seine Bissstärke zu verschaffen. Fehlt diese Auseinandersetzung, kann es zu – möglicherweise irreparablen – Entwicklungsstörungen kommen. Was nicht geübt wird, verliert sich rasch! Deshalb ist es wichtig, dass Sie die Beißhemmung Ihres Welpen weiter festigen. Er muss vor allem auch lernen, dass wir Menschen noch empfindlicher reagieren als seine Geschwister, da unsere Haut nicht von Fell bedeckt ist.

„AUUUAAH", DAS SPIEL IST AUS

Manche Welpenbesitzer sehen nach ein paar Tagen aus, als ob sie mit einer Raubkatze gekämpft hätten – das muss nicht sein! Als Welpenbesitzer sollten Sie alles tun, um die Beißhemmung Ihres Welpen zu fördern. Spielen Sie mit Ihrem Welpen – fordern Sie ihn ruhig heraus, damit er Sie spielerisch beißt. Schreien Sie dann sofort laut „Auuaah-Auuaah" (ruhig übertrieben), geben Sie vor, es hätte schrecklich wehgetan und beenden Sie das Spiel sofort. Gehen Sie weg, ignorieren Sie Ihren Welpen für einen Moment. Stellt er das unerwünschte Verhalten daraufhin ein, können Sie ihn nach einiger Zeit zum Weiterspielen auffordern. Zeigen Sie ihm deutlich die Grenzen – beißt er, dann ist das Spiel sofort aus. Ihr Welpe würde sich auch so verhalten, wenn er von einem anderen Hund zu fest gekniffen würde. Nach und nach wird er lernen, dass er seine kleinen spitzen Milchzähnchen auch bei Ihnen unter Kontrolle haben muss. Tolerieren Sie auch nicht, dass er in Ihre Kleider beißt oder daran zieht. Um dem Bedürfnis des Welpen zum Kauen und Beute zu überwältigen nachzukommen, sollten Sie ihm gezielt Spielzeug und Kauartikel anbieten, auf denen er herumkauen darf.

LECKERCHEN AUS DER HAND NEHMEN

Üben Sie mit Ihrem Welpen auch Leckerchen vorsichtig aus der Hand zu nehmen. Er muss lernen, dass er mit seinem Fang nur behutsam mit einer menschlichen Hand in Berührung kommen darf. Ein gut sozialisierter Hund nimmt sogar schmackhafte Leckerchen vorsichtig aus der Hand. Ein schlecht sozialisierter Hund stößt mit dem Kopf schnell zur Hand und reißt das Leckerchen heraus. Oft werden dabei die Hand oder die Finger des Menschen gekniffen oder sogar verletzt. Zeigen Sie bereits Ihrem Welpen durch Ihren lautstarken Kommentar, wenn er zu schnell und zu fest zubeißt. Erst wenn er das Leckerchen sachte nimmt, kommt er zum Erfolg. Diese Spielregel ist dem Welpen aus der Wurfkiste bereits bekannt. Sind die Welpen beim Saugen zu forsch, zwicken sie die Mutterhündin in die Zitzen, dann ist es schnell vorbei mit dem Trinken, denn die Hündin steht einfach auf und geht. Der Welpe muss lernen, sich an die Regeln zu halten. Nur wer sich an die Regeln hält und angemessen reagiert, hat den gewünschten Erfolg.

KINDERGARTEN – FRÜH ÜBT SICH …

Spielerisches Training des Namens, Übungen für das freudige Herankommen, Übungen für Sitz und erste Erfahrungen mit Halsband und Leine – das gemeinsame Tun stärkt die langsam wachsende Beziehung zwischen Welpe und Mensch.

Erwünschtes Verhalten sollte immer mit viel Lob und Bestätigung verstärkt werden. Leicht unerwünschtes Verhalten am Besten ignorieren, massiv unerwünschtes Verhalten sollte dagegen klar und deutlich vom Menschen verneint werden. Die Hundemutter würde es genauso machen. Sie teilt den Welpen unmissverständlich mit, was nicht erwünscht ist. Um das Selbstbewusstsein und die Selbstsicherheit des Welpen aufzubauen, sind Nähe und der Körperkontakt zu seinem Menschen unbedingt notwendig. Durch Routine wird der Welpe Zusehens souveräner in seinem neuen Umfeld. Üben Sie am besten im Garten oder im Haus. Diese Übungen sollten noch ohne Ablenkungen stattfinden.

NAME LERNEN

Das Wichtigste, das ein Welpe anfangs lernen muss, ist sein Name. Sprechen Sie den Welpen jedes Mal, wenn er Sie anschaut, mit seinem Namen an, dann wird er sicher bald bemerken, dass er damit gemeint ist. Benutzen Sie seinen Namen immer, bevor Sie ihm ein Signal geben. So wecken Sie seine Aufmerksamkeit. Der Welpe sollte seinen Namen immer mit etwas Angenehmem verbinden. Deshalb sagen Sie seinen Namen nie, wenn Sie mit ihm schimpfen. Hunde verbinden alles auch mit der jeweiligen Stimmung, und der Name sollte beim Hund immer eine angenehme Erwartungshaltung auslösen.

01

02

HERKOMMEN „HIER“

Viele Welpen lernen bereits beim Züchter das Signal für das Herankommen. Viele Züchter rufen die Welpen jedes Mal, wenn diese gefüttert werden, mittels Pfeife oder mit dem verbalen „Hier“-Signal zum Futternapf. Die Welpen verknüpfen schnell das Signal mit dem Futter, sodass man bald schon beobachten kann, dass die Welpen, wenn das Signal ertönt, aus allen Ecken angerannt kommen. Da die Welpen das Signal nun schon sehr oft gehört haben, ist dieses bei der Welpenabgabe sehr gut eingeprägt und der neue Welpenbesitzer hat eine gute Grundlage, auf der er aufbauen kann.

ERZIEHUNG ZU HAUSE

Herankommen, also das Signal „Hier“, ist das wichtigste Signal überhaupt. Dieses sollte besonders gut gelernt werden und auch bei Ablenkungen sehr gut funktionieren. Hat der Hund es sehr gut gelernt, dann hat er in seinem künftigen Leben sehr viele Freiheiten. Ziel ist, dass der Hund jederzeit auf das Signal „Hier“ unverzüglich und schnell auf direktem Weg zu seinem Menschen kommt und auch bereitwillig bei ihm bleibt, bis er das Auflösungssignal „Lauf“ hört. Erst dann darf er sich wieder entfernen.

„HIER“ AM FUTTERNAPF

Hat Ihr Züchter das Signal „Hier“ beim Fressen noch nicht eingeführt, dann fangen Sie gleich am ersten Tag an, das nachzuholen.

— 1. Schritt: Wenn der Welpe neben Ihnen steht, dann sagen Sie mit freundlicher, hoher Stimme das Signal „Hier“ oder pfeifen Sie den Hier-Pfiff (Tüt-Tüt). Schaut der Welpe Sie daraufhin an, dann loben Sie ihn und stellen gleichzeitig den gefüllten Futternapf vor ihn zur Belohnung auf den Boden.
— 2. Schritt: Haben Sie dies einige Tage geübt und kennt er das Signal bereits gut, dann pfeifen oder sagen Sie „Hier“, wenn der Welpe gerade auf dem Weg zu Ihnen ist. Loben Sie ihn für das Kommen und stellen Sie den gefüllten Futternapf zur Belohnung vor ihn hin.
— 3. Schritt: Rufen bzw. pfeifen Sie ihn nun jedes Mal, wenn es Futter gibt mit dem „Hier“-Signal. Sie haben so mehrmals am Tag die Möglichkeit, das Signal „Hier“ zu trainieren.

01 – 03 Viele Züchter rufen ihre Welpen mit dem Hier-Pfiff zur Fütterung. So legen sie den Grundstein für das Hier-Signal.

03

„HIER" OHNE ABLENKUNG

Zusätzlich zur Fütterung können Sie einige Male am Tag, auch außerhalb des Hauses, trainieren. Der ideale Zeitpunkt für eine „Hier"-Übung ist, wenn der Welpe sowieso auf dem Weg zu Ihnen ist und Sie gerade anschaut. Achten Sie anfangs darauf, dass die Wegstrecke zu Ihnen nicht zu groß ist. Welpen lassen sich noch schnell ablenken, zudem können sie auch noch nicht so weit sehen.

— Gehen Sie in die Hocke, breiten Sie Ihre Arme einladend aus und rufen ihn mit seinem Namen und einem deutlich betonten, sehr freundlichen „Hier" (bzw. Pfiff). Er wird sowohl das verbale Signal als auch Ihre eindeutige Körpersprache mit dem gewünschten Verhalten verbinden. Sowie er bei Ihnen ist, loben Sie ihn ausgiebig, streicheln ihn und wenn Sie möchten, können Sie ihm auch ein Leckerchen geben oder mit ihm spielen. Es muss sich für ihn lohnen, zu Ihnen zu kommen.

— Gehen Sie ihm auf keinen Fall entgegen, wenn er auf Sie zukommt. Er soll zu Ihnen kommen! Sie können sein Verhalten verstärken (Sogwirkung), indem Sie ein bis zwei Schritte rückwärts nach hinten gehen. Schauen Sie aber immer den Welpen an, drehen Sie ihm nicht den Rücken zu.

— Mit zunehmender Übung und Sicherheit können Sie die Entfernung langsam steigern und ihn auch aus weiteren Entfernungen heranrufen. Er sollte aber auf keinen Fall abgelenkt sein. Schnüffelt er an etwas oder spielt er mit Artgenossen, dann sollten Sie abwarten, bis er seine Aufmerksamkeit wieder mehr Ihnen widmet.

— Rufen Sie ihn nur, wenn Sie zu 100 % sicher sind, dass er kommt. Er sollte auf das erste Signal hin reagieren. Ansonsten macht er die Erfahrung, dass er Ihr Signal überhören kann.

— Sind Sie sich nicht sicher, ob Ihr Welpe in einer bestimmten Situation kommt, dann rufen Sie ihn nicht und gehen besser zu ihm hin, um ihn von dort abzuholen.

— Rufen Sie ihn jedes Mal, wenn er sowieso auf Sie zu kommt, mit dem Signal „Hier" und loben Sie ihn dafür. Er wird sicher schnell begreifen, dass das Herankommen „Hier" heißt.

— Ganz wichtig: Sie müssen jedes Mal, wenn der Welpe zu Ihnen gekommen ist, ihn auch wieder freigeben. Sagen Sie ihm dann das Auflösungssignal „Lauf" (weitere mögliche Signale sind „Frei" oder „go play"). Nun darf er wieder weglaufen. Er muss lernen, bei Ihnen zu bleiben, bis Sie ihm ein anderes Signal geben oder so die Übung aufheben. Lassen Sie ihn niemals selbst entscheiden.

Blue kommt auf das Hier-Signal schnell angelaufen …

„HIER" UNTER ABLENKUNG

Nach einigen Tagen bzw. Wochen konsequenter Übung des „Hier"-Signals ohne Ablenkung, hat der Welpe sicher schon ganz gut verstanden, was gemeint ist. Sie können nun eine Stufe weitergehen.

— Um die Ablenkung zu steigern, rufen Sie ihn nun, wenn er etwas abgelenkt ist. Folgende Situationen wären denkbar: Er schaut Sie gerade nicht an, er schnüffelt schon einige Zeit an etwas Spannendem, er läuft gerade nicht in Ihre Richtung.
— Kommt er auf das Signal „Hier" sofort schnell zu Ihnen gelaufen, dann hat er das Signal verstanden. Loben Sie ihn tüchtig, spielen Sie mit ihm zur Belohnung und geben Sie ihm ein Leckerchen. Freuen Sie sich über Ihren Erfolg.
— Kommt er nicht, gehen Sie zu ihm hin und holen ihn ab. Danach wird weiterhin ablenkungsfrei geübt.
— Kommt er nur langsam und zögerlich, dann klatschen Sie auffordernd in die Hände, ducken sich etwas und laufen in die von ihm entgegengesetzte Richtung weg. Sie können sich auch verstecken. Er wird Sie sicher überaus spannend finden, Ihr Verhalten als Spielaufforderung ansehen und Ihnen zügig folgen. Loben Sie ihn, wenn er bei Ihnen ist.
— Rennen Sie niemals auf den Welpen zu, wenn er nicht kommt, versuchen Sie niemals, ihn zu fangen. Er würde das nur als lustiges Fang-mich-doch-Spiel auffassen und genau das darf nicht passieren. Denn dann bestätigen Sie ihn in seinem negativen Verhalten.

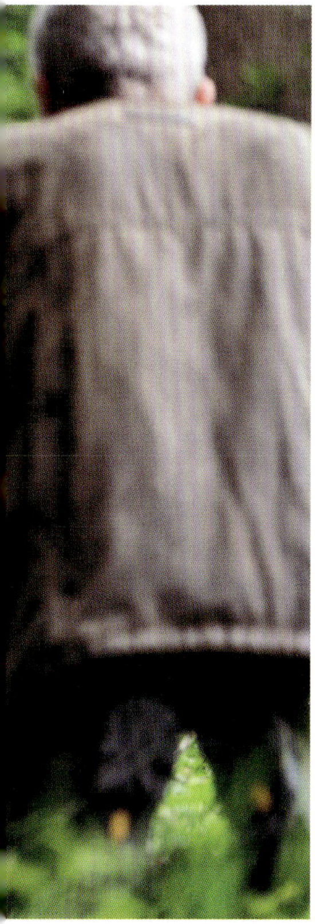

... und wird dafür mit einer Schmuseeinheit belohnt.

DER WELPE KOMMT NICHT AUF IHR RUFEN

Kommt Ihr Welpe wider Erwarten auf das Rufen nicht, drehen Sie sich wortlos um, rufen Sie kein zweites Mal. Ignorieren Sie ihn (d. h. nicht umsehen, nicht ansprechen). Gehen Sie schnell in die entgegengesetzte Richtung und verstecken Sie sich hinter einem Baum. Sein Rudel zu verlieren, ist für einen Welpen in diesem Alter sehr schlimm, sein Überleben hängt davon ab. Hört er nicht, so muss er die Erfahrung machen, dass Sie dann eben nicht mehr da sind. Bleiben Sie auf keinen Fall stehen! Warten Sie nicht auf ihn! Sonst lernt Ihr Welpe, dass Sie schon aufpassen und er es gar nicht nötig hat, auf Sie zu achten. Bemerkt er Ihr Verschwinden, wird er Sie sofort suchen. Lassen Sie ihn ruhig suchen,

Ein lustiges Spiel ist es, ...

... wenn Sie den Welpen ...

... hin und her rufen. Das macht allen Dreien Spaß und für den Kleinen gibt es jedes Mal ein Leckerchen.

er darf schon etwas panisch werden. Schaut er sich bei seiner Suche aufmerksam um und versucht, Sie zu finden, dann treten Sie unbemerkt für ihn aus Ihrem Versteck heraus und rufen ihn mit dem „Hier"-Signal. Sicher wird er jetzt sehr schnell kommen, denn er wird erleichtert sein, dass Sie noch da sind. Loben Sie ihn ausgiebig, wenn er bei Ihnen ist. Verstecken Sie sich immer mal wieder, um die Aufmerksamkeit und Bindung Ihres Welpen zu fördern. Bald wird er Sie nicht mehr aus den Augen lassen und Sie werden kaum noch eine Möglichkeit haben, sich zu verstecken.

NUTZEN SIE DEN FOLGETRIEB

In der Sozialisierungsphase ist der Welpe von Natur aus noch bemüht, Ihnen zu folgen (Folgetrieb). Auch wenn der Kleine auf Ihr Rufen kommt, beherrscht er die Übung noch nicht zuverlässig. Wiegen Sie sich nicht in Sicherheit! Nutzen Sie jede Gelegenheit, dieses lebenswichtige Signal mit Ihrem Welpen positiv zu trainieren. Insbesondere mit Hunden, die von sich aus sehr eigenständig sind, müssen Sie „Hier" intensiv üben. Das zuverlässige Kommen sollte schon jetzt zur Verhaltensroutine werden. Mit zunehmendem Alter und Selbstständigkeit verliert sich der Folgetrieb. Nutzen Sie deshalb gezielt diese ersten Wochen, damit Sie später keine Probleme beim Rückruf Ihres Retrievers haben.

HANDFÜTTERUNG

Ist Ihr Welpe sehr unabhängig und mit wenig Folgetrieb ausgestattet, dann sollten Sie den Futternapf in den Schrank stellen. Füttern Sie ihn in den nächsten Wochen nur aus der Hand. Er muss sich ab sofort sein ganzes Futter verdienen. Füttern Sie ihm seine gesamte Futterration verteilt über den Tag. Er bekommt immer eine kleine Menge Futterbröckchen, wenn er freiwillig zu Ihnen kommt oder wenn er kommt, wenn Sie ihn rufen. Loben Sie ihn immer auch zusätzlich verbal oder mit einem tollen Spiel nach dem Fressen.

KOMM-SPIELE IM GARTEN

Trainieren Sie im Garten gezielt mit Ihrem Welpen, das kann ein tolles Spiel für die ganze Familie sein. Ein Familienmitglied hält den Kleinen fest, Sie als seine Bezugsperson, die ihn ausbildet, entfernen sich ein kleines Stück von ihm. Hocken Sie sich hin, breiten die Arme aus und rufen ihn mit seinem Namen und dem „Hier"-Signal heran. Loben Sie ihn, wenn er zu Ihnen kommt. Das Spiel können Sie spannend gestalten, indem Sie die Anforderungen langsam steigern. Vergrößern Sie zuerst die Entfernung, später können Sie auch außer Sicht gehen und nach und nach geringfügige Ablenkungen einbauen.

REGELN FÜR DAS HERANKOMMEN

- Rufen Sie Ihren Welpen anfangs nur, wenn er sowieso auf Sie zukommt und Sie anschaut.
- Rufen Sie ihn mit Namen (Aufmerksamkeit) und – ganz wichtig – immer mit dem Hier-Signal oder dem Hier-Pfiff (niemals nur mit Namen).
- Rufen Sie immer nur einmal. Er muss lernen, auf das erste Signal hin zu kommen.
- Wählen Sie eine freundliche aufmunternde Stimmlage.
- Wählen Sie eine einladende Körperhaltung.
- Loben Sie ihn immer überschwänglich mit reichlich Lob, Streicheln, einem tollen Spiel oder Leckerchen. Es muss sich für ihn lohnen, zu Ihnen zu kommen.
- Steigern Sie nur langsam die Ablenkung und somit die Anforderung.
- Vergessen Sie nicht, wenn der Welpe wieder weglaufen darf, ihm das Auflösungssignal „Lauf" zu geben.

Das Leckerchen wird über den Kopf des Welpen nach hinten geführt.

HINSETZEN „SITZ"

Schon wenige Tage nach dem Einzug können Sie beginnen, dem Welpen das Signal „Sitz" beizubringen. „Sitz" ist ein sehr wichtiges Signal für den Alltag, aber auch für die Dummyarbeit. Das Ziel ist, dass der Hund lernt, sich auf das verbale Signal und/oder ein Handzeichen zu setzen und so lange zu sitzen, bis er ein Auflösungssignal hört.

ZUFÄLLIGES SITZEN HEISST „SITZ"

Setzt der Welpe sich zufällig, z. B. weil er sich ausruhen möchte, dann sagen Sie einfach „Sitz" und loben ihn tüchtig dafür. Er wird noch nicht verstehen, warum er jetzt gelobt wird und warum er nun ein Leckerchen bekommt, aber er wird sich sicher über beides freuen. Wenn Sie dies in den nächsten Tagen immer wieder wiederholen, dann wird sich das allerdings schnell ändern. Der Welpe begreift und versteht den Zusammenhang, dass es „Sitz" heißt, wenn er sich setzt.

Achten Sie jedoch darauf, dass Sie den Kleinen nur in dem Moment loben, in dem er auch wirklich sitzt. Ist er schon wieder aufgestanden oder springt an Ihnen hoch, dann ist es für das Lob zu spät. Nur wenn Ihr Lob zeitnah (d. h. in dem Augenblick, in dem er sich setzt bis max. zwei Sekunden danach) mit seiner gerade ausgeführten Tätigkeit „Sitz" erfolgt, kann der Welpe richtig verknüpfen.

MIT LECKERCHEN MOTIVIERTES „SITZ"

Nach einigen Tagen können Sie „Sitz" gezielt üben, in dem Sie den Welpen mit Hilfe eines Leckerchen zum Sitzen motivieren.

— Nehmen Sie ein Leckerchen in die Hand und zeigen Sie dieses Ihrem Welpen, lassen Sie ihn daran riechen. Führen Sie dann Ihre Hand von der Nase des Welpen über seinen Kopf nach hinten. Er wird dem Leckerchen folgen und sich so unweigerlich hinsetzen. Sobald er sitzt, geben Sie

So wird sich der Welpe automatisch hinsetzen.

Sagen Sie dann „Sitz" und loben Sie ihn für das Sitzen.

das Signal „Sitz" und bestätigen ihn mit viel Lob und mit dem Leckerchen.

— Bedenken Sie, dass sich ein Hund in diesem Alter noch nicht sehr lange konzentrieren kann. Entlassen Sie ihn deshalb, bevor er selbst aufsteht, mit dem Auflösungssignal „Lauf" aus der Übung.
— Mit der Zeit merken Sie, dass Ihr Welpe auch etwas länger sitzen bleiben kann. Dann dehnen Sie die Zeit des Sitzenbleibens immer weiter aus.
— Bald können Sie auch das Handzeichen für „Sitz" einführen. Halten Sie die geöffnete Hand vor Ihre Brust, wobei die Handfläche zum Hund zeigt. Das ist das Handzeichen, das Sie später bei Sitz auf Entfernung ebenfalls einsetzen werden.

KURZZEITIGES ENTFERNEN VOM HUND

Sobald der Welpe zuverlässig sitzen bleibt und auf das Auflösungssignal wartet, können Sie eine Trainingsstufe weitergehen.

— Entfernen Sie sich nun etwas von Ihrem Welpen; anfangs reichen wenige Zentimeter, d.h. einen halben Schritt zurück; dann einen Schritt zurück, dann 2 Schritte zurück; steigern Sie die Entfernung nur ganz langsam. Bevor Sie sich entfernen, sagen Sie noch einmal „Sitz", um das Signal zu verstärken und den Welpen an das Sitzenbleiben zu erinnern.
— Steht Ihr Welpe auf, während Sie sich entfernen, dann quittieren Sie das mit einem unfreundlichen „Nein", gehen Sie zu ihm zurück und geben ihm erneut das Signal „Sitz". Sobald er wieder sitzt, loben Sie ihn und entfernen Sie sich erneut. Wiederholen Sie, während Sie zurückgehen, noch einmal deutlich das Signal „Sitz". Bleibt er sitzen, dann warten Sie nicht zu lange. Gehen Sie zu ihm zurück und loben ihn. Entlassen Sie ihn mit dem Auflösungssignal „Lauf".
— Steigern Sie langsam die Zeit des Sitzenbleibens und die Entfernung zum Hund.

AN-DER-LEINE-LAUFEN

Heutzutage ist es selbst in ländlichen Gebieten fast unmöglich, einen Welpen ohne Leine großzuziehen, da es zu viele Gefahren gibt. Deshalb ist ein entspanntes An-der-Leine-Gehen von Anfang an wichtig. Bevor Sie den Welpen an Halsband und Leine führen können, müssen Sie ihn erst einmal an diese gewöhnen.

WELCHES HALSBAND? WELCHE LEINE?

Wählen Sie für Ihren Welpen ein weiches Halsband aus, das Sie leicht verstellen können. Da Ihr Welpe in den nächsten Wochen sehr schnell wächst, sollte es mitwachsen können. Das Halsband sollte locker um den Hals des Welpen liegen, es sollte noch möglich sein, zwei Finger zwischen Welpenhals und Halsband zu schieben. Das Halsband sollte aber auch nicht zu weit sein, sonst besteht die Gefahr, dass der Welpe es sich über den Kopf schiebt und so herauskommt. Die Leine sollte nicht zu lang und nicht zu kurz sein. Doch was ist das richtige Maß? Die Leine sollte so lang sein, dass sie locker durchhängen kann, wenn der Retriever neben seinem Halter am Boden liegt. Läuft der Retriever neben seinem Menschen bei Fuß, dann sollte die Leine so lang sein, dass sie locker durchhängen kann, jedoch ohne auf dem Boden zu schleifen.

GEWÖHNUNG AN DAS HALSBAND

Sobald der Welpe sich bei Ihnen eingewöhnt hat, können Sie ihn an das Tragen eines Halsbandes gewöhnen. Legen Sie ihm sein Welpenhalsband ganz ohne Zwang um. Wehrt er sich, dann arbeiten Sie mit einem Helfer, der den Welpen ablenkt. Loben Sie ihn sofort, wenn er es um den Hals trägt. Er sollte das

Wählen Sie für den Welpen ein weiches, nicht zu dünnes Halsband, das nicht einschneidet.

Halsband positiv verknüpfen. Sicher wird es ihm nicht gefallen, er wird sich kratzen, um das blöde Ding wieder loszuwerden. Lenken Sie ihn dann ab, schmusen und spielen Sie mit ihm, es muss eine positive Stimmung entstehen. Eine gute Idee ist es auch, wenn Sie es zur Fütterungszeit anlegen. Ihr Welpe wird dann das Ding um seinen Hals schnell vergessen und verbindet es zudem mit positiven Ereignissen. Die Tragezeit sollte anfangs nur kurz sein und dann langsam ausgedehnt werden.

MOXONLEINE

Der Hund sollte, wenn er an einer Moxon- bzw. Retrieverleine geführt wird, bereits zuverlässig „bei Fuß" gehen können. Für die Welpen-Anfangszeit ist es deshalb besser, Halsband und Leine zu benutzen. Für die spätere Retrieverarbeit ist eine Moxonleine sehr praktisch (siehe S. 204). Achten Sie jedoch darauf, dass sie eine Zugbegrenzung hat. Endloswürger (ohne Zugbegrenzung) sind laut §3 Tierschutzgesetz verboten!

GEWÖHNUNG AN DIE LEINE

Akzeptiert er das Halsband, dann können Sie beginnen, ihn an die Leine zu gewöhnen. Legen Sie nun täglich eine kurze Übung ein. Die Betonung liegt hier auf kurz. Eine Minute ist am Anfang meist schon zu lang. Spielen Sie mit ihm etwas an der Leine, locken Sie ihn mit einem Leckerchen und achten Sie darauf, dass sich die Leine dabei nicht spannt. Wehrt sich Ihr Welpe, dann zwingen Sie ihn nicht durch Ziehen, sondern locken Sie ihn mit einem Leckerchen oder Spielzeug zu sich heran. Beißt der Welpe bei dieser Spielaktion in die Leine, dann lasse ich ihn zunächst einmal gewähren. Es ist in diesem Augenblick wichtiger, dass er die Leine als einen positiven Gegenstand akzeptiert. Das „In-die-Leine-Beißen" kann man später immer noch unterbinden.

Vorteilhaft ist auch ein leichtes Geschirr.

Bei scheuen Welpen dauert die Gewöhnung an die Leine in der Regel etwas länger als bei selbstsicheren. Wenn der Welpe die Leine akzeptiert hat und sich sicher und vertraut verhält, können Sie beginnen, das „In-die-Leine-Beißen" mit einem grimmigen „Nein" zu unterbinden. Loben Sie ihn, wenn er sich richtig verhält.

DAS GESCHIRR

Müssen Sie doch einmal schnell von A nach B und können auf die Leinenführigkeit Ihres Welpen nicht achten, dann nehmen Sie ihn an ein Geschirr. Achten Sie aber auch hier darauf, dass Ihr Welpe Sie nicht einfach hinter sich her zerrt. Er kann lernen, an einer etwas längeren Leine zu laufen und darf auch einmal schnüffeln oder pinkeln. So lernt Ihr Welpe: „Am Geschirr darf ich etwas freier laufen, am Halsband wird die korrekte Position am Fuß verlangt".

Maggie wird an der linken Seite ...

... mit dem Leckerchen geleitet.

ERSTE SCHRITTE AN DER LEINE

Es dauert sicher nur einige Tage, bis der Welpe sich auch an die Leine gewöhnt hat. Nun kann man zu einem geordneten Training übergehen. Setzen Sie Ihren Welpen an Ihre linke Seite, streicheln Sie ihn dort, damit er lernt, dass diese Position links neben Ihnen positiv ist. Sprechen Sie ihn mit seinem Namen an, um seine Aufmerksamkeit zu erregen. Ist er aufmerksam, dann können Sie mit dem Signal „Fuß" losgehen. Halten Sie ihm dabei ein Leckerchen oder Spielzeug als Anreiz vor die Nase. Es reicht für den Anfang, wenn er ein paar Schrittchen mit Ihnen läuft. Loben Sie ihn, wenn er es richtig macht. Dann beenden Sie die Übung mit dem Auflösungssignal „Lauf" und lassen Ihren Welpen weiterspielen. Nach ein paar Tagen folgt der Welpe Ihnen sicher schon einige Meter ohne Probleme. Vergessen Sie aber auf keinen Fall, dass auch diese Übung noch ein Spiel bleiben soll. Gestalten Sie es lustig und abwechslungsreich – absolute Genauigkeit ist noch nicht gefragt. Vermeiden Sie jegliche Art der Ablenkung. Zeigen Sie Ihrem Welpen mit Ihrer Körpersprache deutlich den Beginn der Übung, indem Sie beim Loslaufen immer den linken Fuß zuerst benutzen. Loben Sie ihn, wenn er Ihnen bereitwillig folgt, und wiederholen Sie das Signal „Fuß".

Mit der Zeit wird der Welpe immer sicherer werden und Ihnen auch schon längere Strecken an der Leine folgen können. Die Leine muss unbedingt immer locker sein. Benutzen Sie sie auf keinen Fall, um den Welpen damit zurückzuziehen. Bedenken Sie: Druck erzeugt Gegendruck. Der Welpe würde so lernen, dass Ziehen an der Leine in Ordnung ist, und als Reaktion darauf noch kräftiger ziehen. Versuchen Sie ihn mit Locken und Leckerchen in der richtigen Position zu halten oder bleiben Sie einfach stehen, wenn er zieht. Gehen Sie erst weiter, wenn sich die Leine wieder gelockert hat. Loben Sie den Welpen immer, wenn er sich in der richtigen Position befindet (seine Schulter auf Höhe Ihres Knies) und wiederholen Sie dann auch das Signal „Fuß". Sagen Sie das Signal „Fuß" niemals, wenn Sie den Welpen korrigieren. Er muss erst noch begreifen, wo genau die Position Fuß ist.

Sie wird bewusst in der richtigen Position geführt.

Nach ein paar Schritten wird sie gelobt.

RITUAL FÜR DAS ABLEINEN

Hat Ihr Welpe das Laufen an der Leine akzeptiert, dann sollten Sie ein Ritual für das Ableinen einführen. Lassen Sie den Welpen am Ende der Übung nicht einfach von der Leine los. Ab jetzt sollten Sie für das Ableinen einen konkreten Ablauf, ein Ritual einführen. Lassen Sie den Welpen am Ende der Übung sitzen, loben Sie ihn und geben ihm ein Leckerchen. Dann leinen Sie ihn ab, er soll weiterhin noch sitzen bleiben. Halten Sie Blickkontakt, loben Sie ihn noch einmal, geben Sie ihm dann das Signal „Lauf" und motivieren Sie ihn mit auffordernder Körpersprache zum Laufen. Sie können auch mit ihm zusammen wegrennen und etwas mit ihm spielen. Ihr Retriever muss lernen, dass er auch ohne Leine so lange sitzen bleiben muss, bis er von Ihnen das Auflösungssignal hört. Steht er frühzeitig auf, quittieren Sie das mit einem unfreundlichen „Nein" und bringen ihn wieder an den Ort zurück, an dem er saß und lassen ihn dort erneut absitzen. Ein Hund, der nach dem Ableinen sofort losrennt, ist schnell eine Gefahr für sich und andere. Deshalb ist es wichtig, das Ableinen bereits beim Welpen immer gleich zu gestalten.

SO BITTE NICHT!

Das „Paulchen", ein kleiner putziger Labradorwelpe, zerrt an der Leine, da er etwas Interessantes entdeckt hat und möglichst schnell dorthin will. Paulchens Halter möchte natürlich alles richtig machen und hat sich gut informiert. Deshalb weiß er, dass der Kleine möglichst viele Umwelterfahrungen sammeln sollte, um sich gut zu entwickeln. Als Paulchen nun kräftig an der Leine zerrt, um möglichst schnell zum Objekt seines Interesses zu kommen, folgt sein Mensch ihm wortlos und denkt: „Wie süß der Kleine, er hat was Neues entdeckt! Dann lasse ich ihn mal."
Fazit: Der Welpe hat mit seinem Verhalten Erfolg. Er lernt, dass sein Mensch ihm folgt, wenn er an der Leine zerrt. Das ist der erste Schritt, um erfolgreich einen Leinenzieher zu erziehen. Wehret den Anfängen, erlauben Sie niemals, was Sie später nicht als Verhalten haben möchten.

01 Ein Apportiergegenstand wird geworfen.

02 Ruby beobachtet dies und wird losgelassen.

APPORTIEREN

In dieser Entwicklungsphase beginnt der Welpe im Rudel das Fangen und Töten von Beutetieren zu erlernen. Zu diesem Zweck bringen die Eltern für die Welpen kleinere noch lebende Beutetiere mit ans Lager. Apportieren wird somit bereits in dieser Lebensphase erlernt. Animieren Sie deshalb im Haus oder Garten den Welpen dazu, Spielzeug aufzunehmen und zu tragen.

TAUSCHGESCHÄFT

Schimpfen Sie den Welpen niemals, wenn er von sich aus etwas trägt, auch wenn es Ihre besten Schuhe oder eine verweste Maus ist. Trägt Ihr Welpe etwas, das er nicht haben soll, sollten Sie versuchen, ein Tauschgeschäft mit ihm zu machen. Locken Sie ihn heran, loben Sie ihn fürs Tragen und Bringen und bieten Sie ihm dann ein Spielzeug an, das er haben darf oder tauschen Sie gegen ein Leckerchen oder eine Kaustange. Doch achten Sie dabei unbedingt auf Ihr Timing! Nutzen Sie das Leckerchen als Belohnung und nicht als Bestechung.

APPORTIEREN MACHT SPASS

Um Ihren Welpen zu dem etwas gezielteren Apportieren zu bewegen, suchen Sie sich ein Spielzeug, das er gern aufnimmt und trägt. Es ist völlig egal, was es ist. Es kann einer Ihrer alten Socken sein, ein Ball, ein Stofftier oder ein Kauknoten. Bewegen Sie dieses Spielzeug vor Ihrem Welpen hin und her, spielen Sie ihm das flüchtende Beutetier vor. Machen Sie damit das Apportel für den Welpen interessant. Sobald er sich dafür interessiert und hineinbeißen möchte, haben Sie es geschafft. Werfen Sie das Spielzeug nun ein bis zwei Meter von sich weg. Lassen Sie den Welpen ohne Signal einfach laufen. Läuft Ihr Welpe hinterher und stürzt sich auf das Spielzeug, loben Sie ihn. Häufig kann man dann den sogenannten Mäuselsprung beobachten. Um Beutetiere (z. B. Mäuse) zu fangen, springen Hunde ein kurzes Stück, um die Beute von oben zu greifen. Loben Sie Ihren Retriever, sobald er das Spielzeug aufnimmt und trägt. Gehen Sie in die Hocke und warten Sie ab. Versuchen Sie, ihn zu sich zu locken. In der Regel gelingt dies, da Welpen in diesem Alter noch etwas unsicher sind und gern auf das Rufen herankommen.

ZURÜCKBRINGEN DES APPORTELS

Nimmt Ihr Welpe das Apportel von sich aus auf und bringt es Ihnen, dann freuen Sie sich darüber. Loben und streicheln Sie ihn mit beiden Händen am ganzen Körper, so verhindern Sie, dass er mit dem Apportel wieder wegläuft. Vermeiden Sie aber, mit Ihren Händen in die Nähe des Apportels zu kommen. Nehmen Sie dem Kleinen sein Apportel niemals sofort ab. Vermitteln Sie ihm das Gefühl, dass es nichts Schöneres gibt, als bei

03 Sie läuft zum Apportel und nimmt es auf.

04 Ruby wird durch Klatschen und …

05 … Rückwärtslaufen zum Kommen motiviert.

06 Stolz trägt sie ihre Beute und läuft ihrem Menschen nach.

07 Dafür wird sie kräftig gelobt und gestreichelt – nicht gleich nach der Beute greifen!

Um das Apportel interessant zu machen, wird es am Boden …

… etwas hin und her bewegt. So aktivieren Sie den Beutetrieb.

Ihnen zu sein. Er soll nicht das Gefühl bekommen, dass Sie ihm seine Beute streitig machen wollen. Nach ausgiebigem Lob nehmen Sie ihm das Apportel kurz ab, um es ihm gleich wieder zurückzugeben und für das Festhalten zu loben. Danach nehmen Sie ihm das Apportel mit „Aus" aus dem Fang, greifen dann erst in Ihre Tasche, holen das Leckerchen heraus und belohnen ihn damit (Timing!). Lässt er es fallen, kein Problem, lassen Sie es liegen und loben den Welpen für das Zurückkommen, das ist erst einmal das Wichtigste. Durch diesen Trainingsaufbau wird Ihr Welpe bald lernen, dass es sich lohnt, Ihnen die Beute zu bringen. Bei den meisten Welpen stellt das Heranführen an das Apportieren kein Problem dar. Manchmal klappt es aber nicht und schon gar nicht immer zuverlässig. Die Welpen lassen sich noch leicht ablenken. Entstehen Probleme, dann sollten Sie wie folgt agieren.

Problem: Der Welpe hat überhaupt kein großes Interesse an einem Dummy oder Spielzeug.
Sie können auch einen Ball zum Apportieren verwenden. Der Ball hat die Eigenschaft, dass er nach dem Aufkommen noch etwas rollt. So kann man ganz einfach die Motivation durch die Fluchtbewegung (Rollen) des Balles noch etwas steigern bzw. erhalten.

Problem: Der Welpe läuft zum Spielzeug, schubst es mit der Nase an und kommt dann zum Halter zurück.
Dies ist kein Ungehorsam, sondern muss als eine Übersprungshandlung des Welpen angesehen werden. Er ist unsicher, weiß nicht, was er machen soll, und kommt deshalb wieder zu Ihnen zurück. Üben Sie jetzt keinen Druck aus und zerstören Sie nicht das gute Verhältnis zu Ihrem Hund. Mit Druck würde der Welpe das Apportieren unweigerlich mit etwas Unangenehmem in Verbindung bringen. Gehen Sie mit Ihrem Welpen zusammen zum Spielzeug, bewegen Sie es etwas auf dem Boden und wecken Sie so wieder den Beutetrieb in Ihrem Welpen. Fordern Sie ihn noch einmal auf, das Spielzeug zu nehmen. Sicher wird er dann verstehen, was Sie von ihm erwarten. Lassen Sie ihn das Spielzeug nun tragen, laufen Sie zusammen mit ihm in Richtung Ihres Ausgangspunktes und loben Sie ihn ausgiebig.

Problem: Der Welpe rennt zum Spielzeug, nimmt es auf, lässt sich dann aber von etwas anderem ablenken und lässt das Spielzeug wieder fallen.
Verfahren Sie genauso, wie bei dem eben beschriebenen Problem. Welpen lassen sich noch sehr schnell ablenken, deshalb sollten Sie für Ihr Training unbedingt einen Ort suchen, an dem Ablenkungen so gering wie möglich sind. Gehen Sie also mit dem Welpen noch einmal zum Spielzeug, machen Sie es für ihn interessant und lassen Sie es ihn dann ein Stück tragen, wobei Sie ihn überschwänglich mit hoher Stimme loben.

Problem: Der Welpe nimmt das Spielzeug zwar auf, rennt damit aber in eine andere Richtung.

Bei Welpen, die einen natürlichen Apportierinstinkt und viel „will to please“ haben, hat man in der Regel wenig Probleme mit dem Zurückkommen. Das liegt ihnen im Blut. Jedoch gibt es auch Retriever, die von Anfang an ihre Beute nicht zurückbringen wollen. Lassen Sie diese Unart nicht einreißen und versuchen Sie von Anfang an, die schlechten Angewohnheiten zu unterbinden. Wählen Sie bei solchen Welpen einen Trainingsort, der schmal und lang ist, ähnlich einem langen Flur. Der Welpe soll keine Möglichkeit haben, auszuweichen. Ideal sind hierfür enge Wege zwischen Gärten oder Waldwege entlang von Schonungen. Auch der lange Flur bei Ihnen zu Hause ist ideal. Der Welpe soll auf seinem Weg ohne Ausweichmöglichkeit zu Ihnen zurückkommen. Gehen Sie dabei in die Hocke oder setzen Sie sich auf den Boden, damit Sie für ihn nicht so bedrohlich wirken. Klatschen Sie in die Hände, um ihn zum Kommen zu animieren und locken Sie ihn mit hoher Stimme zu sich. Hilft das nicht, dann laufen Sie in die entgegengesetzte Richtung weg – der Welpe wird Ihnen sicher folgen. Er lernt so, schnell bis zu Ihnen heranzukommen. Möchte er an Ihnen vorbeirennen, dann fassen und loben Sie ihn, wenn er bei Ihnen ist. Das soll jedoch auf keinen Fall zu einem Nachlaufspiel ausarten. Sie müssen den Welpen von Ihrem Platz aus mit dem gestreckten Arm erreichen können und ihn so aufhalten.

Problem: Der Welpe nimmt das Spielzeug zwar auf, rennt damit aber nach Hause oder zum Auto.

Trainieren Sie auf einem Spaziergang oder im Garten, dann müssen Sie darauf achten, dass Sie die Übung so gestalten, dass Sie sich zwischen zu Hause oder dem Auto befinden. Nicht, dass sich der Welpe umdreht und von Ihnen weg nach Hause oder zum Auto läuft, um dort die Beute in Sicherheit zu bringen. Rennen Sie, wenn der Welpe aufgenommen hat, immer in eine andere Richtung weg. Er sollte Ihr Wegrennen beobachten können, deshalb ist das Wegrennen hinter dem Rücken des Welpen tabu. Sicher wird er Ihnen dann folgen.

Problem: Der Welpe ist nicht dazu zu bewegen, mit dem Spielzeug zu Ihnen zu kommen.

Bringt Ihr Welpe das Apportel nicht zurück, sondern trägt es lieber an einen „sicheren“ Ort oder kaut darauf herum und Sie können ihn auch nicht mit den oben beschriebenen Maßnahmen dazu bewegen, zu Ihnen zu kommen, dann schenken Sie ihm keine Beachtung. Gehen Sie weg, ignorieren Sie ihn. Spielt er nicht freiwillig mit Ihnen, dann spielen auch Sie nicht mit ihm. Da das Spiel nun aufhört, wird er sein Verhalten überdenken. Allein mit der Beute ist langweilig. Er muss lernen, dass es interessanter ist, Ihnen die Beute zu bringen. Laufen Sie auf keinen Fall hinter ihm her, sonst lernt er, dass er Sie so zu einem netten Fangspiel animieren kann. Vertagen Sie danach weitere Apportierübungen auf später, üben Sie stattdessen das „Hier“.

VORSICHT FALLE!

Entwickeln Sie bitte jetzt noch keinen Ehrgeiz. Das Apportieren in diesem Alter darf nicht zur Pflichtübung werden. Das Bringen des Spielzeuges hat zudem noch nichts mit dem disziplinierten Apportieren des ausgewachsenen Retrievers zu tun. Ein zu korrekt verlangter Ablauf und zu viele Wiederholungen sind der sichere Weg, dem Kleinen das natürliche Bringen zu vermiesen. Weniger ist auf jeden Fall mehr. Zwei bis drei Retrieves in der Woche sind für einen Welpen absolut ausreichend. Gefördert werden soll in diesem Alter die Apportierbereitschaft und noch nicht der korrekte Ablauf.

In einer guten Welpenschule steht das Spiel mit Artgenossen nicht im Vordergrund, sondern das Interesse des Welpen an seinem Menschen wird gefördert.

WELPENSCHULE

Zur Förderung der sozialen Kompetenz des Welpen gehört der regelmäßige Kontakt zu gleich oder ähnlich alten Artgenossen. Vielerorts werden zur Sozialisation und Prägung der Welpen Welpenspielgruppen angeboten. Welpengruppen im Retriever-Zucht-Verein (DRC, GRC, LCD) zeichnen sich dadurch aus, dass diese speziell für Retriever konzipiert sind und so schon früh die Talente der Hunde gezielt gefördert werden. Welpengruppen in allgemeinen Hundeschulen haben meist gemischte Gruppen. Diese gemischten Gruppen ermöglichen dem Welpen, verschiedene Rassen als Artgenossen kennenzulernen, und zu lernen, dass Artgenossen auch anders aussehen und sich teilweise anders verhalten können. Gut geführte Welpengruppen bieten eine Chance, eine gute Basis zu schaffen.
Vor dem ersten Besuch der Welpenspielgruppe sollten Sie die Hundeschule genau unter die Lupe nehmen. Was wird angeboten? Haben die Kleinen nur die Möglichkeit, miteinander zu spielen? In diesem Fall würde ich Abstand von dieser Welpenspielgruppe nehmen. Achten Sie darauf, dass der Welpe nicht die Verknüpfung lernt: Artgenossen = Spiel. Er sollte vielmehr lernen, dass Sie als Mensch sein wichtigster Sozialpartner sind.
Schauen Sie sich verschiedene Hundeschulen an und lassen Sie Ihren Bauch entscheiden. Da wo Sie sich wohlfühlen, wird auch Ihr Hund sich wohlfühlen, Sie müssen das Gefühl haben, dort gut aufgehoben zu sein. Der Trainer muss Ihnen sympathisch sein. Achten Sie darauf, ob der Trainer in der Lage ist, Fragen sachkundig zu beantworten und konkrete Tipps für den Umgang mit dem Hund zu gegeben. Die angebotenen Trainingsmethoden müssen Ihren Vorstellungen entsprechen, nur dann sind Sie auch in der Lage, die Hinweise und Tipps authentisch, und das ist wichtig, bei der Erziehung umsetzen zu können.

Checkliste

KENNZEICHEN EINER GUTEN WELPENGRUPPE

- ☐ Nicht das Spiel der Welpen miteinander sollte im Vordergrund stehen, sondern die Steigerung des Interesses des Welpen an seinem Menschen.
- ☐ Dennoch sollte es in jeder Übungseinheit Trainingsabschnitte geben, in denen die Welpen untereinander spielen dürfen. Das ist wichtig für das Lernen der Hundesprache und die sozialen Spielregeln unter Hunden. Diese Spielphasen sollten jedoch nur eine kurze Dauer haben.
- ☐ Es sollten Trainingsabschnitte angeboten werden, bei denen Welpe und Mensch sinnvoll agieren, z. B. ein spielerisches und sinnvolles Heranführen an Umweltreize und auch erste Erziehungsspiele.
  Ziel des Trainings sollte dabei immer die Bindung an und das Vertrauen in den Besitzer sein.
- ☐ Es sollte dem Hundehalter Basiswissen über das Verhalten von Hunden und deren Körpersprache vermittelt werden, damit dieser den Welpen besser verstehen und sein Verhalten korrekter lesen und interpretieren lernt.
- ☐ Es sollten etwa vier bis sechs Welpen in der Gruppe eines Trainers sein. Sechs Individuen sind für einen Trainer noch überschaubar und handhabbar. Dieser Trainer sollte beobachten und regelnd in das Spiel der Welpen eingreifen.
- ☐ Im Kurs sollten hauptsächlich Welpen in etwa dem gleichen Alter mit ungefähr dem gleichen Entwicklungsstand sein. Es darf nicht passieren, dass kleine, noch etwas unsichere Welpen von älteren selbstsicheren Rabauken gemobbt werden.
  Dabei ist es denkbar, dass sich ein unsicherer Junghund noch in der Welpengruppe befindet, damit dieser weitere Erfahrungen sammeln kann. Auch kann es sein, dass ein frühreifer, 14 Wochen alter Welpe in die Junghundegruppe versetzt wird. Diese Herangehensweise zeigt die Kompetenz des Trainers, da er sich individuell auf die Welpen einstellt.
- ☐ Die Welpenstunde sollte für ganz kleine Welpen eine Dauer von 40 Minuten nicht übersteigen. Mit zunehmendem Alter der Welpen sollte die Dauer der Welpen-/Junghundestunde angepasst und verlängert werden. Denkbar für die ganz Kleinen wäre auch 2- bis 3-mal in der Woche mit einer Dauer von max. 20 Minuten.
- ☐ Der Trainer hat selbst schon einige Welpen erfolgreich ausgebildet; er weist praktische Erfahrung auf.
- ☐ Es werden verschiedene Erziehungsmodelle angeboten, die auf den jeweiligen Hund abgestimmt werden. Vorsicht vor einer Erziehungsmethode, mit der jeder Hund konfrontiert wird.
- ☐ Kontakt zu gut sozialisierten erwachsenen Hunden wird ermöglicht.
- ☐ Fragen über Ausbildung und Erziehung werden kompetent beantwortet und Theoriestunden ohne Hund angeboten.
- ☐ Auch Fragen über die Erziehung zu Hause, also z. B. über Stubenreinheit, nichts Zerstören, Erziehung zur Ruhe werden kompetent beantwortet.
- ☐ Fragen über Ernährung, Erkrankungen, Impfungen, Entwurmung und Gesundheitsvorsorge werden beantwortet.
- ☐ Hundebesitzer bekommen die Möglichkeit, sich selbstständig weiterzubilden (Bücher, Seminare).
- ☐ Es werden Hundeschulen empfohlen, die eine künftige Verwendung des Hundes besser vorbereiten können (z. B. Therapiehundearbeit, Rettungshundearbeit, Dummyarbeit, Jagdhundetraining).

UNTERWEGS MIT DEM AUTO

Das Auto ist aus dem Leben des Menschen nicht mehr wegzudenken. Somit muss sich auch der Hund an das Autofahren gewöhnen. Der Welpe soll das Autofahren mit angenehmen Dingen verbinden. Deshalb ist es wichtig, dass immer etwas Positives passiert, wenn Sie mit ihm im Auto unterwegs sind.

ERSTE ERFAHRUNGEN

Idealerweise sollte der Welpe bereits erste Erfahrungen mit dem Autofahren beim Züchter gemacht haben. Am besten in der Sicherheit des vertrauten Rudels, also zusammen mit seinen Geschwistern und seiner Mutter. Hat der Welpe während seiner ersten Autofahrt positive Erfahrungen gemacht, wird er in der Regel auch später keine Probleme damit haben. Viele Züchter nutzen diese Autofahrten, um mit den Welpen kurze Ausflüge in die nahe Natur zu unternehmen.

DIE FAHRT INS NEUE HEIM

Zum Abholen Ihres Welpen beim Züchter sollten Sie unbedingt eine Begleitperson mitnehmen. Am besten ist, wenn die Begleitperson die Rückfahrt übernimmt und Sie Ihren Welpen während der Fahrt auf den Schoß nehmen oder ihn vor sich im Fußraum platzieren. Legen Sie ein Handtuch oder eine Decke in den Fußraum, damit er es gemütlich hat.

Vor der Autofahrt sollte der Welpe nicht gefüttert werden, damit es ihm während der Fahrt nicht übel wird. Füttern Sie ihn erst, wenn Sie zu Hause angekommen sind. Gehen Sie kurz vor der Abfahrt noch einmal mit ihm spazieren, damit er sich lösen kann. Für die Fahrt sollten Sie gut ausgerüstet sein. Nehmen Sie eine Rolle Haushaltspapier, ein Handtuch und einen Plastikbeutel mit. So sind Sie auf jede Eventualität gut vorbereitet und können schnell reagieren, wenn Ihr Welpe doch erbrechen muss oder ihm ein Malheur passiert.

Fahren Sie auf direktem Weg nach Hause. Sollten Sie eine weite Fahrtstrecke haben, müssen Sie spätestens nach zwei Stunden dem Welpen eine Pause gönnen. Nehmen Sie auch einen Napf und etwas Wasser mit, damit Sie ihm in den Pausen etwas zu trinken geben können. Übrigens: Auch Welpen reagieren auf beruhigende Musik, packen Sie deshalb eine Klassik-CD mit ein.

ERSTE ANZEICHEN VON ÜBELKEIT

Zuerst wird es um den Nasenschwamm herum feucht. Dann öffnet er das Maul und beginnt mit heraushängender Zunge zu hecheln, um sein Maul herum wird es feucht. Durch die erhöhte Speichelbildung bilden sich bald lange Speichelfäden. Man sieht dem Welpen förmlich an, dass ihm unwohl ist. Bald darauf wird er sich erbrechen. Wenn Sie diese Anzeichen bemerken, sollten Sie die Fahrt unterbrechen und etwas mit Ihrem Welpen spazieren gehen. Gönnen Sie ihm eine kleine Pause, damit er sich wieder beruhigen kann. Die negative Assoziation Auto = Übelkeit sollte erst gar nicht entstehen.

Anhaltende Übelkeit kann damit zusammenhängen, dass das Gleichgewichtsorgan des Welpen noch nicht vollständig entwickelt ist. Mit zunehmendem Alter werden die Probleme in der Regel weniger. Hält die Übelkeit jedoch an, sollten Sie mit Ihrem Tierarzt darüber sprechen. Er kann Ihnen ein homöopathisches Medikament gegen den Schwindel verschreiben. So können Sie Ihrem Welpen die Fahrt im Auto erträglicher machen.

AUTOFAHREN GEZIELT TRAINIEREN

Hat Ihr Welpe die erste Autofahrt nicht gut vertragen, sollten Sie ihn erst einmal gezielt an das parkende Auto gewöhnen. Lassen Sie ihn im Innenraum des Autos fressen oder spielen Sie dort mit ihm. Er wird lernen, dass der Aufenthalt im Auto angenehm für ihn ist. Bald können Sie den Motor für einen Moment starten, damit er sich auch daran gewöhnt. Er wird sicher die Situation schnell akzeptieren. Für die erste Autofahrt sollten Sie nur eine kurze Strecke über Nebenstraßen wählen. Fahren Sie ganz langsam um die Kurven, damit es Ihrem Welpen nicht übel wird, versuchen Sie auch nicht abrupt zu bremsen oder zu beschleunigen. Ihr kleiner Retriever muss sich langsam an die Fahrt- und Motorengeräusche sowie an die Bewegungen des Autos gewöhnen. Nehmen Sie eine Begleitperson mit, die sich während der Fahrt um den Welpen kümmern kann. Auch ein erfahrener älterer Hund kann sehr hilfreich sein. Integrieren Sie kurze Autofahrten einfach in den normalen Tagesablauf. Auf kurzen Fahrten zum Bäcker, zur Post, zur Reinigung etc. kann Ihr Welpe Sie schon bald begleiten.

Meistens haben Welpen zusammen mit ihren Geschwistern erste Erfahrungen mit dem Autofahren gemacht.

01 Ruby hat bereits gelernt sich hinzusetzen, wenn die Tür der Autobox aufgeht.

DER RICHTIGE PLATZ IM AUTO

Ein Hund muss sicher im Auto untergebracht werden. Alle Vorsichtsmaßnahmen dienen Ihrer und seiner Sicherheit, denn schnell wird bei einem Unfall aus einem ungesicherten Hund ein gefährliches Geschoss. Nicht selten werden der Hund und durch ihn auch die mitfahrenden Personen schwer verletzt.

Bei den ersten Fahrten kann der Welpe auf Ihrem Schoß (wenn Sie das Auto nicht selbst lenken!) oder im Fußraum vor dem Beifahrersitz mitfahren. Achten Sie darauf, dass er auf diesem Platz ruhig liegen bleibt. Unterbinden Sie mit Nachdruck, wenn er durchs Auto laufen oder gar auf dem Schoß des Fahrers Platz nehmen möchte. Bald schon wird Ihr Retriever jedoch dort keinen Platz mehr finden.

Wenn Ihr Hund auf dem Rücksitz fahren soll, dann sollten Sie eine Schondecke für Hunde auf der Rücksitzbank anbringen. Diese Schondecke wird wie eine Hängematte zwischen der Rücksitz- und Vordersitzreihe gespannt. Darin kann der Hunde bequem liegen und zudem verhindert die Schondecke, dass die Sitze schmutzig werden. Bei dieser Transportvariante muss der Hund mit einem speziell für Hunde entwickelten Sicherheitsgurt gesichert werden. Die Schondecke und den Sicherheitsgurt (auf das TÜV-Zeichen achten) bekommen Sie im Fachhandel.

Ein ideales Hundeauto ist ein Kombi, da der Hund dort bequem im Kofferraum untergebracht werden kann. Dafür sollte der Kofferraumbereich mithilfe eines Gitters oder Netzes vom Fahrgastraum abgetrennt werden. Am bequemsten und sichersten ist der

02 Welpen werden ins Auto hinein- …

03 … und auch herausgehoben.

Hund im Kombi entweder in einer Flugbox oder in einer speziellen Alu-Autobox untergebracht. Solche Autoboxen kann man im Fachhandel für die verschiedenen Autotypen erwerben. Achten Sie darauf, dass der Welpe im Kofferraum nicht zu viel Platz hat. Verhindern Sie, dass er in einem zu großen Kofferraum hin- und herfallen kann. Schnell bekommt er sonst Angst und verknüpft das Autofahren negativ.

VERKEHRSSICHERES EIN- UND AUSSTEIGEN

Von Anfang an sollten Sie mit Ihrem Welpen verkehrssicheres Ein- und Aussteigen üben. Er muss lernen, dass er ohne Signal nicht in das Auto hinein- oder aus dem Auto herausspringen darf. Lassen Sie Ihren Welpen von Anfang an vor dem Auto sitzen, bevor Sie die Seitentüre, die Heckklappe oder die Tür der Autotransportbox öffnen. Heben Sie ihn dann ins Auto und leinen ihn erst dann ab. Ebenso sollten Sie beim Aussteigen verfahren. Lassen Sie Ihren Welpen sitzen, öffnen Sie dann die Heckklappe oder Tür, leinen Sie ihn an und heben ihn dann aus dem Auto. Er wird schnell lernen, dass die Klappe erst aufgeht, wenn er sitzt.

Bis zu einem Lebensalter von zwölf Monaten sollte der Welpe/Junghund ins Auto hinein- und aus dem Auto herausgehoben werden, da die Knochen des Welpen noch sehr weich sind. Vermeiden Sie so, dass er aus dem Auto springt. Erst ab dem 12. Lebensmonat können Sie Ihrem Hund beibringen, auf Signal (z. B. „Hopp“) ein- bzw. auszusteigen.

WARTEN IM AUTO

Genau wie das Warten im Zimmerkennel müssen Sie mit Ihrem Welpen auch das Warten in der Transportbox im Auto üben. Beginnen Sie mit diesem Training erst, wenn Ihr Welpe bereits gelernt hat, sich im Zimmerkennel ruhig zu verhalten. Beginnen Sie mit kurzen Einheiten. Bellt, jault Ihr Hund und beißt wütend in die Box, wenn er im Auto warten muss, dann bewegen Sie sich zügig vom Auto weg. Verstecken Sie sich in der nahen Umgebung, damit Sie ihn beobachten und auch schnell reagieren können. Ist der Welpe dann einige Zeit ruhig, anfangs reicht eine halbe Minute völlig aus, dann gehen Sie zu ihm zurück und loben ihn. Holen Sie ihn dann heraus und unternehmen Sie etwas Nettes mit ihm. Steigern Sie dann langsam die Zeit des Wartens. Üben Sie am besten mehrere Einheiten am Tag und mehrere Tage hintereinander, so hat er es einfacher zu verstehen, was Sie erwarten. Holen Sie Ihren Welpen niemals aus dem Auto, solange er bellt oder winselt. Denn so hätte er erreicht, was er wollte und zudem bestätigen Sie mit Ihrer Aufmerksamkeit sein ungebührendes Verhalten positiv.

GESUNDHEITSVORSORGE DES WELPEN

Welche Impfungen und Untersuchungen sind im Welpenalter wichtig, was muss man bei der Auslastung des Welpen beachten? Beitrag von Dr. Susanne Wisniewski, Kleintierzentrum in Iffezheim

KONTAKT ZU ARTGENOSSEN

Zum Zeitpunkt der Abholung vom Züchter verfügen Welpen noch nicht über einen belastbaren Impfschutz. Man weiß, dass ein bestimmter Prozentsatz aller geimpften Welpen nach der ersten Impfung noch keine ausreichende Menge Antikörper produziert hat, die sie vor Infektionen schützen könnten. Man spricht von der „immunologischen Lücke", die ausgerechnet in die wichtige Sozialisationsphase des Welpen fällt, in der neue Erfahrungen und die unterschiedlichsten Kontakte mit Artgenossen unverzichtbar sind. Von der 8. bis 16. Lebenswoche ist es daher keinesfalls anzuraten, den Welpen zu isolieren oder gar nur im eigenen Garten zu lassen, wie das früher empfohlen wurde. Andererseits sollten Sozialkontakte gezielt erfolgen und zuvor sicher gestellt werden, dass Spielpartner nicht an einer ansteckenden Krankheit leiden und geimpft sind.

Stellen Sie sicher, dass in der von Ihnen ausgewählten Welpen-Sozialisationsgruppe Impfpässe kontrolliert werden und nach dem Gesundheitszustand der Teilnehmer gefragt wird. Welpen mit unklarer Herkunft (zum Beispiel Welpenhandel, Ausland), sollten hinsichtlich Identifizierung und fälschungssicherem Impfpass sehr genau kontrolliert werden, damit keine Krankheiten übertragen werden.

In den ersten Wochen ist der Kontakt zu Spielpartnern wichtig.

Die ersten Erfahrungen beim Tierarzt sollten positiv sein.

ERSTER BESUCH BEIM TIERARZT

Vielfach wird empfohlen, einen ersten „Gewöhnungsbesuch" beim Tierarzt bereits einige Tage nach dem Erwerb des Welpen durchzuführen. Dies macht allerdings erst dann Sinn, wenn Sie bereits eine gute Bindung zu Ihrem Welpen aufgebaut haben und es Ihnen gelingen wird, ihn mittels Ihrer eigenen Körpersprache, Spielzeug oder Futter eine durchweg positive Erfahrung in der Praxis machen zu lassen. Denken Sie daran, dass Sie nur schwer steuern können, auf welche Grundstimmung im Wartezimmer, welche anderen Hunde und welche Menschen Sie dort treffen werden. Stellen Sie sicher, dass Sie selbst Ruhe und Sicherheit ausstrahlen und keinesfalls aufgrund der Stimmung im Wartezimmer in Stress geraten. Dieser Stress wird nämlich dann das sein, woran sich Ihr Welpe ein Leben lang erinnert.
Vereinbaren Sie am besten einen Termin mit Ihrer Tierarztpraxis in den frühen Morgenstunden, in denen eine ruhige Grundstimmung herrscht. Außerdem ist zu dieser Zeit das Ansteckungsrisiko in frisch gereinigten Praxisräumen am geringsten.

ENTWURMUNG

WARUM?

Hundewelpen erhalten bereits im Mutterleib und dann mit dem ersten Schluck Muttermilch ihre ersten Würmer, die sich im Darm des Welpen entwickeln, von dort aus je nach Wurmart bestimmte Organe befallen (Lunge, Leber, Muskulatur). Diese sogenannten Gewebeformen überleben dauerhaft im Hund. Dies bedeutet, dass man einen Hund nie ganz „wurmfrei“ bekommt, mit der Entwurmung kann also höchstens die Menge der Würmer reduziert werden.

Für den erwachsenen Hund sind die meisten seiner Parasiten harmlos, allerdings scheidet er mit jedem Kothaufen Wurmeier aus, die ihrerseits infektiös für andere Hunde und Menschen sein können. Bei der immer größer werdenden Hundepopulation finden wir es einerseits angemessen, Kothaufen konsequent abzusammeln, zusätzlich aber auch in kurzen Intervallen zu entwurmen.

Bei Welpen und Junghunden können Parasiten hingegen schwere Allgemeinstörungen verursachen. Außerdem erfordern sie vom noch unzureichend arbeitenden Immunsystem des Welpen dauernde „Aufmerksamkeit“ sodass andere Infektionskrankheiten bei Wurmbefall begünstigt werden.

Insbesondere weil viele Hundeparasiten auch auf den Menschen übertragen werden können und schwere Erkrankungen verursachen können, sollte jedem verantwortungsvollen Hundehalter eine strategisch sinnvolle Parasitenbekämpfung am Herzen liegen!

WANN?

- Beim Welpen und Junghund unter 1 Jahr: 1x monatlich,
- beim erwachsenen Hund: alle 3 Monate,
- alternativ können beim erwachsenen Hund auch monatlich 3 Tages-Sammelkotproben untersucht werden, um einen Anstieg der Parasiteneier nachzuweisen und nur im Bedarfsfall zu entwurmen.

Mit einer gezielten Gesundheitsvorsorge beugen Sie Krankheiten vor und bewahren so die Gesundheit Ihres Welpen.

WOMIT?

Beim Welpen bis 6 Monate: es reicht ein Mono-Präparat gegen Hundespulwürmer, sofern Giardien nachgewiesen wurden, im Wechsel mit einem gegen Giardien wirksamen Mittel.

— Nach dem 6. Lebensmonat werden Breitband-Anthelminthika gegeben, die gegen Spul- und Bandwürmer wirken.
— Eine Behandlung gegen Giardien ist im Normalfall beim erwachsenen Hund nicht nötig und wird nur nach Nachweis der Parasiten im Kot empfohlen.

IMPFUNG

WARUM?

Ein lebenslanges Impfprogramm ist durchaus nötig. Gerade den Welpen, der noch über eine ungenügende Immunität verfügt, schützt nur eine korrekt durchgeführte und pünktliche Grundimmunisierung vor lebensbedrohlichen Infektionen.

GRUNDIMMUNISIERUNG

In Anlehnung an die Empfehlungen der Ständigen Impfkommission und der Universität München, halten sich Tierärzte an folgendes Impfprogramm für Welpen und Junghunde, das im Einzelfall modifiziert werden kann (Stand: 12/2017):

— 08. Lebenswoche SHPPiL4
— 12. Lebenswoche SHPPiL4T
— 16. Lebenswoche SHP
— 15. Lebensmonat SHPPiL4

S = Staupe
P = Parvovirose
H = Hepatitis Contagiosa
L = Leptospirose
T = Tollwut
Pi = Parainfluenza

WANN?

Allerdings ist die jährliche Wiederholung der sogenannten „Komplettimpfung“ (SHPPiLT) nach aktuellem Stand der Wissenschaft im Erwachsenenalter nicht nötig. Vielmehr muss das Impfprogramm für jeden Hund individuell angepasst und auf sein Infektionsrisiko abgestimmt werden.

WELCHE IMPFUNGEN GIBT ES?

Wir unterscheiden heute zwischen sogenannten Pflichtimpfstoffen (Core-Vakzine) und Wahlimpfstoffe (Non-Core-Vakzine). Währen die Core-Vakzine gerade beim Welpen als absolutes „Muss“ zu verstehen sind, werden Non-Core-Vakzine je nach Risikofaktoren wie Haltungsform, Lebensraum, Infektionsdruck eingesetzt.
Core-Vakzine: S (Staupe), P (Parvovirose), H (Heptatitis Contagiosa), L (Leptospirose), T (Tollwut)
Non-Core-Vakzine: Pi (Parainfluenza), Bordetella Brochiseptica, Canines Herpesvirus

VERSICHERUNGEN

Krankenversicherungen und Operationskostenversicherungen werden mittlerweile von verschiedenen Gesellschaften angeboten. Wobei die laufenden Fixkosten der Standardbehandlungen wie Impfungen und Parasitenmedikation gut vorab kalkuliert werden können, stellen unvorhergesehene Operationen oft eine erhebliche Belastung für den Geldbeutel dar.
Gerade der junge Hund hat ein hohes Risiko, in einen Unfall verwickelt zu werden oder aber an Gelenkserkrankungen zu leiden, sodass Operationen häufig schon im Alter unter einem Jahr nötig werden können. Erkrankungen wie diese stellen eine hohe Belastung für Hund und Mensch dar und es bedeutet eine große Erleichterung, wenn man sich zumindest um die finanzielle Seite keine Sorgen machen muss.

JUVENILE PHASE

— *Von etwa der 13. bis zur 18. Lebenswoche*

RANGORDNUNGSPHASE

Die Entwicklungsphasen beginnen nicht statisch, sondern sind ein fortlaufender Prozess. Je nach Entwicklungsgeschwindigkeit können sie früher oder später beginnen und enden.

Die nun folgende Entwicklungsphase umfasst den Zeitraum von ca. der 13./14. Lebenswoche (= etwa 3,5 Monate) bis ca. der 16./18. Lebenswoche (= etwa 5 Monate) und wird auch als juvenile Phase, Rangordnungsphase oder zweite Sozialisierungsphase bezeichnet. In dieser Phase wird der Welpe immer selbstständiger und erwachsener und braucht nun eine klare Führung.

DER PLATZ IN DER FAMILIE

Der Welpe verliert seinen typischen Welpengeruch zwischen der 14. und 16. Lebenswoche. Die Milchzähne fangen an zu wackeln und werden durch bleibende Zähne ersetzt. Dies sind deutliche Indizien dafür, dass sich aus dem Welpen langsam ein Junghund entwickelt. Dieser muss nun seinen Platz in der Familie finden, eine Rangordnung entwickelt sich. Rangordnung sollte aber nicht als lineare Anordnung kräftemäßig unterschiedlicher Hunde eines Rudels verstanden werden, sondern Rangordnung definiert sich aus der Anerkennung unterschiedlicher Fähigkeiten innerhalb des Rudels.

RANGORDNUNG IM RUDEL

Ab diesem Alter verlangt der Welpe nach einem Leitbild, nach einer anerkennenswerten Autorität, die ihm seine Existenz sichert. In der Natur würde der erwachsene Rüde nun dem Welpen mit Spielraufen eindeutig zeigen, wer im Rang höher steht. Der Welpe lernt auch im Spiel mit seinen Geschwistern ganz spielerisch seine Stellung in der Rangordnung. Diese Scheinkämpfe (Komentkämpfe) dienen dazu, die Reaktionsgeschwindigkeit, die psychische Widerstandskraft und die Geschicklichkeit des anderen zu testen. Nicht das größte und stärkste Tier steigt in der Rangordnung, sondern das, das physisch und psychisch die Nase vorn hat. Die Intelligenz wird stärker gewichtet als die körperliche Kraft. Ist erst einmal die Rangordnung innerhalb des Rudels gebildet, wird diese auch nicht mehr in Frage gestellt. Fortwährende Rangordnungskämpfe würden das Rudel schwächen, es könnte nicht überleben.

Sicher und selbstbewusst schaut der Welpe in die Welt.

RANGORDNUNG IN DER FAMILIE

Der Welpe, der in einer menschlichen Familie lebt, kann diese Erfahrungen mit seinen Geschwistern nicht machen. Er konzentriert sich deshalb auf seinen Sozialpartner, den Menschen. Für Sie bedeutet das, da Sie die Rolle des „Leittieres“ einnehmen, dass nun eine Zeit auf dem Prüfstand beginnt. Unser Halbstarker will nun genau wissen, woran er ist. Ist sein Rudelchef wirklich so einzigartig und klug und dabei auch noch konsequent? Er wird Sie testen und herausfordern, um Ihre Führungsqualitäten, aber auch seine Stellung innerhalb der Familie zu überprüfen.
Verbote, die der Welpe bereits akzeptiert hat, wird er jetzt erneut in Frage stellen. Er wird diese überschreiten, um zu testen, ob wir es wirklich ernst meinen. Zeigen Sie ihm, dass er die geltenden Regeln nicht überschreiten darf. Hierbei sollten Sie jedoch Ihre geistige, nicht Ihre körperliche Überlegenheit demonstrieren – lassen Sie sich etwas einfallen. Nicht Ihre körperliche Kraft, sondern Ihre Intelligenz zählt. Das Vertrauen zu Ihnen muss weiter gefestigt werden.

WAS FINDET IN DIESER ZEIT STATT?

Entwicklung des Welpen

— Der typische Geruch des Welpen verliert sich.
— Die Sinnesorgane sind nun vollständig entwickelt.
— Der Spieltrieb ist voll ausgebildet.
— Der Welpe ist noch an das Lager gebunden, fängt jedoch an, seine Umgebung immer weiträumiger zu erkunden.
— Zwischen dem 4. bis 7. Monat fangen die 28 Milchzähne an zu wackeln und fallen aus. Diese werden durch 42 bleibende Zähne ersetzt. Verzichten Sie in diesem Zeitraum auf Zerrspiele.
— Die Sinnesorgane des Welpen sind nun vollständig entwickelt.

Aktivitäten des Welpen

— Rangordnungsfindung und Gruppenorganisation durch Spiel und gemeinsames Lernen finden statt.
— Der Welpe fordert jetzt ein Leitbild, an dem er sich orientieren kann und testet seine Grenzen aus.
— Der Welpe muss lernen, auch mal allein zu sein.
— Er lernt im Spiel mit Artgenossen die Hundesprache und die sozialen Spielregeln unter Hunden.

ERFAHRUNGEN MIT DER UMWELT

Ab der 13./14. Lebenswoche werden Sie merken, dass Ihr Welpe immer interessierter an allem wird. Die kurzen Spaziergänge im Garten oder vor dem Haus werden nicht mehr ausreichen. Er will und muss was erleben!
Nun können Sie die Spaziergänge langsam ausdehnen. Verlassen Sie die Umgebung des Hauses und ermöglichen Sie dem Kleinen möglichst gezielt vielfältige Erfahrungen in den unterschiedlichsten Umweltsituationen.
Ab jetzt können Sie den Kleinen auch einmal ins Straßencafé, auf den Bahnhof, zum Einkaufen auf den Markt mitnehmen. Nehmen Sie ihn an alle Orte mit, die für sein weiteres Leben wichtig sind. Der Welpe ist von seiner Entwicklung nun so weit, dass ihn diese Situationen nicht überfordern.
Die verschiedenen Umweltsituationen kann man in vier Bereiche aufteilen: Geräusche, bewegte Objekte, unbewegte Objekte und Gerüche. Je mehr positive Umwelterfahrungen der Welpe in diesem Alter macht, umso leichter wird er in seinem weiteren Leben ungewohnte Situationen einordnen und verarbeiten können.

Was ist denn das? Da muss ich gleich mal hinlaufen und nachschauen …

Überlegen Sie sich genau, wohin Sie mit ihm gehen. Planen Sie Ihre Ausflüge, entdecken Sie möglichst viele Facetten Ihrer Umwelt mit Ihrem Welpen gemeinsam.

Schaffen Sie gezielt Konflikte, denn Konflikte vermeiden heißt Konflikte schaffen! Die Konflikte müssen jedoch dem Entwicklungsstand des Welpen angepasst sein (es darf keine Panik aufkommen), damit er diese auch bewältigen kann. Angst ist ein natürliches Verhalten und hat nichts mit Wesensschwäche zu tun. Gerät er in Panik, dann ist er überfordert, und nicht selten schafft man dadurch ein Problem. Kann er jedoch den Konflikt mit Ihrer Hilfe meistern, wird er sich mit der Bewältigung der ihm gestellten Aufgabe weiterentwickeln können.

ABENTEUER MENSCH

Gestatten und fördern Sie den Kontakt zu fremden Menschen jeden Alters. Ihr Welpe muss lernen, dass größere Menschenmengen, spielende Kinder, Menschen, die sich anders bewegen oder anders aussehen, nicht gefährlich sind. Er muss möglichst viele positive Eindrücke sammeln. Deshalb sollten Sie mit ihm gezielt auf die Frau mit dem Kinderwagen, das Liebespaar auf der Parkbank oder den Herrn mit der Gehhilfe zugehen. Lassen Sie Ihren Retriever Kontakt zu diesen sich aus Welpensicht ungewöhnlich verhaltenden Menschen aufnehmen. Zeigen Sie ihm, dass laut spielende und rennende Kinder keine Gefahr bedeuten. Lassen Sie das Kind, das Ihren Kleinen streicheln möchte, ruhig gewähren. Achten Sie nur darauf, dass es den Hund nicht ärgert oder übervorteilt. All diese Begegnungen zeigen dem Welpen, dass fremde Menschen nicht gefährlich sind, und er kann diesen in Zukunft angstfrei begegnen.

Springt der Welpe hoch, um Aufmerksamkeit oder ein Leckerchen zu bekommen, ...

Welpen sollten mit den unterschiedlichsten Menschen Erfahrungen sammeln dürfen.

ANGST VOR (BESTIMMTEN) MENSCHEN

Zeigt Ihr Welpe deutlich Angst vor (bestimmten) Menschen, müssen Sie gezielt den Kontakt üben. Suchen Sie sich Menschen, die Ihnen behilflich sind, und erklären Sie ihnen, wie sie auf den Welpen zugehen sollen. Das Problem dabei ist, dass der Mensch es in einer solchen Situation immer besonders gut machen möchte. Nähert er sich nun mit vorgebeugtem Körper und ausgestreckter Hand, spricht er mit dem Welpen und schaut ihn mit einem Lächeln auf den Lippen direkt an, dann ist dies alles aus Sicht des Hundes völlig verkehrt. Für den Hund kommt der Mensch angsteinflößend, mit Drohgebärden auf ihn zu. Besser ist, die Menschen machen sich klein, gehen in die Hocke, schauen den Welpen dabei nicht an und wenden sich deutlich ab. Sie können auch Zeichen der Beschwichtigung zeigen, z. B. gähnen oder sich mit der Zunge über die

... dann wenden Sie sich demonstrativ ab und ignorieren ihn.

Er bekommt erst Aufmerksamkeit oder ein Leckerchen, wenn er sich brav verhält.

Lippen lecken. Lassen Sie dem Welpen Zeit, er muss das Tempo der Annäherung bestimmen. Vertrauen muss erfahren und kann nicht erzwungen werden.

ANSPRINGEN IST NICHT ERLAUBT

Auch bei positiven Begegnungen mit fremden Menschen muss die Erziehung beginnen! Jeder wird dem süßen Kleinen noch verzeihen, wenn er hochspringt und auf der hellen Hose seinen Pfotenabdruck hinterlässt. Doch bei einem erwachsenen Hund hört die Freude auf. Zudem kann ein ausgewachsener Retriever einen älteren Menschen oder ein Kind, wenn er diese unverhofft anspringt, schnell zu Fall bringen. Schon der Welpe muss deshalb lernen, dass Hochspringen nicht erlaubt ist. Jede Streicheleinheit und jedes Leckerchen, das der Welpe bekommt, bestätigt ihn in seinem momentan gezeigten Verhalten. Springt er hoch und wird daraufhin von Ihnen gestreichelt, dann loben Sie ihn für das Hochspringen. Achten Sie deshalb darauf, dass Ihr Welpe nicht gestreichelt wird oder ein Leckerchen bekommt, wenn er an Ihnen oder an anderen Menschen hochspringt. Halten Sie ihn sacht fest, damit seine vier Pfoten auf dem Boden bleiben, wenn er gestreichelt wird. Springt er an Ihnen oder anderen Menschen hoch, um Aufmerksamkeit zu erregen, sollten Sie ihm gerade diese nicht geben (weder positive noch negative Aufmerksamkeit). Wenden Sie sich einfach wortlos um 180 Grad, drehen ihm den Rücken zu und strafen ihn mit Missachtung. Sein Verhalten findet so keine Beachtung und wird auch nicht bestätigt. Er wird nun versuchen, in einer anderen Weise zu agieren, um Ihre Aufmerksamkeit zu erregen. Sobald er steht oder sitzt, wenden Sie sich ihm wieder zu. Gehen Sie dabei anfangs in die Hocke, um erneutes Anspringen zu vermeiden, loben Sie ihn für sein „positives"

Verhalten. Er wird, wenn Sie konsequent sind, schnell herausfinden, mit welchem Verhalten er Ihre Aufmerksamkeit erregen kann und dieses dann gern und bereitwillig zeigen. Möchten Sie in gewissen Situationen, dass Ihr Hund an Ihnen hochspringt, dann bringen Sie Ihrem Welpen bei, auf Signal hochzuspringen – aber nur dann. Hat Ihr Welpe bereits gelernt, dass Hochspringen positive Beachtung findet, werden Sie mit „Ignorieren des negativen Verhaltens" nicht weiterkommen. In diesem Fall müssen Sie das Hochspringen des Welpen/Junghundes erst einmal negativ unterbrechen. Halten Sie Ihre offene Hand nach vorn und quittieren Sie schon den Ansatz des Hochspringens mit einem strengen „Nein". Bleibt Ihr Welpe stehen oder setzt er sich, loben Sie ihn in den höchsten Tönen.

KEINE JAGD AUF JOGGER

Beobachten Sie auf Ihren Spaziergängen auch den Jogger, den Inlineskater, den Mofa-, den Skateboard- oder den Fahrradfahrer (bewegte Objekte), der Ihnen begegnet. Zeigen Sie Ihrem Welpen, wie er sich bei einer solchen Begegnung benehmen muss. Noch bevor das bewegte Objekt Sie erreicht, nehmen Sie Ihren Welpen an die Leine und stellen sich mit ihm an den Wegesrand. Lassen Sie ihn dort sitzen und beobachten Sie mit ihm zusammen den vorbeifahrenden Fahrradfahrer. Geben Sie Ihrem Hund durch Ihr ruhiges und überlegenes Verhalten Sicherheit in dieser ungewohnten Situation.

Für einen Welpen kann dieses, sich auf ihn zubewegende Objekt sehr bedrohlich wirken. Sobald es jedoch vorbei ist, identifiziert er es als fliehende Beute. Oftmals versucht er dann hinterherzurennen, und genau das müssen Sie unbedingt verhindern. Deshalb haben Sie Ihren Welpen auch an der Leine. Bleibt er ruhig sitzen, loben Sie ihn ausgiebig und lassen ihn nach kurzer Zeit mit „Lauf" wieder frei. Steht er auf und möchte in Richtung des fliehenden Objektes laufen, sagen Sie ein

So ein Stadtausflug ist ganz schön aufregend.

unfreundliches „Nein" und geben ihm erneut das Signal „Sitz". Loben Sie ihn, wenn er wieder ruhig und gelassen neben Ihnen sitzt. Danach darf er dann auf Ihr Signal hin wieder frei laufen. Achten Sie darauf, dass Ihr Welpe nie Gelegenheit bekommt, hinter fliehenden Objekten herzulaufen. Zu schnell lernt er, dass Verfolgen und Hetzen Spaß macht. Gestatten Sie ihm auch nicht das Verbellen von Joggern, Fahrradfahrern usw. Gutes Benehmen beginnt im Welpenalter.

Dort trifft man jede Menge merkwürde Transportmittel, ganz leise, …

… aber auch sehr große laute. Da muss man all seinen Mut zusammennehmen.

ABENTEUER STADT

Durchstreifen Sie mit Ihrem Welpen auch die Stadt, schlendern Sie mit ihm durch die Fußgängerzone, über den Wochenmarkt oder setzen Sie sich mit ihm ins Eiscafé und beobachten Sie von dort aus das muntere Treiben der Stadt. Kehren Sie nach einem kleinen Spaziergang auch mal in den Biergarten ein. Führen Sie Ihren Welpen langsam an den Lärm der quietschenden und hupenden PKWs, LKWs und Linienbusse heran. Lassen Sie ihn sowohl bei Tag als auch in der Dunkelheit diese Erfahrungen sammeln. Zeigen Sie ihm die Straßen- oder die Eisenbahn und den Fahrstuhl. Auch unterschiedliche Bodenbeschaffenheiten stellen für Welpen oftmals ein großes Problem dar. Deshalb sollten Sie ihn gezielt an verschiedene Untergründe wie Gitterroste, glatte Böden, glänzende Fliesen, offene oder auch Gitterrost-Treppen heranführen.

Der Welpe sollte die Möglichkeit haben, andere Tiere kennenzulernen, wie z. B. die Haushühner, ...

ABENTEUER NATUR

Um den Horizont Ihres Welpen zu erweitern, sollten Sie ihm die Möglichkeit geben, viele Tierarten kennenzulernen. Besuchen Sie gemeinsam die Kuh und das Pferd auf der Weide, die Gänse und Hühner auf dem Bauernhof und auch das Damwild, Rotwild und Schwarzwild im Wildgatter. Hat Ihr Welpe bereits beim Züchter andere Tierarten wie Katzen oder Meerschweinchen kennengelernt, wird es sicher keine oder nur geringe Probleme geben. Achten Sie darauf, dass Sie ihn an ruhige Tiere heranführen, da diese weniger Furcht einflößen und er ihnen stressfreier begegnen kann. Sorgen Sie jedoch dafür, dass Ihr Hund keine Gelegenheit bekommt, diese Tiere zu jagen. Er soll nicht lernen, dass Tiere jagen Spaß macht. Entsteht bei diesen Begegnungen ein Konflikt, sollten Sie den Welpen mit Ruhe und Gelassenheit heranführen. Belohnen und loben Sie jede selbstständige Annäherung.

ÜBER STOCK UND ÜBER STEIN

Zeigen Sie Ihrem kleinen Retriever auch, wie man über einen Baumstamm balanciert oder auf einen glatten großen Felsen klettert. Fördern Sie seinen Gleichgewichtssinn und seine motorischen Fähigkeiten.

Durchqueren Sie zusammen unwegsames Gelände wie einen Wald, auf dessen Boden viele Äste liegen und rascheln Sie mit den Füßen im heruntergefallen Herbstlaub. Überwinden Sie ein niedriges Brombeergestrüpp oder die weiten Farn- oder Heidekrautflächen. Gehen Sie mit Ihrem Welpen über eine kleine Brücke, durchqueren Sie einen kleinen Bach. Laufen Sie über Sand und Schotter, nutzen Sie jede Gelegenheit, ihm etwas Neues zu zeigen. Machen Sie Ihren heranwachsenden Hund mit allen Geländearten bekannt, die ihm im Alltag oder Jagdalltag begegnen könnten.

BRENNNESSELN

Die weichen Ballen der Welpenpfoten sind noch sehr empfindlich. Der erste Kontakt mit Brennnesseln löst häufig einen starken Juckreiz aus. Nach einem Spaziergang, meist schon im Auto, beginnt der Welpe seine Pfoten zu schlecken und zu bearbeiten. Hier helfen Calcium-Trinkampullen, die Sie in der Apotheke bekommen. Lassen Sie Ihren Welpen die Flüssigkeit aufschlecken.

... oder die großen Pferde, ...

... denen man sich nur vorsichtig nähert.

HUCH! WAS IST DAS?

Sicher werden Sie ab und zu bei Ihren Abenteuern bemerken, dass Ihr Welpe in einer für ihn neuen Situation vor einem Gegenstand, einem Geräusch oder einer Situation deutliche Anzeichen von Angst zeigt. Er meidet, weicht zurück, versucht zu fliehen; und macht uns mit seiner Körpersprache (zurückgelegte Ohren, scheuer Blick, geduckte Körperhaltung, eingeklemmte Rute, aufgestelltes Nackenfell, warnendes Bellen) und auch mit seinem Verhalten (er springt an uns hoch, sucht Schutz und Hilfe) auf die bedrohliche Situation aufmerksam. Der Hund zeigt deutlich erkennbar, dass er sich in einem Konflikt befindet. Konflikte können jeden Tag im täglichen Leben vorkommen, kommen aber vermehrt in der sogenannten Fremdelphase vor.

FREMDELPHASE

Ähnlich wie beim Menschenkind gibt es bei Welpen und Junghunden beim Heranwachsen sogenannte Angst- oder Fremdelphasen (= Spooky Periods). In diesen Zeiträumen reagiert der Hund insgesamt ängstlicher, er ist weniger aufgeschlossen, deutlich zurückhaltender bei neuen Reizen, aber auch bereits Bekanntes wird erneut bewertet. Plötzlich ist irgendetwas Alltägliches, z. B. die flatternde Plane auf dem Holzstoß, die Regentonne auf dem Nachbargrundstück, der bemooste faulige Baumstumpf, an dem Sie mit dem Hund bisher jeden Tag vorbeigegangen sind, für den Hund ein Problem, obwohl dieser Gegenstand vorher niemals ein Problem darstellte. Nun geht plötzlich Gefahr von diesem Gegenstand aus! Die in der Fremdelphase gemachten Erfahrungen werden besonders intensiv erlebt und entsprechend dauerhaft gespeichert; die positiven wie auch die negativen Erfahrungen. Versuchen Sie in dieser Phase dem Hund ein stabiles Umfeld zu geben. Alles, was ihm vertraut ist, hilft ihm über diese Zeit. Versuchen Sie neue Reize zu vermeiden, da diese ihm Angst machen könnten.
Bemerken Sie, dass Ihr Hund sich aktuell in einer solchen Phase befindet, dann sollten Sie den bereits geplanten Besuch im Tierpark oder die Routineuntersuchung beim Tierarzt um einige Zeit verschieben. Beginn und Ende dieser Angstphasen sind nicht statisch zu sehen.

ANGSTPHASEN

In verschiedenen Zeiträumen erlebt Ihr Hund Angstphasen. In einer solchen Angstphase sollten Sie nach dem Motto agieren „Gemeinsam schaffen wir alles!" Lassen Sie Ihren Hund in brenzligen Situationen nicht allein. Aber bedauern Sie ihn nicht! Durch unser Bedauern würde er sich infolge der positiven Zuwendung in seiner Angst bestätigt fühlen. Der Hund versteht unsere Worte (Sätze) nicht, er kann nur die Handlung interpretieren.

Es gibt schon sehr merkwürdige Dinge – was die Menschen nur damit machen?

☞ ÜBERSICHT **FREMDELPHASE**

PHASE	ZEITPUNKT	DAUER	BEMERKUNGEN
1. Phase	8. Lebenswoche	ca. 1 Woche	Meist in der ersten Zeit nach der Abholung vom Züchter.
2. Phase	4 bis 5 Monate	ca. 3 Wochen	
3. Phase	9 Monate	ca. 3 Wochen	Pubertät, Geschlechtsreife und Erwachen des Jagdinstinktes fallen ebenfalls in diese Phase.
4. Phase	12. bis 18. Monat	ca. 3 Wochen	2. Pubertät

Die Zeitangaben sind individuell verschieden und hängen von der Entwicklungsgeschwindigkeit des Hundes ab. Bei spätreifen Hunden können sie auch entsprechend später auftreten. Bitte individuell anpassen.

KONFLIKT-BEWÄLTIGUNG

Bemerken Sie, dass Ihr Hund sich in einem Konflikt befindet und Angst hat oder fremdelt, dann reagieren Sie ruhig und gelassen! Machen Sie keine große Sache daraus. Bedauern Sie Ihren Hund nicht! Bleiben Sie entspannt und selbstsicher, Ihre innere Haltung überträgt sich auf Ihren Hund. Ignorieren Sie deren Auslöser sowie auch den Welpen selbst. Demonstrieren Sie durch Ihre selbstsichere, lockere, überlegene Haltung, dass es keinen Grund zur Panik gibt. Strahlen Sie Überlegenheit und Souveränität aus, dies gibt ihm Sicherheit. Wenn Sie sicher sind, dann wird der Hund Ihnen vertrauen. Und wenn er Ihnen vertraut, dann haben Sie die Möglichkeit, ihm über diese „gefährliche" Situation hinwegzuhelfen.

Hat der Hund Angst vor Gegenständen, dann zwingen Sie ihn nicht, mit diesen Kontakt aufzunehmen. Jeglicher Zwang kann dazu führen, dass der Hund dauerhaft Angst vor diesem Gegenstand entwickelt. Bedrängen Sie ihn deshalb nicht. Zeigen Sie ihm mit Ihrem souveränen Verhalten, dass es nichts Schlimmes ist. Berühren Sie das „Unheimliche" wortlos, zeigen Sie, dass von diesem Gegenstand keine Gefahr ausgeht. Lassen Sie dem Hund Zeit, ziehen Sie nicht an der Leine. Er muss Gelegenheit haben, sich langsam mit dem Gegenstand auseinanderzusetzen. In seinem eigenen Tempo! Lassen Sie es ihn selbst ausprobieren. Die meisten Hunde nähern sich zunächst

Deutlich zeigt der Junghund, dass er die Gänse gruselig findet. Der Hundeführer ignoriert den Hund.

So zeigt er ihm, dass die Gänse ungefährlich sind.

Schnell fast er Vertrauen und entspannt sich.

BEWÄLTIGUNG VON KONFLIKTEN

SO IST ES RICHTIG

Ihre Reaktion	Was passiert
Zunächst sollten Sie das Verhalten des Welpen ignorieren. Demonstrieren Sie ihm durch Ihr eigenes Verhalten, dass alles völlig in Ordnung ist und er keine Angst zu haben braucht. Beobachten Sie Ihren Welpen jedoch genau. Zeigt er nun etwas Vertrauen, beginnt er sich zu nähern, dann müssen Sie ihn sofort loben.	Beginnt Ihr Welpe Vertrauen zu zeigen, verstärken Sie sein Selbstbewusstsein durch Ihre positive lobende Bestätigung. Mit zunehmendem Selbstbewusstsein, erwachender Neugier und Mut des Welpen erreichen Sie eine deutliche Stabilisierung und können so schnell eine Entspannung der konfliktgeladenen Situation feststellen.

SO IST ES FALSCH

Ihre Reaktion	Was passiert
Beruhigen und trösten des Welpen.	Trost wirkt genau wie Lob auf den Hund bestätigend, deshalb wird die Angst durch Ihre positive Zuwendung verstärkt.
Welpen mit Gewalt (Leinenruck) zwingen, weiterzugehen.	Der Welpe hat schon einen Konflikt. Durch den Druck wird ein weiterer Konflikt hinzugefügt. Seine Angst wird nicht abgebaut, sondern verstärkt.
Den Welpen autoritär mit einer strengen Stimme maßregeln.	Die autoritäre Stimme wirkt sich als zusätzliche Belastung negativ aus.
Den Welpen mit Spielzeug oder mit Futter ablenken.	Die Angst wird dadurch verdrängt, aber nicht abgebaut (im Einzelfall kann die Ablenkung jedoch zu einer Überführung zum Normalverhalten dienen).

etwas zögerlich, stupsen es manchmal an und merken dann schnell, dass das Ding doch nicht so gefährlich ist. Beobachten Sie Ihren Welpen genau. Nähert er sich, dann loben und unterstützen Sie jeden Schritt des Hundes, den er nach vorne macht. Ihr Lob bestätigt ihn und aktiviert sein Tun. Er wird selbstsicherer und kann schließlich mit Ihrer Unterstützung das Problem allein lösen. Das Ganze kann innerhalb von Sekunden ablaufen, manchmal jedoch auch lange Minuten dauern. Stellt sich bei Ihrem Hund trotz Warten keine Neugierde ein, müssen Sie ihm eine Brücke bauen. Sie können versuchen, es ihm mit einigen Leckerchen schmackhaft zu machen, versüßen Sie ihm den Weg dorthin. Sicher vertraut er Ihnen und fasst all seinen Mut zusammen.

SINNESORGANE DES HUNDES

Die Sinnesleistungen Ihres Hundes sind nun vollständig entwickelt. Damit keine kommunikativen Missverständnisse entstehen, sollte jeder Hundehalter wissen, welche Sinnesleistungen der Hund vollbringen kann.

KOMMUNIKATIONSFÄHIGKEIT

Hunde können nicht sprechen, da sie keine physikalische Kontrolle über ihre Zunge, ihre Lippen und ihre Stimmbänder haben. Mit uns Menschen kommunizieren sie ungefähr auf der Ebene von zweijährigen Kleinkindern und können einige hundert Worte unterscheiden lernen. Hinzu kommen unsere Sichtzeichen und Gesten. Hunde reagieren grundsätzlich besser auf unsere Körpersprache, da ihr Kommunikationsschwerpunkt auf der nonverbalen Sprache liegt. Unser Schwerpunkt liegt auf der verbalen Kommunikation. Auch wenn wir unsere nonverbale Sprache oftmals nicht bewusst einsetzen, so reagieren Hunde sehr stark darauf. Wir müssen deshalb lernen, unsere Körpersprache zu beobachten und bewusst einzusetzen. Gelingt uns das, erleichtern wir die Kommunikation zwischen uns und unserem Hund beträchtlich.

HÖRFÄHIGKEIT

Ein Mensch kann, je nach Alter unterschiedlich, etwa Töne mit 20 bis 20 000 Hz (= Schwingungen pro Sekunde) wahrnehmen, der Hund in etwa 15 bis 50 000 Hz. Nach neuesten Erkenntnissen kann der Hund sogar bis zu 100 000 Hz hören. Somit ist er uns im Hochfrequenzbereich weit überlegen, er kann Töne im Ultraschallbereich hören, die von unseren Ohren nicht mehr wahrgenommen werden. Man hat sogar festgestellt, dass Hunde Töne im niederfrequenten Infraschallbereich wahrnehmen können.
Hunde können Laute aus viermal größerer Entfernung wahrnehmen und auch Tonquellen viermal besser orten. Sie sind in der Lage, Tonhöhen zu unterscheiden, die nur einen

Die Nase immer dabei.

Achtel-Ton auseinanderliegen. Durch ihre beweglichen Ohrmuscheln können sie dreidimensional hören. Man braucht sich deshalb nicht zu wundern oder gar an übersinnliche Fähigkeiten zu glauben, wenn der Hund schon an der Tür steht, um seinen Menschen zu begrüßen, lange bevor wir hören, dass ein Auto überhaupt in die Einfahrt gefahren ist.

NASENLEISTUNG

Hunde sind Nasentiere. Sie haben die Fähigkeit, auch kleinste Geruchspartikel wahrzunehmen und können geringe Geruchsnuancen unterscheiden. Sie sind z. B. in der Lage, plattgetretene Mikroben oder Hautschuppen von Beutetieren zu riechen. Hunde definieren und beurteilen die Umwelt hauptsächlich mithilfe ihrer Nase. Sogar beim Dösen oder aus dem vollen Lauf heraus können sie geringste Gerüche wahrnehmen. Ähnlich unserem visuellen Gedächtnis bauen Hunde eine Art Duft-Datenbank auf. Sie haben die Fähigkeit, sich an bestimmte Duftstoffe zu erinnern. Deshalb ist es für die Entwicklung des Welpen wichtig, viele Erfahrungen mit seiner Nase zu sammeln. Die Fähigkeit, sich an bestimmte Duftstoffe zu erinnern, trägt wahrscheinlich zu dem sehr guten Orientierungsvermögen bei. Die Riechfähigkeit des Hundes ist durch die Spezialisierung der Hundenase um eine Million Mal besser als die des Menschen. Die Luft erreicht das Riechepithel auf einem viel kürzeren Weg. Zudem riechen Hunde stoßweise, damit das Epithel nicht ermüdet (Schnupperatmung). Ein Hund hat ca. 220 bis 250 Mio. Riechzellen, ein Mensch hat nur 5 Mio. Riechzellen. 10 bis 30 Atemzüge macht ein Hund pro Minute und kann diese auf bis zu 300 Atemzüge erhöhen oder auch ganz aussetzen, z. B. wenn Gefahr droht und er sich tot stellt, ein Mensch macht ca. 15 Atemzüge pro Minute.

Der Hund orientiert sich in der Welt stark mit seiner Nase.

Sehschärfe des Menschen bei Tageslicht

Sehschärfe des Menschen bei Dämmerung

Sehschärfe des Hundes bei Tageslicht

Sehschärfe des Hundes bei Dämmerung

SEHVERMÖGEN

Hunde können sehr gut sehen, doch unterscheidet sich ihr Sehvermögen erheblich von unserem. Ihre Netzhaut hat einen anderen Aufbau, weshalb sie die Welt anders wahrnehmen. Das Sehvermögen des Hundes ist als Jäger und Beutegreifer zu 100 % auf die Jagd ausgerichtet.

DÄMMERUNGSSEHEN

Die Augen sind darauf spezialisiert, in der Morgen- oder Abenddämmerung zu sehen, eben zu den Tageszeiten, in denen Jäger am aktivsten sind. Hierfür weist die Netzhaut mehr Stäbchen auf. Die Stäbchen dienen dem Schwarz-Weiß-Sehen. Hunde können deshalb sogar bei sehr schlechten Lichtverhältnissen sehr gut sehen. Das aufgenommene Bild wird außerdem noch durch eine lichtreflektierende Schicht (*Tapetum Lucidum*) verstärkt. Diese Schicht befindet sich an der Rückwand des Auges; durch diese reflektierenden Kristalle leuchten auch die Augen des Hundes in der Dunkelheit. Bei Dämmerlicht ist die Sehfähigkeit des Hundes dem Menschen weit überlegen.

FARBWAHRNEHMUNG

Lange Zeit dachte man, auch Hunde seien farbenblind. Inzwischen weiß man jedoch, dass dies nicht der Fall ist. Durch den etwas anderen Aufbau der Netzhaut unterscheidet sich die Farbwahrnehmung des Hundes von der unseren.
In der Netzhaut befinden sich Zapfen und Stäbchen. Die Zapfen dienen dem Farbsehen, die Stäbchen sind für das Schwarz-Weiß-Sehen verantwortlich. Die Netzhaut des Hundes weist allerdings nicht drei verschiedene Zapfen wie die des Menschen auf, sondern nur zwei. Diese geringere Anzahl ist für die unterschiedliche Farbwahrnehmung verantwortlich. Unsere Hunde sehen die Welt in etwa wie ein Mensch, der an der Rot-Grün-Blindheit leidet.

GESICHTSFELD

Umso größer das Gesichtsfeld ist, umso weiter kann man nach hinten sehen. Hunde haben mehr Rundumsicht. Im Überschneidungsbereich beider Augen kann man scharf und räumlich sehen (Hund oben, Mensch unten).

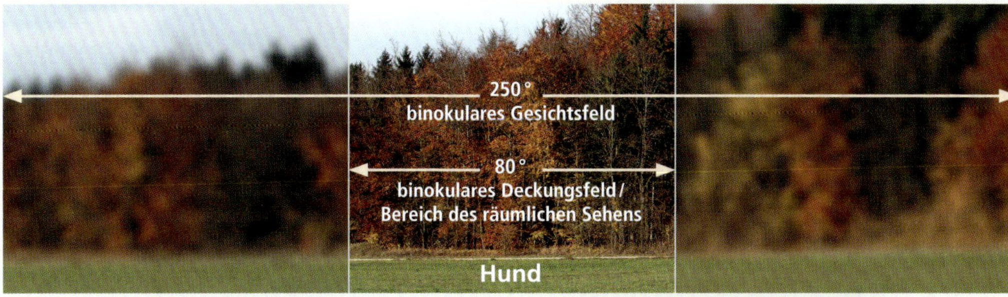

BEWEGUNGSSEHEN

Hunde sind Bewegungsseher. Auch kleinste Bewegungen können sie in sehr großen Entfernungen wahrnehmen, still stehende Objekte hingegen kaum ausmachen. Sobald das Beutetier zu fliehen versucht, arbeiten ihre Augen jedoch mit größter Leistungskraft.

SEHSCHÄRFE

Der Hund hat ein nicht so gutes binokulares Sehvermögen. Der binokulare Bereich (Bereich, der von beiden Augen gesehen wird), ist für die Fähigkeit der Tiefenwahrnehmung verantwortlich. Diese ist beim Hund deutlich kleiner, hier ist der Mensch dem Hund weit überlegen. Der Hund sieht zudem weniger scharf als der Mensch. Scharf sieht er 6 bis 8 Meter, schemenhaft 15 bis 20 Meter. Der Hund kann deshalb Entfernungen nicht sehr gut abschätzen. Er sieht Dinge in der Ferne besser als in der Nähe. Diesen Mangel kompensiert er mit seinem ausgesprochen guten Geruchssinn. Hunde haben somit nicht die Fähigkeit, Details zu erkennen, sie sehen im Prinzip nur die Silhouette. Versuche haben gezeigt, dass ein Hund schon auf 30 m Entfernung seinen Hundehalter nicht erkennen kann, wenn dieser in einer Gruppe von Menschen steht.

GESICHTSFELD

Durch die Kopfform des Hundes sind die Augen seitlicher platziert. Somit ist sein Gesichtsfeld breiter als unseres (Hund: 250 bis 270 Grad, Mensch: 180 Grad). Das größere Sichtfeld ist für die Jagd sehr hilfreich, denn Hunde können auch noch Dinge ausmachen, die neben oder hinter ihnen geschehen.

GEBISS DES HUNDES

Hunde gehören zu den Beutegreifern und haben ein Gebiss, das zum Ergreifen, Festhalten und Abwürgen von Beutetieren und zum Abreißen und Abschneiden von Fleischteilen geeignet ist.

MILCHGEBISS

Hunde werden ohne Zähne geboren. Zwischen der 3. und 6. Lebenswoche brechen nacheinander die Milchzähnchen durch. Zuerst die Milchzähne im Unterkiefer, dann die Milchzähne im Oberkiefer. Das Milchgebiss besteht aus 28 Zähnen (Ober- und Unterkiefer je 6 Schneidezähne, 2 Fangzähne, 6 Backenzähne). Es ist am Ende der 6. Lebenswoche vollständig ausgebildet. Die kleinen Milchzähnchen sind spitz. Die Milchzähne des Welpen sind vollständig ausgebildet, sie besitzen eine vollständig entwickelte Zahnwurzel, insbesondere die Fangzähne haben lange Wurzeln.

ZAHNWECHSEL

Der Zahnwechsel vom Milch- zum bleibenden Gebiss ist ein schmerzhafter Prozess und beginnt etwa im 3. Lebensmonat mit dem Ausfall der Schneidezähne. Wie der komplizierte Vorgang des Zahnwechsels abläuft, ist noch nicht ganz geklärt. Die Anlage des bleibenden Zahnes, der sogenannte Zahnkeim, sitzt unter jedem Milchzahn. Beginnt dieser zu wachsen, entsteht Druck auf die Wurzelspitze des Milchzahnes. Durch diesen Druck kommt es zu einer Drucknekrose. Durch diese stirbt das Gewebe infolge des dauernden Drucks ab, da so die Sauerstoffversorgung des Gewebes beeinträchtig ist. Die Zahnwurzel beginnt sich aufzulösen (= resorbieren). Nach vollständiger Resorption der Milchzahnwurzel fällt der Zahnrest aus. Nun ist der Platz für den bleibenden Zahn frei, der dann durchkommen kann. Bei den meisten Welpen verläuft der Zahnwechsel sehr unauffällig. Die ausgefallenen Milchzähne werden verschluckt, einige findet man auf dem Fußboden.

PROBLEME BEIM ZAHNWECHSEL

Gelegentlich kann es zu Störungen beim Zahnwechsel kommen, verbunden mit starken Schmerzen. Das häufigste Problem stellen Milchzähne dar, die nicht ausfallen wollen. Der bleibende Zahn erscheint neben dem Milchzahn, da sich der Zahnkeim nicht direkt unter dem Milchzahn befindet. Ursachen hierfür sind Wachstumsstörungen des Kieferknochens oder traumatische Einflüsse. Da der bleibende Zahn nicht direkt unter der Wurzel des Milchzahnes wächst, entsteht auch kein Druck auf die Wurzel des Milchzahnes. Diese wird somit nicht zerstört – es kommt zum doppelten Zahnbesatz. Die bleibenden Zähne haben keinen Platz, da sie nicht an ihrer normalen Position hochwachsen können; sie wachsen schief. Das Ziehen des nicht ausfallenden Milchzahnes ist oft unumgänglich. Haben Sie einen Hund mit diesem Problem, dann gehen Sie bitte unbedingt zum Tierarzt.

BEGLEITERSCHEINUNGEN BEIM ZAHNWECHSEL

Während des Zahnwechsels hat der Welpe ein größeres Bedürfnis zum Kauen bzw. Zerkauen. Achten Sie darauf, dass er in dieser Zeit keine Möbel, Teppiche o. ä. anknabbert. Bieten Sie ihm deshalb genug Dinge an, auf denen er herumkauen kann. Ideal hierfür sind Kauknochen (Ochsenziemer, Rinderohren, Pansen usw.). Als angenehm empfinden Welpen oftmals, wenn man mit den Fingern das schmerzende Zahnfleisch massiert. Sind die Zahnschmerzen groß, dann kann man das Zahnfleisch des Welpen mit Tinkturen bestreichen, die man auch bei zahnenden Menschenbabys benutzt.
Es kann auch sein, dass der Welpe durch die Zahnschmerzen Bauchschmerzen, Durchfall und Fieber bekommt. Manche Welpen fressen dann schlecht und mögen plötzlich kein Trockenfutter mehr. Die Folge ist, dass sie deutlich abnehmen. Während des Zahnwechsels kann es sein, dass der Welpe lustlos und unleidlich ist. Auch kommt es vor, dass er dann nicht gern etwas trägt. Stellen Sie Ihre Apportierübungen vorübergehend ein. Vermeiden Sie Zerrspiele. Bei einigen Welpen kann man auch beobachten, dass die unteren Augenlider extrem hängen. Dies gibt sich aber in der Regel wieder. Der Zahnwechsel ist meist im sechsten Monat vollendet und aus dem Welpen wird ein Junghund.

GEBISSAUFBAU

Der erwachsene Hund hat 42 Zähne.
Im Oberkiefer 20 Zähne:
6 Schneidezähne (I = Incisivi),
2 Eck- bzw. Fangzähne (C = Canini),
8 vordere Backenzähne (P = Prämolaren) und
4 hintere Backenzähne (M = Molaren).
Im Unterkiefer sind es 22 Zähne, pro Seite einen Molar mehr als im Oberkiefer. Der erwachsene Hund hat 4 Prämolare (vorder Backenzähne) und 10 Molare (hintere Backenzähne) mehr als der Welpe im Milchgebiss.

DAS GEBISS

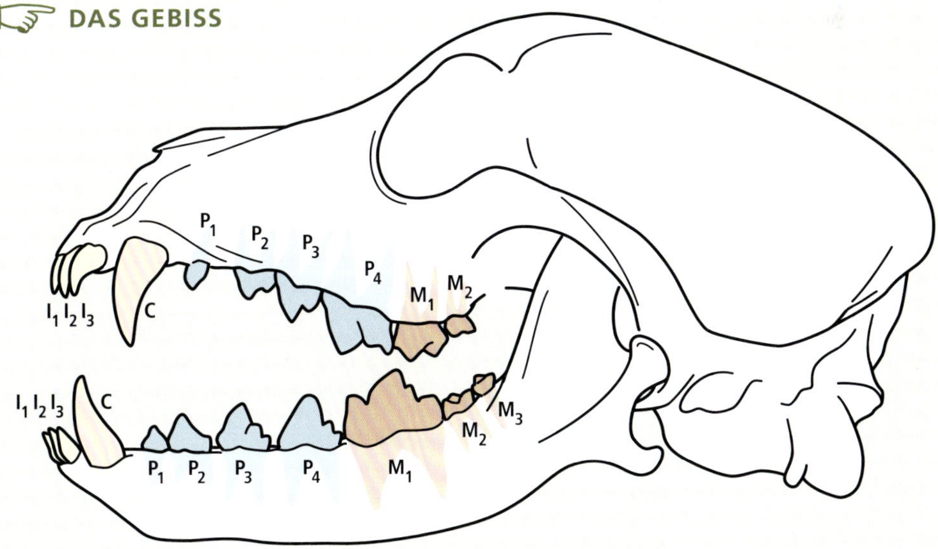

Schneidezähne *(Incisivi)* · Eckzähne *(Canini)* · Vorbackenzähne *(Prämolaren)* · Backenzähne *(Molaren)*

☞ WANN KOMMT WELCHER ZAHN?

	MILCHGEBISS		BLEIBENDES GEBISS	
Zahntyp	**Zahn**	**Durchbruchzeit**	**Zahn**	**Wechselzeit**
Schneidezähne *(Incisivi)*	i1 i2 i3	4 bis 6 Wochen	I1 I2 I3	3 bis 5 Monate
Fangzähne *(Canini)*	c1	3 bis 5 Wochen	C1	5 bis 7 Monate
Vordere Backenzähne *(Prämolare)*	p2 p3 p4	5 bis 6 Wochen	P1 P2 P3 P4	4 bis 5 Monate 5 bis 6 Monate
Hintere Backenzähne *(Molare)*		Im Milchgebiss nicht angelegt	M1 M2 M3	4 bis 5 Monate 5 bis 6 Monate 6 bis 7 Monate

AUFGABEN DER HUNDEZÄHNE

- Mit den kleinen, flachen Schneidezähnen (I1, I2, I3) im Ober- und Unterkiefer kann der Hund Fleischreste von den Knochen abschaben.
- Die Eckzähne im Ober- und Unterkiefer, oder besser gesagt die Fangzähne (C1), dienen bei der Jagd zum Greifen und Festhalten der Beute. Sie sind im Hundegebiss stark entwickelt.
- Die vorderen Backenzähne, die Prämolaren (P1, P2) sind deutlich kleiner, so bildet sich eine Lücke. Diese Lücke trägt dazu bei, dass der Hund besser festhalten kann.
- Die größten Backenzähne, die Prämolaren (P3, P4) des Ober- und Unterkiefers, dienen zum Zerkleinern der Nahrung und zum Zerschneiden größerer Fleischstücke. Die Backenzähne haben kleine Kauflächen und mehrere Spitzen. Diese sind kräftig genug, um auch Knochen zerkleinern zu können.
- Der vierte Prämolar (P4) des Oberkiefers und der erste Molar (M1) des Unterkiefers sind sehr große Zähne. Diese bilden die mächtigen Reißzähne, mit denen der Hund Fleischstücke herausreißen kann.
- Die hinteren Backenzähne, die Molaren (M1, M2, M3) des Hundes können kleinere bis mittelgroße Knochen zerkleinern.
- Das Kiefergelenk lässt kaum seitliche Kau- bzw. Mahlbewegungen zu.

SCHEREN- ODER ZANGENGEBISS

Beim normalen Hundegebiss greifen die Zähne des Oberkiefers (außer bei den hinteren Backenzähnen) wie eine Schere über die Außenfläche der unteren Zahnreihe. Man nennt diese Gebissstellung deshalb Scherengebiss. Stoßen die Schneidezähne aufeinander, so spricht man vom Zangengebiss. Diese Zahnstellung ist nicht erwünscht und Hunde mit einem Zangengebiss sind von der Zucht ausgeschlossen.

SPAZIERGÄNGE GESTALTEN

Gestalten Sie Spaziergänge immer spannend und aufregend. Erkunden Sie gemeinsam mit Ihrem Welpen die Umwelt oder beschäftigen Sie ihn. Auf keinen Fall sollten Sie ihn sich selbst überlassen, da er sonst spannende Dinge sucht, die uns meist nicht gefallen.

Hat Ihr Hund erst einmal Jagen gelernt, ist auch ein Reh eine geeignete Beute – deshalb wehret den Anfängen! Gelangweilte Hunde bemerken auch schnell jeden anderen Hund am Horizont und schon ist der Kleine weg, um mit dem Artgenossen zu spielen. Beschäftigen Sie Ihren Welpen deshalb gezielt – Spielen, Verstecken, Abrufen und vieles mehr. Ihr Welpe wird schnell lernen, dass Sie der Mittelpunkt in seinem Leben sind und es bei Ihnen immer spannend ist. So fördern Sie die Hund-Mensch-Bindung. Je nach Hundetyp müssen Sie jedoch die Erziehungsschwerpunkte unterschiedlich wählen.

BELOHNUNG/BESTECHUNG
Bestätigen Sie den Welpen mit Leckerchen oder einem spannenden Spiel, weil er gekommen ist, und nicht, damit er kommt – bitte achten Sie auf Ihr Timing.

KONTAKT POSITIV BESTÄTIGEN

Schaut sich Ihr Welpe auf dem Spaziergang zu Ihnen um oder kommt selbstständig angelaufen, sollten Sie ihn sofort verbal belohnen. Verstärken Sie jede selbstständige Kontaktaufnahme. Zu Beginn sollten Sie bereits das Umschauen sofort verbal loben. Klappt das gut, dann loben Sie ihn, wenn er auf dem Weg zu Ihnen ist. Klappt auch das, dann loben Sie Ihren Welpen, sobald er bei Ihnen ist. Er soll begreifen, dass Sie sich riesig freuen und ihn loben, wenn er zu Ihnen kommt. Bestärken Sie das Lob noch mit einem Leckerchen oder einem tollen Spiel. Bei dieser Übung ist es egal, ob Ihr Welpe aus eigenem Antrieb gekommen ist oder von Ihnen gerufen wurde.

Freudig nimmt der Welpe Kontakt zu seinem Menschen auf.

VERSTECKSPIELE

Ist die Bindung Mensch-Welpe schon gut ausgebildet, können Sie mithilfe des Versteckspiels diese Bindung noch verstärken. Immer, wenn Ihr Welpe auf dem Spaziergang unaufmerksam ist und sich mit einer anderen Sache beschäftigt, versuchen Sie sich zu verstecken. **Vorsicht:** Ist Ihr Hund mit etwas beschäftigt, das sein Interesse stärker fesselt als der Drang, Sie zu suchen, dann ist dieses Spiel ungeeignet. Wählen Sie das Versteck so, dass Sie Ihren

01 Oh, mein Mensch ist plötzlich weg!

02 Da muss ich mal (nach ihm) suchen gehen.

03 Ein Glück – da ist er ja!

04 Da freut sich die Kleine und ...

Hund beobachten können, er Sie aber nicht sieht. Bemerkt er, dass Sie nicht mehr da sind, wird er Sie suchen. Beobachten Sie ihn aus dem Versteck heraus. Sobald der Kleine in Stress gerät und hektisch herumrennt, sollten Sie ihm anfangs noch etwas helfen. Bleiben Sie im Versteck und rufen Sie seinen Namen in die von ihm abgewandte Richtung. So bekommt er eine Idee, wo Sie sind und wird in dieser Richtung suchen. Reicht diese Hilfe nicht aus, dann müssen Sie aus Ihrem Versteck heraustreten und ihn noch einmal rufen. Sobald er Sie aktiv sucht, können Sie diese Hilfe einstellen. Hat er Sie gefunden, darf eine besonders große Belohnung nicht fehlen. Durch dieses Spiel lernt der kleine Retriever auf dem Spaziergang auf uns zu achten. Bald wird er Sie nicht mehr aus den Augen lassen und immer wieder Kontakt zu Ihnen aufnehmen.

... stürmt auf ihren Menschen zu.

MEIN WEG IST AUCH DEIN WEG

Gutes Benehmen auf Spaziergängen kann der Welpe bereits in diesem Alter lernen. Achten Sie darauf, dass er sich an Ihnen orientiert. Gehen Sie einen Weg entlang, dann sollte Ihr Welpe auch auf diesem Weg laufen. Er darf nur die Wegränder rechts und links bis zu einem Meter benutzen. Laufen Sie über ein Feld, eine Wiese oder quer durch den Wald, darf er Ihnen natürlich folgen, aber nur dann darf er sich auch abseits des Weges bewegen. Dieses gute Benehmen sollten Sie von Anfang an trainieren.
Sobald Ihr Welpe unerlaubt die Wiese oder den Wald betritt, rufen Sie erst unfreundlich „Raus da“ oder „Auf den Weg“ und holen ihn dann mit dem „Komm-Pfiff“ oder dem freundlichen Signal „Hier“ zu sich zurück. Bald wird er lernen, dass er auf dem Weg bleiben muss. Möchten Sie mit ihm auf einer Wiese spielen, müssen Sie diese erst selbst betreten und dadurch dem Welpen das Betreten erlauben. Sind Sie konsequent, wird der Welpe bald verstanden haben, was Sie von ihm erwarten.
Hat Ihr Hund dies verstanden, können Sie ihn auch im Freilauf kontrollieren und vermeiden, dass er über ein frisch eingesätes Feld, durch eine hohe nicht gemähte Futterwiese oder durch eine Dickung im Wald läuft. Die Landwirte und Jäger werden es Ihnen danken. Anfangs ist es etwas aufwendig, dem Hund dies beizubringen. Aber es lohnt sich im Hinblick auf die vielen Jahre, die Sie dann stressfrei zusammen mit Ihrem Hund spazieren gehen können.

☞ HUNDETYPEN (GROB VEREINFACHT*)

DER SELBSTSICHERE, EIGENSTÄNDIGE HUND	DER UNSICHERE, ABHÄNGIGE HUND
Alleinsein zu Hause ist meistens kein Problem. Dieser Hundetyp wird sich zu Hause auch nachts bald einen eigenen Schlafplatz suchen und nicht unbedingt in Ihrer Nähe schlafen.	Dieser Hundetyp bleibt meist nicht gerne alleine zu Hause, er sucht bei seinem Menschen Schutz und Unterstützung. Nachts wird er in unserer Nähe schlafen wollen.
Auf den Spaziergängen ist dieser Hundetyp selbstständiger und wird sich eher von uns entfernen, er braucht seinen Menschen nicht unbedingt. Gehorsamsübungen sollten regelmäßig in den normalen Tagesablauf integriert werden.	Auf den Spaziergängen wird dieser Hundetyp sich nicht weit entfernen und eher die Nähe seines Menschen suchen, oftmals ist er wie ein Schatten mit hoher Bereitschaft zum Gehorsam.
Bei diesem Hundetyp muss man an der Bindung arbeiten. Auf dem Spaziergang muss er wesentlich mehr beschäftigt werden und die Arbeit an einer guten Mensch-Hund-Bindung ist wichtig.	Dieser Hundetyp braucht oftmals in Konfliktsituationen unsere Hilfe. Er braucht einen selbstsicheren Hundehalter, an dem er sich orientieren kann.
Damit eine Partnerschaft aufgebaut und gefestigt werden kann, braucht dieser Hund eine liebevolle Erziehung, mit absoluter Konsequenz und deutlichen autoritären Signalen.	Dieser Hundetyp hat eine angeborene Bereitschaft zur Teambildung, die mit liebevoller Erziehung und freundschaftlicher Konsequenz erhalten und gefördert werden muss. Autoritäre Signale sind eher selten notwendig.

*Betrachtet werden hier die Extreme, die meisten Hunde liegen dazwischen.

Die Erziehung muss auf den jeweiligen Hundetyp angepasst werden.

EINSCHULUNG: DAS TRAINING BEGINNT

Bedenken Sie, dass sich Ihr Welpe noch in der Entwicklung befindet und deshalb viel Schlaf und Ruhe benötigt. Ein straffes, tägliches Trainingsprogramm kann er rein mental nicht bewältigen, auch wenn er manches anbietet und Sie das Gefühl haben: „Es geht doch!"

Gehen Sie den Trainingsweg Ihres Hundes langsam und mit Bedacht!
Mit Sicherheit werden Sie, wenn Sie anfangs mit dem Hund nur langsam vorangehen, nichts versäumen. Im Gegenteil: Häufig handeln sich diejenigen, die zu schnell vorangegangen sind, schwerwiegende Fehler ein, sodass sie daraufhin lange auf einer Stelle treten, um diese Fehler zu korrigieren bzw. schlimmstenfalls noch einmal von vorn anfangen müssen. Also machen Sie sich keine Gedanken und haben Sie Geduld mit sich und Ihrem Hund. Sie werden ganz bestimmt nichts verpassen.

STEADINESS – BASIS SCHAFFEN

Die Grundlagen der Steadiness legen Sie bereits bei Ihrem Welpen und Junghund. **In der Ruhe und Besonnenheit, mit denen ein junger Hund aufgebaut wird, liegt der Schlüssel zum Erfolg.**
Insbesondere, wenn Sie mit Ihrem Hund höhere Ziele haben, ihn auf Prüfungen wie Working Tests und Field Trials führen wollen, dann müssen Sie sich vor Ihrem eigenen Ehrgeiz hüten. Natürlich bieten sich gut veranlagte Hunde an. Man hat auch oft das Gefühl, ein bisschen geht noch. Aber leider bemerkt man eine Überforderung erst, wenn diese bereits vorhanden und es für eine Änderung zu spät ist. Bis man eine Überforderung erkennbar bemerkt, dauert es oft einige Zeit. Dann ist der junge Hund bereits mental zusammengebrochen und hat sich bleibende Schäden zugezogen. Ich vergleiche das gern mit einem Gummiband, das lässt sich auch lange dehnen, bis es dann nach einer langen Zeit der Überdehnung reißt. So ist es auch bei einem jungen Hund. Bemerkt man eine mentale Überforderung, ist es eigentlich schon zu spät. Ist das Gummiband durch die Überdehnung erst einmal gerissen, dann lässt sich dieses nicht mehr wirklich reparieren, so auch ein überdrehter, überforderter Hund.

BALANCE ZWISCHEN SPANNUNG UND RUHE

Im Welpen- und Junghundetraining muss unbedingt darauf geachtet werden, dass der Hund keine zu hohe Erwartungshaltung/ Spannung entwickelt. Wenn Sie Ihren Welpen an das Apportieren herangeführt haben, d. h. gezielt die vorhandenen Anlagen geweckt und festgestellt haben, dass der Welpe den grundlegenden Apportierwillen hat, dann muss der Apportieranteil des Trainings auf ein Minimum beschränkt werden und der Hauptanteil aus Übungen für einen sehr guten Grundgehorsam und auf dem „Warten-Lernen" bestehen. Sicher kann man die eine oder andere Apportierübung als Belohnung einfließen lassen, aber man sollte sich unbedingt davor hüten, dem Apportieren einen zu hohen Stellenwert einzuräumen. Erst, wenn der Grundgehorsam absolut sicher und auch unter Ablenkung funktioniert und ebenso das Warten gefestigt ist, sollte man den Apportieranteil des Trainings langsam steigern. Die notwendige Qualität der Grundlagen erreicht man erfahrungsgemäß erst, wenn der Hund schon 10 Monate oder noch älter ist.

VERHALTENSREGELN FÜR DEN ALLTAG

Die Förderung und Erhaltung der Steadiness beginnt an dem Tag, an dem Sie Ihren Welpen beim Züchter abholen und endet nie. Oft wird der Grundstein zum Winseln schon zu Hause gelegt. Der Hund lernt, dass er etwas bei Ihnen erreicht, wenn er sich lautstark meldet. Seien Sie deshalb nicht froh darüber, wenn er mit Ihnen „spricht“. So etwas kann leicht zur lästigen Gewohnheit werden. Reagieren Sie vom ersten Tag an nicht, wenn er Sie lautstark zum Spielen auffordert oder winselnd an der Tür zum Garten steht. Bestätigen Sie seine lautstarke Aufforderung auf keinen Fall, indem Sie darauf eingehen. Verbieten Sie es ihm besser und warten Sie einen Moment, bis er wieder ruhig ist. Dann ist immer noch Zeit, um mit ihm zu spielen oder ihn hinauszulassen. Denken Sie daran: Sie bestimmen, wo es langgeht, nicht er. Er hat „kein“ Wort mitzureden, und das meine ich wörtlich. Hat er zu Hause Erfolg mit dieser lautstarken Methode, wird er es auch beim Training versuchen.

ERWARTUNGSHALTUNG VERMEIDEN

Achten Sie in Ihrem Tagesablauf auch darauf, dass der Hund nicht lernt, extreme Erwartungshaltungen aufzubauen. Lernt der Hund zufällig, dass bestimmte Dinge oder Aktionen eine angenehme Situation verheißen, wie z. B. Futter in die Schüssel schütten → Fütterung; Stiefel und Jacke anziehen → Spaziergang; Sie fahren in ein bestimmtes Gelände → der Hund weiß, dort wird trainiert. Wenn Ihr Welpe/Junghund in einer solchen Situation nicht nur weiß, dass ein angenehmes Ereignis bevorsteht, sondern auch sehr aufgeregt darauf reagiert und er seine Erregung durch Fiepen, lautes Gähnen, Bellen, Hyperaktivität zeigt, dann hat sich bei ihm bereits eine extrem hohe Erwartungshaltung aufgebaut, die Sie wieder abbauen müssen. Zeigt Ihr Hund diese aufgeregten Verhaltensweisen, dann sollten Sie diese auf keinen Fall bestätigen, indem Sie das machen, was der Hund erwartet. Nur wenn die mittels klassischer Konditionierung erfolgte Verknüpfung nicht mehr bestätigt wird, kann sie abgebaut werden.

Beispiele aus der Praxis

Fall 1 Ihr Hund hüpft in Erwartung des Spazierganges herum, er gähnt, fiept und gebärdet sich sehr aufgeregt, dann sollten Sie z. B. die Leine wieder weglegen und erst einmal andere Dinge im Haus erledigen; mit der Leine zum Auto gehen, aber den Hund im Haus lassen; den Hund an der Tür sitzen lassen, dann stellen Sie erst einmal Ihren Einkaufskorb in den Wagen und holen den Hund danach ab, führen Sie ihn dann jedoch ordentlich bei Fuß an der Leine zum Auto.

Fall 2 Der Hund fiept bereits, wenn Sie um die Kurve zum Trainingsgelände einbiegen, da er weiß, dass Sie dort trainieren. Geschieht dies, dann drehen Sie um und fahren nach Hause oder irgendwo anders hin; Sie drehen um, fahren ein Stück und fahren dann wieder zurück; wenn der Hund dann ruhig ist, können Sie aussteigen, trainieren aber nicht; Sie halten an, gehen eine Weile herum, der Hund bleibt im Auto; d. h., der Hund wird nur herausgeholt, wenn er sich ruhig verhalten hat. Machen Sie ihm deutlich, dass seine Verknüpfung falsch war!

Wir gehören zusammen – wir sind ein Team!

Mit dieser Erziehung legen Sie die Basis für die Steadiness, die bei der Retrieverarbeit so wichtig ist. Die Erregung des Hundes darf nicht bestärkt werden, er muss lernen, sich zu beherrschen. Lernt der Welpe im Alltag geduldig abzuwarten und zuzuhören, dann werden Sie sicher mit der Steadiness keine nennenswerten Probleme haben, denn er hat bereits gelernt, dass nicht er etwas erzwingen kann, sondern Sie die nächste gemeinsame Handlung bestimmen.

REGELN FÜR SPAZIERGANG UND TRAINING

Erstes Ziel, um einen gelassenen und nervenstarken Hund zu erhalten, ist, ihn mental und körperlich ausreifen zu lassen. Vermeiden Sie, dass bereits Ihr junger Hund eine übermäßige Erwartungshaltung aufbaut, wenn er mit Ihnen hinausgeht. Nicht auf jedem Spaziergang gibt es eine Übung, nicht jedes Mal wird etwas Neues trainiert. Machen Sie ihn nicht konfus mit zu vielen verschiedenen Übungen, die ständig abwechselnd trainiert werden. Jede neue Übung bedeutet auch Stress. Hüten Sie sich davor, dies und das und jenes auszuprobieren, und auch: „Ach ja! Das hat XYZ auch schon gemacht, das versuche ich jetzt auch …“ Lassen Sie sich nicht negativ durch den übertriebenen Ehrgeiz anderer Hundehalter beeinflussen. Erstellen Sie einen genauen Trainingsplan, der zu Ihnen und auch zu den Fähigkeiten Ihres Hundes passt. Vermieden werden muss, dass der Junghund konfus und völlig überdreht in einer ständigen Erwartungshaltung lebt. Er darf nicht die Erwartung aufbauen, dass ständig irgendetwas Tolles passiert, wenn er mit seinem Menschen unterwegs ist. Eine solche Erwartungshaltung bedeutet für einen jungen Hund hochgradigen Stress! Und in diesem Fall ist es negativer Stress, den der Hund in seinem jungen Alter nicht zu bewältigen vermag. Deshalb gilt es beim Legen einer guten Grundlage für die Steadiness genau diese übertriebene Erwartungshaltung zu vermeiden. Ist der Hund mit Ihnen unterwegs, dann darf es für ihn auch schon mal langweilig sein. **Der Hund muss unbedingt lernen, dass sein Leben zu einem Großteil aus Warten besteht. Üben Sie mit ihm „waiting for nothing“!**

DER LEHRPLAN DER GRUNDSCHULE

Lassen Sie dem Welpen nicht zu viel Spielraum für dumme Gedanken. Es ist nun an der Zeit, dass Sie den Kleinen durch zielgerichtete Spiele ablenken und fördern.

Der Schwerpunkt sollte auf dem spielerischen Lernen liegen – erwarten und verlangen Sie jedoch noch keine zu exakten Leistungen. Beobachten Sie Ihren Welpen, nutzen Sie sein Spielverhalten. Lenken Sie seine Anlagen spielerisch, aber zielorientiert in geeignete Bahnen. Nun ist es an der Zeit, den Grundstein für die spätere Ausbildung des Retrievers zu legen.

HERANKOMMEN UNTER ABLENKUNGEN

Der Welpe ist jetzt in einem Alter, in dem er seine Umwelt weitläufiger zu erkunden beginnt. Zudem möchte er nun auch herausfinden, wie konsequent Sie wirklich sind. Deshalb kann es von heute auf morgen passieren, dass er Ihr freundliches Rufen, auf das er in der Vergangenheit immer sofort reagiert hat, ignoriert oder sich bewusst abwendet, um einer besonders reizvollen Witterung nachzugehen. Nun sind Sie an einem sehr wichtigen und sensiblen Punkt angekommen. Reagieren Sie auf dieses Verhalten nicht angemessen, vermitteln Sie Ihrem Welpen, dass Ihre Signale keine Bedeutung haben, dass man auf diese gar nicht hören muss.

IGNORIEREN VON SIGNALEN

Glauben Sie nicht, dass diese kleinen Ungehorsamkeiten sich im Laufe der Zeit von allein erledigen. Zeigen Sie Ihrem Welpen, dass er sich nicht richtig verhält. Die Intensität Ihrer negativen Einwirkung ist abhängig vom Hundetyp. Bei einigen Hunden reicht ein unfreundliches „Ehjjjjjj“ oder „Nein“ schon aus, bei anderen müssen Sie mehr Einsatz zeigen. Unter Umständen müssen Sie mit bedrohlicher Körperhaltung auf Ihren Hund zugehen und ihn in seinem Tun stören. Sowie er zu Ihnen aufblickt, um mit Ihnen Kontakt aufzunehmen oder sich etwas verunsichert zeigt, müssen Sie sofort von negativ auf positiv umschwenken. Zeigen Sie ihm, dass seine Kontaktaufnahme richtig ist. Locken Sie ihn, indem Sie ihn erneut rufen und dabei weglaufen. Sowie er sich deutlich in Ihre Richtung bewegt, loben Sie ihn freundlich mit der Stimme, bleiben stehen, hocken sich hin und breiten einladend die Arme aus. Kommentieren Sie sein Verhalten sekundengenau, wird er auch schnell verstehen, was richtig und was falsch ist. Wichtig ist, dass Sie blitzschnell von positiv auf negativ bzw. von negativ auf positiv umschwenken. Bedenken Sie immer, dass der Hund Ihr Lob und Ihre negative Einwirkung mit dem verbindet, was er gerade in dieser Sekunde tut, achten Sie deshalb unbedingt auf Ihr Timing!
Doch Vorsicht: Überlegen Sie sich, bevor Sie Ihren Hund rufen, ob Ihr Rufen überhaupt Aussicht auf Erfolg hat oder die Ablenkung vielleicht auch zu groß ist. Vermeiden Sie das Rufen, wenn die Chance auf Erfolg sehr gering ist. Steigern Sie nur langsam die Anforderungen. Zu häufiger Misserfolg stellt den Lerner-

folg in Frage. Mit jedem Misserfolg lernt der Hund gerade das Gegenteil. Haben Sie keine Chance auf Erfolg, dann sollten Sie besser ruhigen Schrittes zu ihm hingehen und ihn dort abholen, ohne ihm ein Signal für das Kommen zu geben.

MEHR EINSATZ BITTE!

Kommt Ihr Welpe immer lustloser und langsamer zu Ihnen zurück, sollten Sie Ihr Lob überdenken. Lohnt sich das Herankommen für Ihren Welpen überhaupt? Ist das Lob etwa schon lästige Routine? Überlegen Sie sich, wie Sie Ihren Hund besser motivieren können. Vielleicht ist das Leckerchen uninteressant! Manche Hunde kann man, anstatt mit Leckerchen, besser mit einem Spiel oder mit einer Streicheleinheit motivieren. Gehen Sie aus sich heraus, machen Sie den Hampelmann. Er wird die Spielaufforderung sicher gern annehmen und schnell zu Ihnen zurückkommen. Sie müssen der Macher, der Nabel der Welt Ihres Hundes sein! Wer kommt schon gern zu einem Langweiler, wenn die ganze Welt voller Abenteuer steckt?

ABLENKUNGEN AUFBAUEN

Kommt Ihr Welpe auf „Hier" schnell und zügig zu Ihnen, können Sie gezielt Ablenkungen einbauen. Nun wird sich zeigen, ob er das Signal auch verstanden hat. Steigern Sie die Ablenkungen jedoch nur langsam. Überlegen Sie sich, welche Ablenkungen welche Reizintensität haben (z. B. eine auf dem Spazierweg liegende Zigarettenschachtel = gering, interessante Witterung = mittel, Artgenossen = groß). Beginnen Sie mit einer geringen Reizintensität. Rufen Sie ihn z. B. durch einige still stehende Menschen oder zwischen aufgestellten Stühlen oder Spielsachen hindurch. Sie können es auch so einrichten, dass der Welpe nicht auf direktem Weg zu Ihnen kommen kann. Stellen Sie sich hinter einen Zaun, er muss nun erst den Weg zu Ihnen finden (Übung aber bitte nicht zu schwer gestalten).
Mit etwas Fantasie wird Ihnen sicher eine Menge einfallen. Machen Sie ein spannendes Spiel daraus. Bald können Sie Ihren Welpen auch an anderen angeleint sitzenden Hunden vorbei zu sich rufen.

So freudig angeflogen sollte Ihr Welpe kommen, wenn Sie ihn rufen.

HINSETZEN AUF PFIFF UND MIT ABLENKUNG

In den ersten Wochen hat Ihr Welpe bereits gelernt, was das Signal „Sitz" und das Handzeichen bedeutet (siehe S. 102 f.). Er führt dieses Signal bereits ziemlich zuverlässig aus. Nun sollten Sie den Sitz-Pfiff einführen.
Der Sitz-Pfiff ist ein einzelner lang gezogener Pfiff (Tüüüt). Um ihn einzuführen, geben Sie zuerst das Pfeifsignal zusammen mit dem Handzeichen, dann sagen Sie direkt im Anschluss „Sitz". Ihr kleiner Retriever wird sicher den Ton, das Handzeichen und das Signal schnell verbinden und sich bald schon setzen, sobald der Pfiff ertönt. Setzen Sie die Pfeife nun jedes Mal ein, wenn Sie Ihren Hund sitzen lassen. Der Sitz-Pfiff muss tief im Gedächtnis des Hundes verankert werden, denn später brauchen Sie ihn auch, um Ihren Retriever in Entfernung zu stoppen. Je öfter der Welpe den Sitz-Pfiff hört und umso zuverlässiger er darauf reagiert, desto einfacher wird es später sein, ihm „Sitz auf Entfernung" beizubringen.

SITZ MIT ABLENKUNGEN

Steigern Sie nun auch die Ablenkung. Der Welpe muss lernen, unter allen Umständen so lange sitzen zu bleiben, bis Sie ihm mit dem Auflösungssignal das Aufstehen erlauben. Lassen Sie ihn sitzen, wenn ein Fahrradfahrer oder ein Auto an Ihnen vorbeifährt, wenn ein anderer Hund an der Leine an Ihnen vorbeigeführt wird usw. Steigern Sie langsam die Intensität der Ablenkung.
Steht er auf, dann bringen Sie ihn an seinen ursprünglichen Platz zurück und lassen ihn dort noch einmal sitzen. Ihr Welpe muss bis zum Signal „Lauf" sitzen bleiben, er darf sich nicht aus der Situation herausmogeln, indem er allein das Ende der Aufgabe bestimmt. Achten Sie darauf, dass Sie ihm immer das Auflösungssignal geben. Beobachten Sie sich selbst, lernen Sie unter allen Umständen konsequent zu sein.

SITZ UNTER ALLEN UMSTÄNDEN

Bestehen Sie darauf, dass sich Ihr Hund in allen Situationen und auf allen Untergründen (die zumutbar sind!) setzt, wenn Sie es ihm sagen. Ziert sich Ihre „kleine Prinzessin", da sie in der flachen Pfütze oder im nassen Gras einen feuchten Po bekommt, müssen Sie mit konsequenter Freundlichkeit darauf bestehen. Hat sie Ihr erstes Signal ignoriert, müssen Sie bereits mit dem zweiten korrigierend eingreifen. Welpen können schon jetzt mit liebevoller Konsequenz lernen, dass unter allen Umständen Signale ausgeführt werden müssen. Schauen Sie sich um, es gibt genügend verschiedene Untergründe, wie den Kellerrost, den stacheligen Fußabstreifer, Kies und Sand, das nasse Gras, die Stoppeln des Kornfeldes. Wenn Sie auf dem Spaziergang die Augen offen halten und kreativ agieren, finden Sie jede Menge unterschiedliche Untergründe.

SITZ VOR DER FUTTERSCHÜSSEL

Eine weitere sehr gute Übung ist, den Welpen vor der Futterschüssel sitzen und warten zu lassen. Zum einen setzen Sie Tabus, zum anderen lernt der Welpe auch bei großer Ablenkung geduldig zu warten, bis er an der Reihe ist. Er lernt, sich zu beherrschen und zu kontrollieren. Diese Übung ist für verfressene Welpen schwieriger als für Welpen, die nicht so viel vom Fressen halten. Frisst Ihr Welpe schlecht, sollten Sie diese Übung nur vorsichtig dosiert anwenden und die Sache nicht übertreiben.
Halten Sie die Futterschüssel in der Hand und rufen Sie den Welpen zur Fütterung. Loben Sie ihn, sobald er bei Ihnen ist. Lassen Sie ihn nun sitzen. Unterstützen Sie mit einer Hand seine Sitzposition, indem Sie ihn an der Brust etwas festhalten. Stellen Sie dann mit der anderen Hand die Futterschüssel vor ihn hin. Ihr Welpe wird gegen Ihre Hand drücken, da er schnell an das Futter möchte. Drücken Sie ihn sanft zurück, sagen Sie nochmals „Sitz" und warten Sie, bis der Druck gegen Ihre Hand nachlässt. Dann geben Sie

01 Ruby setzt sich auf das Signal „Sitz".

02 Langsam wird der Napf abgestellt.

03 Ruby schaut genau zu, …

04 … muss aber noch weiterhin warten.

05 Erst auf Signal „Guten Appetit" …

06 … darf sie aufstehen und fressen.

01 Selma wird das Leckerchen gezeigt, damit sie es gut wahrnimmt.

ihm das Signal „Lauf" oder führen ein Signal für das Fressen ein wie „Friss", „Essen", oder höflich „Guten Appetit". Gebrauchen Sie immer das gleiche Signal in diesem Zusammenhang, wird Ihr Welpe bald nur noch auf dieses hin fressen. Bleibt er nun auch ohne Unterstützung sitzen, dann hat er verstanden. Dehnen Sie nun die Zeitspanne aus, bis er fressen darf.

SICH HINLEGEN

Zunächst sollten Sie jedes freiwillige Hinlegen des Welpen mit dem verbalen Signal „Platz" und einem freundlichen Lob bestätigen. So verbindet er schnell das Signal und das Lob mit dem Hinlegen.
Zudem können Sie ihn ganz spielerisch mit einem Leckerchen in die Platzposition bringen. Setzen oder knien Sie sich auf den Boden, winkeln Sie dabei ein Bein so an, dass ein Tunnel entsteht. Ziehen Sie dann vor der Nase des Welpen das Leckerchen in Bodennähe durch den Bein-Tunnel durch. Der Welpe wird dem Leckerchen nachkriechen, sich unter dem Bein ducken und sich so ganz automatisch in die Platzposition begeben. Liegt er nun im Platz, sagen Sie das Signal „Platz", loben ihn und geben ihm das Leckerchen. Legen Sie das Leckerchen zur Belohnung für die ausgeführte Platz-Übung zwischen seine Pfoten, um seine Konzentration zusätzlich auf den Boden zu lenken und ein längeres Liegenbleiben zu fördern. Platzieren Sie das Leckerchen genau zwischen den Pfoten – ein Leckerchen, das zu weit vorne liegt, verführt den Welpen zum Vorkriechen. Vermeiden Sie, dem Welpen das Leckerchen aus der Hand zu geben, denn so fixiert er diese zu sehr und ein frühzeitiges Aufstehen wird durch Ihre sich nach oben bewegende Hand provoziert. Diese Platz-Übung können Sie auf Spaziergängen sehr leicht variieren. Lassen Sie Ihren Welpen unter einer Parkbank hindurch-

02 Dann wird dieses nach unten gezogen …

03 … und dann nach vorne, bis der Hund liegt.

04 Auf Signal „Platz“ erhält Selma das Leckerli.

05 Selma soll liegen, bis das Signal „Lauf“ ertönt.

kriechen, unter einem umgefallenen Baum oder unter einem liegenden Ast, gestalten Sie die Übung wie ein abwechslungsreiches lustiges Spiel.

Klappt diese Übung, dann können Sie Ihren Welpen auch zum Hinlegen motivieren, indem Sie vor dem sitzenden Hund ein Leckerchen von seiner Nase nach unten zum Boden und dann über den Boden nach vorne ziehen. Ihr Welpe wird dem Leckerchen folgen und sich in die Platzposition begeben. Sobald er sich erkennbar in die richtige Position begibt, sagen Sie „Platz“ und sobald er liegt, erfolgt das Lob.

RUCKZUCK INS PLATZ

Hat Ihr Retriever das Signal verstanden, können Sie ein weiteres Spiel mit ihm spielen. Lassen Sie ihn vor sich sitzen. Zeigen Sie ihm kurz das Leckerchen, das Sie dann in Ihrer Faust versteckt halten. Die Faust halten Sie vor die Schnauze des Hundes. Springen Sie dann selbst in die Hocke, ziehen Sie dabei vor dem Welpen Ihre Faust rasend schnell bis zum Boden und sagen dabei „Platz“. Ihr Welpe wird sicher mit Begeisterung auf Ihr Spiel eingehen und sich hochmotiviert in die Platzposition werfen. Sobald er auf dem Boden liegt, können Sie Ihre auf dem Boden liegende Faust öffnen, damit er sich die Belohnung herausholen kann. Ganz nebenbei führen Sie somit auch das Handzeichen für „Platz“, die sich in Richtung Boden bewegende Hand, ein.

Wie bei allen Signalen, muss der Hund lernen, „Platz“ so lange auszuführen, bis ein anderes Signal gegeben wird. Steht er vorher auf, müssen Sie ihn erneut in dieselbe Position, also an denselben Platz legen. Langsam sollte dann auch die Zeit des Liegenbleibens gesteigert werden. Achten Sie auch hier darauf, dass der Welpe erst aufsteht und seinen Platz verlässt, wenn Sie das Auflösungssignal „Lauf“ gegeben haben.

LEINENFÜHRIGKEIT

Ihr Welpe hat nun Halsband und Leine akzeptiert und folgt Ihnen einige wenige Schritte an der Leine. Nun kann es weitergehen mit der nächsten Übung für die Leinenführigkeit. Lassen Sie Ihren Welpen sitzen, stellen Sie sich in korrekter Fußstellung neben ihn – die rechte Schulter des Welpen an Ihrem linken Knie. Leinen Sie ihn an – die Leine muss locker durchhängen; stehen Sie entspannt, nehmen Sie Kontakt zu Ihrem Welpen auf, indem Sie ihn mit seinem Namen ansprechen. Nimmt er Kontakt auf und schaut er Sie an, dann sagen Sie „Fuß" und gehen mit dem linken Fuß zuerst los. Mit diesem Ritual zeigen Sie Ihrem Hund, dass Sie nun losgehen. Ziehen Sie die Aufmerksamkeit des Welpen mit einem Leckerchen oder einem Spielzeug auf sich. Zieht er, dann bleiben Sie sofort stehen und blicken in die entgegengesetzte Richtung (180 Grad). Schaut sich Ihr Welpe nach Ihnen um, loben Sie ihn für seine Kontaktaufnahme und gehen dann, eventuell mit leicht gebückter Körperhaltung (um den Welpen etwas zu locken), in der entgegengesetzten Richtung weiter. Er wird Ihnen sicher folgen. Sobald er in korrekter Höhe neben Ihrem Bein ist, loben Sie ihn (eventuell auch mit der Gabe eines Leckerchens) und geben das Signal „Fuß". Zieht er wieder, bleiben Sie erneut stehen und das Spiel beginnt von vorne. Geht er jedoch locker neben Ihnen her, dann können Sie die ursprüngliche Richtung wieder einschlagen.

Ihr Hund lernt so, dass es länger dauert ans Ziel zu kommen, wenn er zieht, und dass er sich auf Sie konzentrieren muss. Ziel dieser Übung ist, dass er lernt, in Höhe Ihres Beines an locker durchhängender Leine zu laufen. Er muss noch nicht die absolut korrekte Fußposition einhalten, die Leistung sollte jedoch mit zunehmender Übung immer mehr in diese Richtung tendieren.

Bauen Sie langsam die Hilfen ab. Mit dem Leckerchen oder Ball sollten Sie nur noch wenn nötig die Aufmerksamkeit Ihres Junghundes einfangen. Bestätigen Sie ihn jedoch

01 So nicht!

02 Beruhigen Sie zuerst Ihren Hund …

weiterhin mit einem Leckerchen oder einem verbalen Lob, wenn er schön mit durchhängender Leine neben Ihnen läuft und Sie anschaut.

ABLEINEN BEI HUNDEBEGEGNUNGEN

Begegnen Sie einem anderen Hund, wird Ihr Welpe sicher dorthin ziehen, da er spielen will. Machen Sie ihn dann nicht einfach von der Leine los, damit er spielen kann, sondern seien Sie konsequent. Lassen Sie ihn erst sitzen und leinen ihn dann ab (= Ableinritual). Er muss warten, bis Sie ihm das Signal „Lauf" geben – erst dann darf er zu seinem Artgenossen laufen. Zudem sollten Sie bei Begegnungen mit anderen Hunden den Welpen nicht jedes Mal laufen und spielen lassen. Er muss auch lernen, dass nicht mit jedem Hund und zu jeder Zeit gespielt wird. Er darf unter keinen Umständen verknüpfen: Artgenosse in Sicht – Leine wird entfernt. Hat Ihr Welpe bereits diese Erwartungshaltung, dann sollten Sie ihn auf keinen Fall loslassen.

NUR KEINE HEKTIK

Anfangs kommen Sie beim Fußlaufen kaum vorwärts. Ihr Welpe darf nicht ziehen, es darf keinerlei Ausnahmen geben, nur dann kann er richtig verknüpfen. Üben Sie deshalb nur, wenn Sie es nicht eilig haben und die nötige Zeit und Ruhe aufbringen können, konsequent zu sein. Gehen Sie, wenn Sie zu einem bestimmten Zeitpunkt irgendwo sein müssen, früher los, oder lassen Sie den Welpen besser zu Hause oder im Auto.

Lassen Sie Ihren Welpen niemals an der Leine spielen. Die Verletzungsgefahr ist zu groß. Außerdem kann er nur im freien Spiel das richtige Sozialverhalten gegenüber seinen Artgenossen lernen. Mit seinem Chef an der Leine hat er Verstärkung im Rücken und kann sich schon einiges mehr herausnehmen, unter Umständen auch gegenüber älteren Hunden. Nehmen Sie ihm unbedingt das Halsband ab, um das Verletzungsrisiko zu minimieren.

03 ... bevor es an der Leine weitergeht.

04 Gegenseitige Konzentration und schon gehts.

KONZENTRATIONS-FÄHIGKEIT

Der Retriever sollte mit seinem Menschen eng zusammenarbeiten, dafür muss er lernen, mit diesem Kontakt zu halten. Aufmerksamkeits- und Konzentrationsspiele fördern diese Kontaktaufnahme und bauen zudem ganz einfach auch die Bindung auf. Das Erwecken von Aufmerksamkeit ist deshalb ein ganz wichtiger Ausbildungsschritt. Um die Aufmerksamkeit zu wecken, muss der Mensch eine geeignete Motivationsquelle finden. Bei den meisten Hunden funktioniert dies über Futter, aber auch über ein geeignetes Spielzeug. Wichtig ist nur, dass der Welpe dieses Objekt auch haben möchte und deshalb Kontakt zu seinem Menschen aufnimmt. Bei einem satten Welpen ist Futter sicher nicht das geeignete Mittel, um seine Aufmerksamkeit zu erhalten. Auch die Konzentrationsfähigkeit muss gezielt gefördert werden. Beginnen Sie mit dem Training in einer ruhigen, reizarmen Umgebung.

01

SCHAU MIR IN DIE AUGEN

Lassen Sie den Welpen vor sich sitzen. Führen Sie ein Leckerchen zu seiner Nase, sodass er den Geruch wahrnehmen kann. Ermahnen Sie ihn, wenn er nach der Hand mit dem Leckerchen springt, er soll sitzen bleiben. Führen Sie nun die Hand mit dem Leckerchen langsam nach oben in Richtung Ihres Gesichtes und schauen Sie Ihren Welpen dabei an. Er wird sich auf das Leckerchen konzentrieren und Ihrer Hand folgen. Um die Aufmerksamkeit zu steigern, können Sie die Hand wieder langsam in Richtung Hundenase führen, um diese dann wieder nach oben in Richtung Ihres Gesichtes zu ziehen. Gewinnen Sie so die Aufmerksamkeit Ihres Hundes und bauen Sie eine Konzentrationsphase auf, er soll lernen Augenkontakt zu halten. Mit zunehmender Übung können Sie diese Phase immer mehr ausdehnen. Hat der Welpe gut mitgemacht, dann führen Sie die Hand nach unten und lassen ihn zur

02

Belohnung das Leckerchen fressen. Lassen Sie sich das Leckerchen aber nicht aus der Hand klauen. Sie sind der Chef und bestimmen, wann der Welpe das Leckerchen bekommt. Funktioniert dies gut, dann sollten Sie mit Ablenkungen arbeiten. Lassen Sie andere Hunde an Ihrem Welpen vorbeigehen, erst in Entfernung, dann immer näher. Er soll diese nicht beachten, sondern sich weiter auf Sie konzentrieren und den Augenkontakt halten. Loben Sie ihn, wenn es gut klappt.

03

04

05

Steigern Sie langsam die Intensität der Ablenkung. Bald können Sie auch einen Ball oder ein Spielzeug neben den Welpen werfen, ohne dass er sich von diesem ablenken lässt. Diese Übung ist auch ideal, um den Welpen vor einer Trainingseinheit auf sich und die Arbeit zu konzentrieren. **Insbesondere Welpen, die sehr hektisch und unruhig sind und sich nur schwer konzentrieren können, lernen durch diese Übung, was Ruhe, Aufmerksamkeit und Konzentration bedeutet.**

NICHT AUS DEN AUGEN LASSEN

Hat der Welpe gelernt, Augenkontakt zu seinem Menschen zu halten, dann können Sie die Übung etwas schwieriger gestalten. Lassen Sie ihn wie beschrieben vor sich sitzen. Zeigen Sie ihm die Hand mit dem Leckerchen oder dem Spielzeug. Gehen Sie dann einige Meter von Ihrem Welpen weg. Konzentrieren Sie sich auf ihn, halten Sie Augenkontakt, er wird es auch tun. Gehen Sie einen kleinen Bogen nach rechts und dann einen Bogen nach links, beschreiten Sie so einen Halbkreis um den Welpen herum. Wird er unaufmerksam, dann sprechen Sie ihn kurz an und ändern die Richtung. Er soll lernen, Sie mit seinen Blicken zu verfolgen. Weiten Sie die Strecke, die Sie um ihn herumgehen, immer mehr aus. Schließlich sollten Sie einen Kreis um ihn gehen können, ohne dass er Sie aus den Augen verliert. Am Ende der Übung gehen Sie zu Ihrem Welpen zurück und geben ihm das Leckerchen oder spielen mit ihm mit dem Spielzeug, das Sie in der Hand halten.

01 Stellen Sie sich vor Ihren Hund und konzentrieren Sie sich auf ihn.

02 Halten Sie mit ihm Augenkontakt und gehen Sie ...

03 ... dann langsam nach rechts, halten Sie den Augenkontakt weiter, ...

04 ... gehen Sie zurück, am Hund vorbei, und dann nach links.

05 Ihr Hund soll Sie während der gesamten Übung nicht aus den Augen lassen.

APPORTIEREN: LEIDENSCHAFT DER RETRIEVER

In diesem Alter wird der Welpen an das Apportieren herangeführt, seine Anlagen geweckt und diese in die richtigen Bahnen gelenkt. Wichtig dabei ist die Freude und der Spaß.

Mit ernsthaftem Apportiertraining hat das aber noch nichts zu tun, erwarten und verlangen Sie noch nicht einen zu korrekten Ablauf. Der Spaß steht immer noch im Vordergrund. Überfordern Sie Ihren Welpen nicht mit zu vielen Übungen und zu ehrgeizig gesteckten Zielen. Förderung bedeutet, gezielt neue Eindrücke zu vermitteln, um das Gehirn zu aktivieren. Besteht jedoch eine Reizüberflutung, die das Gehirn des Welpen nicht mehr zu verarbeiten vermag, dann ist der Welpe überfordert, was auf jeden Fall vermieden werden muss. An das korrekte Apportiertraining wird der Hund erst herangeführt, wenn der Zahnwechsel abgeschlossen, die schlimmste Zeit der Pubertät vorüber ist und der Hund schon gut im Gehorsam steht. Die Hunde sind dann ca. 9 bis 10 Monate alt. Mit einem zu schnellen Vorangehen handelt man sich oft Fehler (Unruhe, Winseln, Nicht-Zurückkommen etc.) ein. Fehler, die später nur noch schwer oder schlimmstenfalls überhaupt nicht mehr korrigierbar sind. Schwierig ist diese Phase, sich selbst zu zügeln, besonders für erfahrene Hundehalter, die einen Welpen aus vielversprechenden Arbeitslinien ihr Eigen nennen. Sie sehnen sich danach, endlich mit der Dummy-Ausbildung ihres Nachwuchses

01 Freudiges Apportieren steht im Vordergrund.

02 Erhalten Sie den Spaß Ihres Hundes.

loszulegen, doch erst einmal gilt es das Abwarten zu üben, hier meine ich Hund und Mensch. All jene, die möglichst schnell mit ihrem Nachwuchshund erfolgreich auf Working Tests starten möchten, werden mit der nun von ihnen erwarteten scheinbaren „Untätigkeit“ ernsthafte Probleme haben. Es gilt in diesem Alter des Hundes erst einmal die Basics zu vermitteln und diese zu festigen. Das ist erst einmal, wenn es ernsthaft und sorgsam gemacht wird, Arbeit genug! Bedenken Sie, was nutzt ein Hund, der in Schallgeschwindigkeit zum Dummy rast, aber nicht in der Lage ist, dem Druck des „Nichts-Tun-Dürfens“ standzuhalten; ein Hund der nicht in der Lage ist, ruhig auf seinen Einsatz zu warten. Gerade deshalb möchte ich Ihnen ins Gewissen reden und hier auf die Problematik eines unruhigen Hundes hinweisen.

Eine erfolgreiche Dummyarbeit kann auf dem stabilen Fundament aufgebaut werden, das gebildet wird aus gereifter mentaler (psychischer) Stabilität, pysischer Belastbarkeit und sehr guten, gefestigten Basics (Grundgehorsam). Lassen Sie deshalb dem Hund die Zeit, die er braucht, um zu reifen.

03 Übertriebener Ehrgeiz ist kontraproduktiv.

GRÜNDE FÜR WINSELN UND UNRUHE

Vererbung

Es gibt keine Garantie dafür, dass aus den Nachkommen eines Champions ebenfalls Champions werden. Doch kann man von den individuellen Eigenschaften der Eltern auf die Welpen schließen. Neigen die Eltern zum Winseln und zur Unruhe, dann werden auch die Welpen mit einer hohen Wahrscheinlichkeit zu diesem Problem neigen.

Erfahrung

Welpen lernen durch das Beobachten älterer und anderer Hunde. Doch nicht alles, was sie sich abschauen, ist auch erwünscht. Gerade Winseln ist eine Angewohnheit, die ein junger Retriever schnell lernt. Winselt ein ranghöherer Hund, dann wird sich der Welpe schnell diesem Verhalten anschließen. Achten Sie deshalb darauf, welche Angewohnheiten die Hunde haben, mit denen Sie trainieren. Vermeiden Sie es, mit Hunden zu trainieren, die laut und unruhig sind.

Training

Falsches Training im Welpen- und Junghundealter ist bei Weitem die häufigste Ursache für das anhaltende Winseln älterer Hunde. In vielen Ausbildungsgruppen ist es allgemeine Praxis, die Welpenausbildung mit Markings (Dummies, die für den Welpen sichtig geworfen werden und die er direkt apportieren darf) zu beginnen. Und gerade hier liegt bei den meisten Hunden die Ursache vieler Probleme. Möchte man einen ruhigen und gehorsamen Retriever, muss dieser als erstes lernen, sich zu gedulden. Das Apportieren liegt Retrievern im Blut. Wenn Sie wissen, dass Ihr Nachwuchs apportiert, sollten Sie vorerst auf die Apportierausbildung kein so großes Gewicht legen. Bringen Sie ihm zuerst einmal Selbstdisziplin bei.

01 Voranschicken auf den Futternapf mit Helfer: Ailis darf an dem Leckerchen riechen.

02 Der Napf wird in Entfernung abgestellt.

03 Ailis wird mit Handzeichen „Voran" zum Napf geschickt.

04 Freudig und erwartungsvoll rennt sie schnell hin …

05 … und darf das Leckerchen fressen.

VORANSCHICKEN AUF DEN FUTTERNAPF

Eine gute Möglichkeit, den Welpen in diesem Alter bereits an die Retrieverarbeit heranzuführen, ist das Training mit dem Futternapf. Mit dem Futternapf kann man Elemente des Einweisens und auch Grundgehorsams üben, ohne dass Dummies geworfen werden. Eine gute Möglichkeit, dem Welpen beizubringen, dass er sich gedulden muss, um seine Erwartungshaltung nicht zu steigern.
Kann Ihr Welpe vor dem Futternapf sitzen, dann können Sie beginnen, ihn auf den Futternapf voranzuschicken. Lassen Sie den Welpen absitzen und bringen Sie den Futternapf etwa zwei Meter weg. Stellen oder hocken Sie sich nun neben ihn, er soll links neben Ihnen sitzen, nach einigen Tagen auch schon in exakter Fußposition (d. h. die rechte Schulter des Welpen ist an Ihrem linken Knie). Zeigen Sie nun mit Ihrer Hand in Richtung des Futternapfes, um den Hund zu schicken. Ihr Welpe soll sich auf die gezeigte Richtung konzentrieren. Halten Sie ihn sanft an der Brust fest, damit er nicht einspringt. Er darf erst loslaufen, wenn Sie ihn mit dem Signal „Voran" schicken. So legen Sie ganz spielerisch den ersten Grundstein für das Voranschicken (siehe S. 208 ff.). Weiten Sie nach und nach die Entfernung aus.

ERZIEHUNGSÜBUNGEN VOR DER FÜTTERUNG

Es ist auch möglich, einige Grundgehorsamsübungen einzufügen. Hier einige Ideen: Rufen Sie den Welpen zuerst in eine andere Richtung zu sich heran, bevor Sie ihn dann zum Futternapf schicken (sichern Sie den Futternapf durch einen Helfer, der diesen wegnimmt, wenn der Welpe nicht zu Ihnen, sondern gleich zum Napf läuft). Verändern Sie nach und nach die Entfernung und später auch den Winkel. Er wird in Erwartung auf die baldige Futterfreigabe, die von ihm erwartete Aufgabe gut und schnell erledigen. Schnell lernt er, dass unsauberes Arbeiten nur dazu führt, dass die Futterfreigabe länger dauert.

06 Ailis wird dann mit dem Hier-Pfiff zurückgerufen. Dafür bekommt sie wieder ein tolles Leckerchen.

01 Ailis läuft freudig zum Dummy, nimmt es auf ...

DIE SACHE MIT DEM DUMMY

In den vergangenen Wochen hat Ihr Welpe gelernt, dass Sie mit ihm spielen, sobald er Ihnen etwas bringt. Auf dieses Verhalten können Sie nun gezielt aufbauen. Führen Sie nun das Dummy ein, lassen Sie sich aber keine grauen Haare wachsen, wenn Ihr Welpe kein Interesse hat – „Was“, denkt er sich, „soll denn so ein blödes grünes Säckchen!“ Es ist ganz natürlich, dass ein Dummy für einige Welpen erst einmal uninteressant ist. Nimmt er das Dummy nicht auf, dann bleiben Sie einfach noch eine Weile bei Ihrem Spielzeug, damit geht es ebenso.

INTERESSE GEZIELT WECKEN

Um das Dummy interessant zu machen, müssen Sie diesem einen hohen Stellenwert geben. Merkt Ihr Welpe, dass das grüne Ding eine große Bedeutung für Sie hat, wird er es über kurz oder lang ebenfalls interessant finden. Beschäftigen Sie sich einfach während des Tages einige Male mit dem Dummy. Sprechen Sie mit ihm, streicheln Sie es, behandeln Sie es, als ob es das Wichtigste in Ihrem Leben ist. Ihr Retriever sollte dies zwar mitbekommen, aber niemals die Möglichkeit haben, an das Dummy zu gelangen. Bald werden Sie merken, dass sich der Kleine für das, was Sie da tun, interessiert. Er wird das grüne Ding, das für seinen Menschen so interessant ist, aber für ihn unerreichbar, ebenfalls sehr interessant finden. Sicher wird er es, wenn Sie es ihm nach einigen Tagen bzw. Wochen zum Apportieren anbieten, auch aufnehmen.

ERSTE DUMMY-APPORTE

Gehen Sie in die Hocke, der Welpe sollte links neben Ihnen sitzen. Legen Sie Ihren linken Arm um den Welpen und halten ihn so an seiner Brust fest. So können Sie verhindern, dass er ohne Signal von allein losläuft (= einspringt). Bewegen Sie nun das Dummy vor ihm auf dem Boden langsam hin

02 … und läuft freudig zurück.

03 Sie darf beim Loben ihre Beute behalten.

04 Dann wird das Dummy kurz abgenommen …

05 … und Ailis gleich wieder zurückgegeben.

und her. So können Sie ihm den Eindruck von flüchtendem Wild vermitteln und seinen Beute- und Hetztrieb stimulieren. Schaut der Welpe nach dem Dummy und zeigt er Ihnen durch seinen Vorwärtsdrang an, dass er es haben möchte, dann werfen Sie es ca. 1 bis 2 Meter weg. Der Welpe sollte den Wurf unbedingt beobachten. Sicher wird er sich dann in Ihren Händen winden, da er hinterher möchte. Halten Sie ihn für einen kleinen Moment fest, lassen Sie ihn dann mit dem Signal „Apport" zur Beute laufen. Der Welpe muss die Beute sofort finden können, da er in diesem Alter noch schnell seine Motivation verliert. Wählen Sie deshalb für den Anfang ein Gelände, in dem er das Dummy gut sehen kann, wie z. B. eine gemähte Wiese. Nimmt der Welpe das Dummy auf, dann freuen Sie sich und locken ihn lobend mit den Worten „So ist es brav, Apport". So lernt er zu verknüpfen, dass er Ihnen mit dem Signal „Apport" das Spielzeug bringen soll. Sicher wird er auch kommen. Bringt der Welpe Ihnen seine wertvolle Beute, dann freuen Sie sich. Greifen Sie keinesfalls sofort nach seiner Beute, sondern streicheln Sie erst einmal Ihren Hund und freuen Sie sich, dass er seine kostbare Beute zu Ihnen gebracht hat. Gehen Sie dafür in die Hocke oder setzen Sie sich auf den Boden, locken Sie Ihren Welpen auf Ihren Schoß. Zeigen Sie ihm, dass Sie stolz auf ihn sind, dass er so etwas Tolles gefunden hat. Lassen Sie ihn aber auch nicht mit dem Dummy weglaufen. Streicheln Sie ihn mit beiden Händen, so können Sie das Weglaufen des Welpen verhindern. Erst wenn Sie ihn für das Bringen ausgiebig gestreichelt und gelobt haben, dürfen Sie ihm die Beute für einen kurzen Moment abnehmen, um sie ihm dann wiederzugeben. Der Welpe darf nicht das Gefühl bekommen, Sie würden ihm seine Beute streitig machen. Beim abschließenden Abnehmen sollten Sie die Beute mit etwas anderem tauschen, das er dann behalten oder fressen darf. Bitte achten Sie dann aber unbedingt auf Ihr Timing. Nehmen Sie Ihrem

Hund das Apportel mit „Aus“ aus dem Fang, greifen dann erst in Ihre Tasche und belohnen ihn mit einem Leckerchen. Ihr Welpe wird so schnell lernen, dass es interessant ist, wenn er Ihnen die Beute bringt. So bringen Sie ihm das Apportieren spielerisch näher. Spuckt er das Dummy aus, dann versuchen Sie, es ihm wieder zu geben. Nimmt er es wieder in den Fang, loben Sie ihn, nehmen Sie ihm dann das Dummy mit dem Signal „Aus“ ab. Nimmt er es nicht, stecken Sie es wortlos ein.

ERSTE STEADINESS-ÜBUNG

Kommt Ihr Welpe gern mit seiner Beute zu Ihnen zurück, dann können Sie mit den ersten Steadiness-Übungen beginnen. Steadiness bedeutet, dass der Hund ruhig und gelassen so lange warten muss, bis sein Hundeführer ihn gezielt zum Apportieren schickt.
Um dies zu üben, sollten Sie wie bereits beschrieben den Welpen mit Ihrer linken Hand an der Brust festhalten und mit der anderen Hand das Dummy einige Meter wegwerfen. Warten Sie nun, bis der Druck des Welpen auf Ihrer Hand für eine Sekunde nachlässt. Geschieht dies nicht, dann schieben Sie ihn etwas zurück. Sitzt er für eine Sekunde, ohne dass Sie ihn zurückhalten müssen, dann nehmen Sie Ihre Hand weg und lassen ihn mit dem Signal „Apport“ zum Dummy laufen. Schicken Sie ihn niemals, wenn er gegen die Hand drückt. Er muss lernen, dass er warten muss und erst laufen darf, wenn er das Signal „Apport“ hört (Timing!).
Nach einigen Apporten hat der Welpe gelernt, dass sein Druck, d. h. sein Nach-vorne-Streben, genau das Gegenteil von dem bewirkt, was er gern hätte. Er wird begreifen, dass er erst auf Ihr Signal warten muss und dann losrennen darf. Allmählich können Sie die Zeit, die der Welpe warten muss, verlängern. Hat er verstanden, dann können Sie ihn, auch bald ohne dass Sie die Hand vor der Brust haben, warten lassen. Halten Sie aber immer noch Ihre Hände bereit, um ihn im Notfall zu stoppen. Achten Sie darauf, dass er unter allen Umständen auf Ihr Signal wartet, und lassen Sie ihm keine Möglichkeit, früher zu starten. Diese Steadiness-Übung kann man bei triebstarken Welpen früher einführen als bei Welpen, die nicht so hoch im Trieb stehen. Diese Welpen würde man sonst nur hemmen und verunsichern.

WEGLAUFEN UNTERBINDEN

Läuft Ihr Hund ab und zu nicht zu Ihnen zurück, dann beachten Sie die Tipps auf S. 108 ff. Helfen diese Tipps nicht, dann haben Sie einen etwas störrischen Welpen mit einem starken Beutetrieb. Überprüfen Sie auch, ob Ihr Rückruf „Hier“ schon gut funktioniert, üben Sie parallel auch diesen. Für das Apportieren sollten Sie nun eine dünne Schleppleine zur Unterstützung verwenden. Ein entsprechend langes Stück Wäscheleine oder feste Kordel ist für diesen Zweck auch ausreichend. Befestigen Sie die Leine am Geschirr Ihres Welpen und legen Sie diese neben ihn auf den Boden. Halten Sie nun den Welpen fest und werfen Sie das Spielzeug. Die Leine sollte unbedingt deutlich länger als die Entfernung zum Spielzeug sein. Lassen Sie den Welpen nun apportieren! Wenn er das Spielzeug aufgenommen hat, dann loben Sie ihn z. B. mit den Worten: „So ist es brav“, gefolgt von „Apport“. Laufen Sie dann in die entgegengesetzte Richtung weg, das Ende der Leine halten Sie dabei in der Hand. Nutzen Sie so den Folgetrieb Ihres Welpen aus, der Ihnen sicher folgen wird. Mithilfe der Leine können Sie ihn etwas lenken, jedoch dürfen Sie die Leine nicht dazu benutzen, den Welpen wie an einem Lasso einzuholen. Mit der Leine können Sie verhindern, dass er wegläuft, und ihn durch gelegentliche, aufmunternde Leinenimpulse, die in Ihre Richtung weisen, das freiwillige Kommen des Welpen etwas unterstützen. Loben Sie jeden Schritt in Ihre Richtung. Sicher können Sie bald in ähnlicher Weise, jedoch ohne Leine weiterüben.

01 Der Welpe wird mit der linken Hand festgehalten, während das Dummy nach vorne geworfen wird.

02 Er darf nicht gleich hinterherlaufen, ...

03 ... sondern muss eine Sekunde artig frei sitzen.

04 Dann erst darf er zum Dummy laufen.

05 Die Freude ist groß, wenn er es zurückbringt.

ANSPRUCHSVOLLES GELÄNDE

Sobald Ihr Retriever das Dummy zuverlässig zurückbringt, sollten Sie die Anforderungen erhöhen und in etwas schwierigerem Gelände mit höherem und anspruchsvollerem Bewuchs trainieren. Der Welpe soll nun lernen, höheren Bewuchs anzunehmen und seine Nase zu gebrauchen. So fordern Sie Ihren Hund etwas mehr, denn beim Üben auf immer demselben einfachen Gelände besteht die Gefahr, dass es Ihrem Hund zu langweilig wird und er deshalb bald das Interesse am Apportieren verliert. Steigern Sie aber vorerst nicht die Entfernung. Achten Sie bei der Auswahl des Geländes darauf, dass der Hund auch eine Chance hat, das Dummy zu riechen und zu finden. Der Wind soll die Witterung vom Dummy auf den Welpen zutragen, so bleibt er motiviert und wird auch mithilfe seiner Nase zum Erfolg kommen. Er wird lernen, seine Nase einzusetzen und ihr zu vertrauen.

Mit zunehmender Sicherheit können Sie beginnen, das Gelände weiter zu variieren. Jeder neue Apport soll eine kleine Herausforderung sein. Das stärkt das Selbstbewusstsein des Hundes. Er muss nun erste Erfahrungen in möglichst vielen Geländeformen und Bewuchsarten sammeln. Auch kann man nun mit dem Apportieren über leichte Geländeübergänge beginnen.

Stellen Sie einmal fest, dass Sie mit der Auswahl des Geländes über das Ziel hinausgeschossen sind, dann helfen Sie Ihrem Welpen. Lassen Sie ihn erst etwas suchen, greifen Sie aber ein, bevor er demotiviert aufgibt, warten Sie nicht zu lange. Suchen Sie dann gemeinsam mit Ihrem Welpen. Versuchen Sie, ihn in die Witterung des Dummies zu bringen, tun Sie dabei so, als ob Sie mit Ihren Händen intensiv am Boden „riechen". So können Sie Ihren Hund animieren, zu suchen und dabei seine Nase einzusetzen. Außerdem lernt er, dass er im Notfall nur Ihnen zu vertrauen braucht, um mit Ihrer Hilfe zum Erfolg zu kommen.

Mit zunehmender Sicherheit sollte der Welpe auch in anspruchsvollerem Gelände Erfahrungen sammeln.

NASENARBEIT

Hunde sind von Natur aus mit einer hervorragenden Nase ausgestattet und können um ein Vielfaches besser riechen als wir Menschen. Sie haben die Fähigkeit, auch kleinste Geruchspartikel wahrzunehmen und können geringste Geruchsnuancen unterscheiden (siehe S. 137). Hunde definieren und beurteilen die Umwelt hauptsächlich mit Hilfe ihrer Nase, deshalb ist der Geruchssinn für sie sehr wichtig. Sie müssen jedoch erst lernen, mit ihrer guten Nase umzugehen. Bereits im Welpenalter sollte das Verständnis für den Nasengebrauch gefördert werden. Hierfür eignen sich Nasensuchspiele.

HÜTCHENSPIEL

Schritt 1

Werfen Sie vor den Augen des Welpen ein Leckerchen in einen Futtermessbecher. Gestalten Sie dies besonders interessant, damit das Interesse Ihres Welpen geweckt wird. Stellen Sie dann den Becher auf den Fußboden, sodass die Öffnung nach unten zeigt. Animieren Sie den Welpen dazu, den Becher umzuwerfen. Als Belohnung darf er das Leckerchen fressen.

Schritt 2

Benutzen Sie nun zwei (später auch drei) Becher, jedoch nur unter einem liegt ein Leckerchen. Verschieben Sie die Becher vor den Augen des Welpen so wie beim Hütchenspiel. Dann lassen Sie den Welpen das Leckerchen suchen und fressen. Je besser er ist, desto mehr Futtermessbecher können Sie aufstellen. Anfangs lassen Sie Ihren Welpen zuschauen, später geht es auch ohne.

LECKERCHENSUCHSPIEL

Lassen Sie Ihren Welpen sitzen. Zeigen Sie ihm ein Leckerchen, dann gehen Sie durch die Wohnung und verstecken das Leckerchen vor seinen Augen im Zimmer. Kehren Sie zu ihm zurück und schicken Sie ihn zur Suche. Er darf das Leckerchen als Belohnung fressen. Gestalten Sie die Suche mit zunehmender Routine immer schwieriger. Später können Sie auch das Zimmer verlassen.

LECKERCHENFÄHRTE

Legen Sie im Abstand von etwa 15 bis 20 cm mehrere Leckerchen in eine Reihe sowie auf einer Fährte in der Wohnung. Anfangs nur wenige Meter. Setzen Sie dann den Welpen am Anfang der Fährte an. Zeigen Sie ihm mit Ihrer Hand die ersten Leckerchen, dann lassen Sie ihn allein weitersuchen. Seine Nase wird ihn sicher bis ans Ende der Fährte führen. Ans Ende der Fährte sollten Sie zur Belohnung ein besonders schmackhaftes Leckerchen oder einen Kauknochen legen.

Abwandlung der Fährte

Als Variante können Sie die Leckerchenfährte von einem ins andere Zimmer legen, Kurven und Winkel einbauen und auch die Abstände zwischen den Leckerchen vergrößern.

Bei Suchspielen lernt der Welpe, seine Nase einzusetzen.

01 Ruby darf an jedem einzelnen Leckerchen riechen, …

SUCHENPFIFF

Mit dem Suchenpfiff teilen Sie später beim Einweisen dem Hund mit, dass er im Suchengebiet angekommen ist und er nun mit tiefer Nase in seiner unmittelbaren Umgebung intensiv suchen muss. Das Suchensignal sollte schon mit einem Welpen ganz spielerisch geübt werden.

STUFE 1

Lassen Sie den Welpen sitzen und verteilen Sie vor ihm in einem Bereich von 2 bis 3 m^2 Leckerchen in einer Wiese. Zeigen Sie ihm jedes Leckerchen, bewegen Sie dann deutlich Ihre Hand bis zum Boden und legen das Leckerchen dort hin. Der Welpe soll verstehen, dass es nun am Boden zwischen dem Gras liegt. Gehen Sie nun zu Ihrem Welpen zurück und stellen sich neben ihn. Beugen Sie Ihren Arm nach unten bis zum Boden. Der Welpe soll Ihrer Hand bis zum Boden folgen. Riecht er am Boden, dann ziehen Sie Ihre Hand nach vorne ins Suchengebiet hinein. Fordern Sie den Hund mit dem Signal „hi lost" oder „Such, Such" oder dem Suchenpfiff (kurze hintereinander folgende Pfeiftöne) zum Suchen auf. Wählen Sie eine weiche, freundliche Tonlage. Sicher wird der Hund Ihrer Hand folgen und seine Nase nach unten zum Boden nehmen. Durch das Finden der Leckerchen wird er in seinem Tun bestätigt und schnell lernen, dass er bei diesem Signal mit der Nase in seiner Umgebung suchen muss. Er wird nun konzentriert mit tiefer Nase suchen und nach und nach die Leckerchen finden. Manchmal kann man schon dann die Schnupperatmung (= sehr kurzes stoßförmiges Einatmen des Hundes) hören.

02 ... bevor dieses vor sie auf die Erde gelegt wird.

03 Liegen einige Leckerchen im Suchengebiet, ...

04 ... darf Ruby diese mit tiefer Nase suchen.

05 Dabei ertönt der Suchenpfiff.

06 So lernt Ruby diesen Pfiff mit einer kleinen Suche mit tiefer Nase zu verknüpfen.

01 Vor dem Hund werden Bälle, gut versteckt, ...

02 ... in einem Gebiet von ca. 4–5 m^2 ausgelegt.

STUFE 2

Hat Ihr Hund verstanden, dann können Sie die Aufgabe erweitern. Aufbau wie Stufe 1. Jedoch rufen Sie ihn, wenn er einige Leckerchen gefunden hat, mit dem „Hier"-Signal zu sich zurück. Folgt er Ihrem Signal sofort, dann gibt es auch ein tolles Leckerchen bei Ihnen, danach darf er wieder auf Ihr Suchen-Signal hin weitersuchen. Das können Sie einige Male wiederholen.

Folgt er Ihrem „Hier"-Signal nicht, dann haben Sie die Möglichkeit, ihn an die Ausführung des Signales zu erinnern. Ihr Welpe ist ja vor Ihnen beschäftigt, die Leckerchen zu finden. Gehen Sie zu ihm hin, stoßen Sie ihn kurz mit einem „Ejhh!" oder einer ähnlichen negativen Lautäußerung an und rufen ihn danach sofort freundlich. Sicher wird er Ihr „Hier"-Signal nun ausführen, wofür Sie ihn natürlich loben. Er erhält, wenn er bei Ihnen ist, ein Leckerchen.

Mit dieser Übung legen Sie einen entscheidenden Grundstein für das Suchensignal und üben außerdem das Zurückkommen unter Ablenkung.

Dieses lustige Spiel kann häufiger in der Woche wiederholt werden, später auch mit Bällen oder kleinen Dummies.

03 Schicken zur Suche mit dem Suchenpfiff.

04 Er soll konzentriert, mit tiefer Nase suchen ...

05 … und die Bälle nach dem Finden unverzüglich bringen.

06 Ein lustiges Spiel und eine tolle Übung für den Suchenpfiff.

Vorsichtig interessiert nähern sich die Welpen dem unbekannten Element.

GEWÖHNUNG ANS WASSER

Wenn Sie Ihren Welpen an Wasser gewöhnen wollen, dann spielt das Wetter eine ganz große Rolle. Ideale Bedingungen findet man naturgemäß im Sommer. Ist das Wetter kalt und frostig, dann verschieben Sie die ersten Schwimmversuche noch etwas, bis die Sonne wieder kräftiger scheint und die Temperaturen angenehmer sind. Zwingen Sie in der kalten Jahreszeit Ihren Welpen auf keinen Fall zum Schwimmen. Er soll doch das Wasser gleich als angenehm erleben. Geht er jedoch in der kalten Jahreszeit aus eigenem Antrieb ins Wasser, dann müssen Sie dies nicht verhindern, denn dann ist es Ihrem Hund auch nicht unangenehm.

ERSTE SCHWIMMVERSUCHE

Für die ersten Schwimmversuche wählen Sie am besten eine Stelle aus, an der das Ufer sanft abfällt und der Hund im Wasser noch lange stehen kann. Lassen Sie ihn zunächst im seichten Wasser am Ufer herumplanschen. Er muss Gelegenheit haben, sich mit dem neuen Element vertraut zu machen. Unternehmen Sie einige Tage hintereinander Ausflüge ans Wasser. Lassen Sie ihm viel Zeit, denn er muss nicht gleich bei der ersten Begegnung mit dem Wasser schwimmen. Je mehr Vertrauen der Hund zum nassen Element bekommt, umso leichter wird es, ihn zum Schwimmen zu bewegen. Nehmen Sie bei Ihren Ausflügen ans Wasser auch ältere Hunde mit, die bereits gut schwimmen können. Oft folgt ein Welpe dem Beispiel der älteren Hunde und beginnt dann

aus eigenem Impuls zu schwimmen. Achten Sie jedoch darauf, dass kein Hund, der selbst unsicher am Wasser ist, als Vorbild für den Welpen dient. Schnell wird auch ein solches vorsichtiges, ängstliches Verhalten eines älteren Hundes ins Verhaltensrepertoire übernommen.

MOTIVATION DURCH APPORTIEREN

Schwimmt Ihr Hund nicht aus eigenem Antrieb, dann können Sie ihn meistens durch Apportieren dazu bewegen. Wenn er etwas Vertrauen zum Wasser gefasst hat, beginnen Sie, ihn aus dem seichten Wasser etwas apportieren zu lassen. Werfen Sie das Dummy erst nur in kurze Entfernung vor den Hund, er soll es noch erreichen, ohne schwimmen zu müssen. Dann werfen Sie das Dummy immer etwas weiter, bis der Hund nach einigen Apporten soweit ins Wasser muss, dass er den Boden unter den Füßen verliert und einen Moment lang schwimmen muss. Loben Sie ihn, wenn er sich überwunden hat und zum Dummy geschwommen ist. Er hat schließlich etwas ganz Tolles vollbracht. Meist ist nach einem solchen positiv verknüpften ersten Schwimmerlebnis das Eis gebrochen und der Hund wird fortan ohne Probleme schwimmen. Er wird wahrscheinlich am Anfang noch unbeholfen mit den Vorderbeinen ins Wasser schlagen, sodass die Tropfen vor ihm hoch emporspritzen. Doch mit etwas Übung verbessert er schnell seine Schwimmtechnik und wird zunehmend ruhiger im Wasser schwimmen.

ERZWINGEN SIE NICHTS!

Schwimmt Ihr Welpe wider Erwarten nicht, oder ist die Jahreszeit nicht zum Schwimmen geeignet, dann verschieben Sie den Wasserapport auf später. Machen Sie auf keinen Fall Druck. Früher oder später schwimmt jeder Retriever. Bieten Sie dem Welpen immer wieder die Möglichkeit zum Schwimmen an. Irgendwann wird der Groschen fallen.

Ältere Hunde können als Vorbild den Welpen motivieren.

01 Selma läuft schnell zu dem lustigen Dummy.

02 *Sie bringt es schnell zurück …*

03 *… und schüttelt sich erst dann. Braves Mädchen!*

SCHÜTTELN VERHINDERN

Trainieren Sie am Wasser nur Dinge, die an Land schon sehr gut funktionieren. Denn apportiert der Hund an Land nicht sauber, dann werden diese Probleme am Wasser noch gravierender zutage treten. Schwimmt Ihr Hund nun sicher, dann können Sie mit den ersten gezielten Übungen am Wasser beginnen. Das Apportieren aus dem Wasser ist für den Retriever in der Regel kein Problem. Nehmen Sie ihm das Apportel noch im Wasser ab. Er soll gar nicht auf die Idee kommen, sich zu schütteln.

Klappt das gut, dann können Sie einen Schritt weitergehen. Bleiben Sie nicht am Ufer stehen, denn die meisten Welpen neigen dazu, sich erst einmal zu schütteln, sobald sie Boden unter den Pfoten haben. Sie wollen das Wasser im Fell schnellstens loswerden. In der Regel bleiben sie stehen, lassen das Dummy fallen und schütteln sich. Laufen Sie kurz vor dem Welpen vom Uferrand weg, dann wird er Ihnen folgen und erst gar nicht auf die Idee kommen, sich zu schütteln. So können Sie diesen Fehler vermeiden. Sobald er hinter Ihnen ist, drehen Sie sich um und loben und streicheln ihn, bevor Sie das Dummy abnehmen. Führen Sie ein Signal für das Schütteln ein, z. B. „Schüttel dich“, sobald er sich nun schüttelt. Bald wird er sich direkt auf das Signal hin schütteln. Somit können Sie ihn viel leichter kontrollieren.

APPORTIEREN ÜBER WASSER

Lassen Sie den jungen Hund nicht zu oft aus dem Wasser apportieren. Beginnen Sie möglichst schnell, den Welpen über Wasser apportieren zu lassen. So lernt er von Anfang an, eine Wasserfläche zu überqueren. Ist das Überqueren von Wasserflächen erst einmal eine Selbstverständlichkeit für ihn, dann werden später auch große Wasserflächen für den Hund nicht zum unüberwindbaren Problem. Suchen Sie sich für die ersten Über-Wasser-Apporte einen nicht zu stark fließenden Bach aus. Der Hund muss lernen, erst ins Wasser hineinzuspringen und dann am anderen Ufer wieder herauszuklettern. Werfen Sie das Dummy so, dass es am anderen Ufer gut sichtbar für den Hund liegt. Er sollte es sofort, wenn er am anderen Ufer aus dem Wasser herauskommt, sehen können, damit er schnell zum Erfolg kommt. Stellen Sie sich bei den ersten Übungen nahe ans Ufer oder sogar etwas ins Wasser hinein. Achten Sie darauf, dass Sie dem Hund das Dummy abnehmen, bevor er sich schüttelt.

01 Fen schaut dem Dummy nach …

02 … und möchte gleich hinterher.

03 Sie muss aber noch brav warten.

04 Erst nach dem Signal „Apport" darf Fen losschwimmen.

05 *Schnell schwimmt sie zurück, …*

06 *… läuft zu ihrem Menschen, …*

07 *… und gibt ihm das Dummy in die Hand ab.*

JUNGHUNDEZEIT UND PUBERTÄT

— ab dem 6. Lebensmonat

AUF DEM WEG ZUM JUNGHUND

Im Alter von ca. 6 Monaten ist die grundlegende soziale Einordnung des Hundes in seine Menschenfamilie beendet. Nun beginnt die Teenagerzeit!

Oft wird über Nacht aus dem kuscheligen Welpen ein pubertierender Junghund, der sich ähnlich wie ein pubertierender menschlicher Jugendlicher aufführt. Die folgenden Monate sind eine Zeit des hormonellen Umbruchs und Wandels. Seine Hormone spielen verrückt, das andere Geschlecht wird interessant. Rüden heben jetzt das Bein zum Pinkeln, Hündinnen werden zum ersten Mal läufig. Dass die Junghunde nun geschlechtsreif sind, hat aber nichts damit zu tun, dass sie auch automatisch erwachsen sind und die emotionale und geistige Reife eines erwachsenen Hundes aufweisen. Bis der Hund wirklich erwachsen ist, kann es bis zum 2. oder 3. Lebensjahr dauern. *(Quelle der nachfolgenden Phase der Pubertät: Gansloßer/Krivy, Ein guter Start ins Hundeleben, Müller-Rüschlikon 2014)*

DIE PHASE DER PUBERTÄT

Der vollendete Zahnwechsel zeigt an, dass aus dem Welpen ein Junghund geworden ist. In diesem Alter sind auch alle Voraussetzungen gegeben, um den Hund als vollwertigen Jagdpartner ins Rudel zu integrieren. Er darf nun zum ersten Mal in der Begleitung der Eltern die vertraute Umgebung verlassen und wird nach und nach zum Jagdpartner ausgebildet. Durch gemeinschaftliche Jagderfolge lernt er, dass die Zusammenarbeit mit dem erfahrenen Leittier den jagdlichen Erfolg sichert. Er macht so die Erfahrung, dass die Gemeinschaft dem Einzelnen Vorteile bietet. Der Mensch als Leitfigur sollte nun seine Führungsqualität unterstreichen, wobei es mehr darauf ankommt, den erfahrenen, psychisch überlegenen Anführer zu demonstrieren als den Tyrannen. In diesem Alter wird der Gehorsam ausgebaut. Versagt der Mensch als Leitbild, wird der Junghund versuchen, diese Stellung einzunehmen. Denn einer muss schließlich das Rudel sicher führen und lenken. Ein Rudel ohne Rudelführer darf es aus hündischer Sicht nicht geben.

Zu Abenteuern aufgelegt – ein selbstbewusster Junghund.

WAS FINDET IN DIESER ZEIT STATT?

Entwicklung des Junghundes

— Mit dem vollendeten Zahnwechsel wird aus dem Welpen ein Junghund.
— Der Junghund wird vollwertiges Rudelmitglied.
— Rüden entwickeln sich etwas langsamer als Hündinnen. Das Hirnwachstum ist bei männlichen Säugetieren im Allgemeinen später abgeschlossen.
— Rüden beginnen ihr Bein zu heben und beginnen mit dem „Markierverhalten" (ca. 7. bis 12. Monat).
— Hündinnen werden das erste Mal läufig (ca. 6. bis 12. Monat).
— Der Zuwachs von Kraft und Geschicklichkeit nimmt zu; Reflexe werden geformt.
— Im Zeitraum vom 6. bis etwa zum 9. Monat findet eine zweite Angstphase statt. In dieser Zeit wird noch einmal die Umweltprägung vertieft und gefestigt. Es besteht eine erhöhte Schreckhaftigkeit.

Aktivitäten des Junghundes

— Innerhalb von bestehenden Gruppen werden Rangverhaltensmuster gezeigt, nicht mehr durch Kämpfe, sondern durch deutliche Signale.
— Das Markierverhalten beginnt.
— Erste Anzeichen von Territorialverhalten.
— Spielerisches Sexualverhalten
— Das Jagdverhalten erwacht.
— Es werden Verhaltensweisen, wie z. B. Runzeln der Nase, Flucht, Meiden, Haare-Sträuben, aktive und passive Unterwerfung, aufgerichtete Rute, Schnappen gezeigt.
— Der Mensch als Leitfigur wird infrage gestellt.

GEHIRN WEGEN UMBAU GESCHLOSSEN

Das heranwachsende Tier ist in der Pubertät in einer Umbruchphase. Die Pubertät ist die letzte Phase im Sozialisationsprozess eines Lebewesens. In den frühen Phasen wurden arttypische Bewegungsabläufe und deren situationsgerechte Anwendungen trainiert und geübt. Nun geht es darum, sich in das soziale Beziehungsumfeld einzupassen. Der Junghund muss nun herausfinden, was er will und wie sich sein weiteres Leben gestaltet. Soll er aus dem vertrauten elterlichen Familienverbund abwandern, eine eigene Familie gründen oder sich einer anderen Gruppe anschließen, oder soll er doch in der vertrauten Gemeinschaft bleiben. Die Pubertät ist die Phase der Ablösung von der Familie, sie ist gekoppelt an eine zunehmende Aktivierung des Erregungssystems und einer Abnahme des Sicherheitsbedürfnisses. Daraus entsteht eine Überdrussreaktion, das Häusliche, Heimelige wird einem zu viel, Neuheiten und mehr Aufregung sind in dieser Zeit gefragt. Andererseits kann in dieser Phase aber auch durchaus der Anschluss an die elterliche Gruppe bzw. deren Einzelindividuen verstärkt werden.

FESTIGUNG VON ERFAHRUNGEN

Die Pubertät ist ein längerer Zeitraum, in dem auch das gesamte Gehirn und Nervensystem nochmals neu verschaltet wird. Es werden viele Nervenzellen mit neuer Bedeutung und neuer Zuständigkeit belegt. Im Zeitraum zwischen dem 6. bis 9. Lebensmonat findet eine Festigung der Erfahrungen mit Gegenständen, Situationen oder Lebewesen statt. Harmlose Situationen sollten erneut eine positive Bestätigung erfahren, um so künftige Angst- oder Furchtreaktionen zu vermeiden. Positive Erfahrungen, die bis zur 12. Lebenswoche bereits gemacht wurden, müssen in diesem Zeitraum nochmals neu bestätigt werden. Es besteht aber auch noch eine Chance, den Hund nachträglich an bestimmte Situationen oder Gegenstände heranzuführen.

Ich bin groß – du bist klein!

Ignorieren führt nicht zum Erfolg!

In dieser Phase des Umbruchs ist es absolut unsinnig und kontraproduktiv, den pubertierenden Junghund durch langanhaltendes Ignorieren zurechtzuweisen. Freilandstudien zeigen, dass genau das Ignorieren der Einstieg in die Abwanderung des Jungtieres ist. Durch das Ignorieren legt die Gemeinschaft dem Junghund praktisch die Kündigung nahe. Solang die Gemeinschaft Interesse am Verbleib des Junghundes in der Gruppe hat, wird diese positiv und mit Spiel agieren.

WANN BEGINNT DIE PUBERTÄT?

Dieser Zeitpunkt lässt sich nicht genau berechnen. Wie bei uns Menschen gibt es Hunde, die frühreif sind und andere, die einfach mehr Zeit brauchen, sogenannte Spätentwickler. Es gibt auch Hunde, bei denen man von der Pubertät überhaupt nichts merkt, sie benehmen sich wie immer. Hunde im Alter zwischen 6 und 8 Monaten sind in einer „Übergangsphase“. In diesem Alter verwandeln sie sich oft in kleine Teufel und benehmen sich unflätig. Dieses indifferente Verhalten nehmen Artgenossen meist nicht ernst. Die Welpen wollen etwas, aber sie wissen noch nicht, was daraus werden soll – sie haben keinen Plan.
Die eigentliche Pubertät beginnt in etwa mit 8 Monaten. Diese Phase, mit ihrem zuweilen draufgängerischen und unberechenbaren Benehmen, kann sich unter Umständen bis zu einem Alter von 2 bis 3 Jahren hinziehen. In diesem Lebensabschnitt befindet sich das Gehirn des Hundes noch in der Entwicklung, während der Körper bereits seine endgültige Größe erreicht hat.

WANN IST DER HUND ERWACHSEN?

Natürlich gibt es individuelle Unterschiede, aber als Faustregel kann man sich an folgendem orientieren: Eine Hündin braucht mindestens drei Läufigkeiten mit allen danach folgenden Erscheinungen (Scheinträchtigkeit, Scheinmutterschaft), ein Rüde mindestens genauso lange, eventuell sogar noch einige Monate länger.

Ich mag dich – wir sind ein tolles Team!

MUSS ICH MACHEN, WAS DU SAGST?

Erziehungstechnisch scheint der Hund scheinbar alles vergessen zu haben, was Sie ihm bereits beigebracht haben. Der Junghund geht immer öfter seiner eigenen Wege und schenkt seinem Menschen keine Aufmerksamkeit mehr. Er macht nur noch etwas, wenn er es auch möchte. Als Welpe war Ihr Hund auf Sie angewiesen und von dem angeborenen Wunsch getrieben, Ihnen zu folgen und sich in das Familiengeschehen einzufügen. Der Junghund jedoch hat nun seinen eigenen Kopf, seine eigenen Vorstellungen und fängt deshalb an, die Grenzen auszutesten, die Sie ihm in den letzten Monaten aufgezeigt haben. Somit beginnt ein ganz natürlicher Ablöseprozess von den Eltern (das sind in diesem Fall Sie) und die Entwicklung der eigenen Persönlichkeit.

Jetzt heißt es konsequent bleiben, damit Sie diese Phase gemeinsam gut und erfolgreich durchstehen. Bleiben Sie unbedingt am Ball. Lassen Sie die Erziehung nicht schleifen. Durch das ausdauernde Hinterfragen des Hundes von Grenzen und Regeln testet er die Stabilität innerhalb seines Rudels. Nur wenn die Stabilität erhalten bleibt, fühlt sich der Hund sicher bei Ihnen. In dieser Zeit ist jegliche Art der Weitererziehung Zeit- und Energieverschwendung. Es gilt nun das zu bewahren, was der Hund bereits gelernt hat. Keine Angst – diese Phase geht vorüber. Einfach abwarten und durchhalten.

GELERNTES IST NICHT VERGESSEN …

… sondern aktuell nur nicht abrufbar. War die Erziehung bis jetzt erfolgreich und bleibt man weiterhin konsequent, dann kann man auf dem bisher Erlernten aufbauen. Gehen Sie zu den Grundlagen zurück, verlangen und erwarten Sie nur noch einfache Dinge, orientieren Sie sich aber weiterhin an den von Ihnen aufgestellten Regeln. Das Gelernte ist nicht vergessen, sondern aktuell nur nicht abrufbar, da das Gehirn des Junghundes sich in einer Umstrukturierungsphase befindet. So haben Sie die Chance, die Verbindung zu Ihrem Hund wieder zu vertiefen und eine enge vertrauensvolle Beziehung aufzubauen. Weichen Sie die Grenzen nicht auf, sonst gewinnt der Hund den Eindruck, die Regeln würden nur manchmal gelten. Dann besteht die Gefahr, dass sich negative Verhaltensweisen einschleichen. Diese werden dann höchstwahrscheinlich für das restliche Leben Ihres Hundes gelten und Ihnen womöglich nachhaltig Probleme bereiten. Hat man die Erziehung jedoch bis jetzt vernachlässigt, entstehen aus „problematischen Verhaltensweisen" sehr schnell und nachhaltig ernstzunehmende Probleme. Dieses kann man meist unmittelbar oder spätestens beim herangewachsenen Hund beobachten.

NUR NOCH TRAINING, ODER AUCH NOCH SPIEL?

Junghunde werden in Ausbildungskursen mit Trainingseinheiten für Dummyarbeit oder im Hinblick auf ihren jagdlichen Gebrauch schon sehr gezielt gefördert. Aus Zeitmangel oder

---

ANZEICHEN DER PUBERTÄT

- Der Radius des Hundes wird immer größer, er erkundet die Umwelt immer weiter. Der Rückruf „Hier" – was ist das? Das Jagdverhalten kann zum Vorschein kommen.
- Der Hund wird flegelhafter und testet vermehrt und ausdauernd Grenzen bei seinen Artgenossen und bei seinen menschlichen Bezugspersonen.
- Ihr Hund ist manchmal gar nicht mehr ansprechbar, er hat für alles Interesse, nur nicht für Sie.
- Bereits Erlerntes wird nochmals in Frage gestellt. Signale, die bisher gut funktionierten, sind wie vergessen.
- Die Bereitschaft des Hundes zur gemeinsamen Zusammenarbeit nimmt in dieser Phase entwicklungsbedingt deutlich ab.
- Der Hund ist insgesamt stressanfälliger, reizbarer, kann sich nur schwer konzentrieren. Das Erregungsniveau steigt sehr schnell an.
- Das Spielverhalten verändert sich. Begegnungen mit fremden Hunden laufen gelegentlich nicht mehr so friedlich wie bisher ab, es kann zu Konflikten kommen; mit manchen Hunden wird gespielt, während andere völlig ignoriert werden.
- Unsicherheiten aus der Welpenzeit treten plötzlich wieder auf. Erfahrungen, die bis zur 12. Lebenswoche gemacht wurden, müssen in diesem Zeitraum nochmals neu bestätigt werden.
- Die Stellung im Rudel wird verstärkt ausgetestet.

ICH MAG DICH! ICH VERTRAUE DIR!

Wenn die Beziehung zwischen Ihnen und Ihrem Hund stimmt, dann wird er es Ihnen unmissverständlich zeigen. Anhänglichkeitsbezeugungen wie Ablecken, Suche nach Körperkontakt sind eindeutige Zeichen. Weisen Sie Ihren Hund in solchen Situationen auf keinen Fall ab.

Unwissen bekommt der Junghund oftmals nur noch selten die Möglichkeit zum Spiel mit anderen Hunden. Doch gerade das ist besonders wichtig, da in dieser Entwicklungsphase das soziale Konfliktmanagement wie die Abbruchsignale erlernt werden. Der Junghund muss sich die Fähigkeit, wann nerve ich den anderen, wann ist es besser aufzuhören, in dieser Phase erarbeiten, das ist ihm nicht von Natur aus mitgegeben. Er muss am eigenen Körper durch klar kommunizierte Abbruchsignale lernen, wann es besser ist aufzuhören. Abbruchsignale kommuniziert von anderen Hunden, aber auch von seinem Menschen. Abbruchsignale zerstören keinesfalls die Beziehung zwischen den Hunden oder zwischen Mensch und Hund und produzieren auch keinen unnötigen Stress. Sie dienen dem Unterstreichen und Durchsetzen der sozialen Regeln. Unter Hunden wird nach einem gesetzten Abbruchsignal immer eine erneute freundliche oder neutrale Kontaktaufnahme beobachtet, daran sollte sich auch der Mensch orientieren.

VERHALTENSPROBLEME WÄHREND DER PUBERTÄT

Untersuchungen haben gezeigt, dass Verhaltensprobleme bei Hunden auch entstehen können, wenn in der Pubertät etwas schiefläuft. Die Entstehung von ADHS bei Hunden ist mittlerweile deutlich belegt. Das Entstehen ist von vielen Faktoren abhängig. Beteiligt sind genetische Aspekte, aber auch eine veränderte Rezeptordichte im seitlichen Stirnhirn, die für die Produktion des Dopamin verantwortlich ist (Dopamin = wichtiger Botenstoff des Nervensystems, leitet Signale zwischen Neuronen weiter und sorgt für die Steuerung sowohl körperlicher als auch geistiger Bewegungen). Dort befindet sich auch die Region, die für die Konzentrationsfähigkeit und somit für die Fähigkeit, sich längere Zeit auf eine schwierige Aufgabe zu konzentrieren, verantwortlich ist. Eine amerikanische Arbeitsgruppe von Psychiatern hat die Hypothese aufgestellt, dass Jugendliche (vor allem männliche) zu wenig Dopamin ausschütten, wenn sie in der Pubertät zu wenig Gelegenheit zum Raufen, Balgen und Toben hatten, also zum gegenseitigen Kräftemessen. Dadurch wird die Reifung der bereits genannten Hirnareale verringert und die Folge ist eine erhöhte Anfälligkeit für ADHS.
Noch erschreckender sind Ergebnisse einer Studie an menschlichen Jugendlichen, die sich aber ohne Weiteres auch auf unsere Hunde übertagen lassen. Es wurde festgestellt, dass Jugendliche, die in der Pubertät mit starkem Kontrollverlust, permanenter Aggression, andauernder Unterdrückung und mangelnder Möglichkeit der Selbstentwicklung im Elternhaus konfrontiert wurden, zu Wutaggressionen neigen. Auch hier ist eine mangelnde Kontrolle des emotionalen Zentrums durch die Großhirnrinde verantwortlich. Normalerweise führen die in der Pubertät gemachten Erlebnisse, seine eigenen Fähigkeiten zur Schau zu stellen und eigene Problemlösungen zu finden, dazu, dass Serotoninrezeptoren aktiviert werden (Serotonin = Botenstoff, der eine wichtige Rolle für unsere Stimmungen spielt, Serotoninmangel macht sich als Depression bemerkbar). So findet man das gleiche asoziale Verhalten bei „durchgeknallten" Hunden, das man auch von Jugendlichen aus sozialen Brennpunkten kennt. Sie reagieren auf keinerlei Konfliktmanagement und andere soziale Beschwichtigung des Angegriffenen; beißen z. B. noch auf den vermeintlichen Gegner ein, obwohl dieser beschwichtigend auf

dem Boden liegt. Man hat beobachtet, dass die Hunde mit solchen Verhaltensauffälligkeiten aus inkompetenten Haltungsverhältnissen stammen, in denen z. B. zu früh oder völlig inkompetent eine auf Beute ausgerichtete Ausbildung extrem vorangetrieben wurde.

GESUNDHEITLICHE PROBLEME

Eine mangelnde Produktion des Schilddrüsenhormons (Schilddrüsenunterfunktion – darunter leiden sehr viele Retriever) macht sich in der Pubertät häufig das erste Mal auffällig bemerkbar. So treten bei den Junghunden auffällig Launenhaftigkeit, Lern- und Konzentrationsschwäche, Affektaggression und bisweilen auch eine Form von epilepsieartigen Anfällen auf. Fatal ist, dass gelegentlich nicht gesehen wird, dass hier zwei ähnliche Problematiken mit ähnlichen Symptomen zeitlich zusammentreffen, nämlich das erstmalige Erscheinen der Symptome der Schilddrüsenunterfunktion und die Problematiken der Pubertät. Gelegentlich wird nun versucht, die Probleme der Pubertät mit einer Kastration zu lösen. Doch gerade eine Kastration hat als negative Nebenwirkung das Risiko, eine Schilddrüsenunterfunktion noch zu fördern. Zudem werden die Hunde nach erfolgter Kastration häufig noch stressanfälliger, auch werden neurologische und psychologische Probleme verstärkt. Den Teufel mit dem Beelzebub auszutreiben, kann nicht funktionieren. Viele Erscheinungen in der Pubertät sind absolut normal. Aufmüpfigkeit ist eher eine seltene Erscheinung, oft versteht der Junghund einfach nicht, was man von ihm möchte, da der Zugriff auf die notwendige Datenbank im Gehirn durch die Umbaumaßnahmen gerade gestört oder nicht verfügbar ist. Hier hilft nur nachsichtige Konsequenz, verlangen und erwarten Sie nicht zu viel, machen Sie es Ihrem Hund einfach, gehorsam zu sein!

Spielraufen ist für die halbstarken Teenager wichtig, so lernen sie ihre Grenzen kennen.

MITTELSTUFE: DIE ZIELGERICHTETE AUSBILDUNG

Ihr Retriever hat nun die für eine gezielte Ausbildung notwendige psychische Reife und physische Belastbarkeit erreicht. Individuelle Entwicklungsunterschiede sind natürlich möglich.

Nun können Sie systematisch auf die in den vergangenen Wochen bei Ihrem Welpen spielerisch gelegten Grundlagen der Dummyarbeit aufbauen und mit dem Junghund zur zielgerichteten Ausbildung übergehen. Das ernsthafte und somit formale Training des Retrievers beginnt jetzt. Die Gehorsamsübungen werden erweitert, man achtet nun immer mehr auf die absolut exakte Ausführung. Es wird somit auch die Mensch-Hund-Beziehung weiter gefestigt und langsam ausgebaut.

WANN IST TRAINING SINNVOLL?

Die aufgezeigte Problematik der Pubertät hat natürlich auch Einfluss auf das Training. Sie haben sicher in den vergangenen Wochen eine gute Basis geschaffen, aber manchmal ist nun das Erlernte einfach nicht mehr abrufbar. Das Lernen hat nun deutliche Höhen und Tiefen. Zu Beginn der Pubertät wird eine Phase von verringerter Aufmerksamkeit und verringerter Lerngeschwindigkeit beobachtet.

Fen erkundet interessiert ihre Umwelt und sammelt wertvolle Erfahrungen für ihr weiteres Leben.

VERHALTENSREGELN FÜR MENSCHEN

- Machen Sie sich bewusst, dass das ungestüme Verhalten Ihres Jungspundes zum natürlichen Reifungsprozess gehört und somit etwas ganz Normales darstellt.
- Regeln müssen Regeln bleiben! Akzeptieren Sie grundsätzlich nicht, wenn Ihr Junghund versucht, über die Stränge zu schlagen. Achten Sie jedoch vorausschauend darauf, dass Sie aktuell nicht zu viel verlangen. Weniger ist oft mehr!
- Versuchen Sie nicht die Problematiken des pubertierenden Junghundes zu lösen, indem Sie ihm aktionsgeladen Beschäftigungsmöglichkeiten anbieten (z. B. Fahrradfahren, Joggen, ständiges Ball- oder Frisbeewerfen). So erhöhen Sie nur die körperliche Fitness und somit ein steigendes Bedürfnis nach dieser körperlichen Auslastung. Das Resultat: der Körper ist fit, aber der Kopf weiterhin leer.
- Seien Sie nachsichtig, wenn Ihr Hund Konzentrationsschwächen aufweist und bestimmte Übungen nicht oder nicht korrekt ausführt. Reduzieren Sie die Trainingszeit, evtl. auch das Trainingsniveau. Sie und auch Ihr Hund werden sich wohler fühlen, da es weniger Frustration und Konflikte gibt.
- Denken Sie immer daran, was Ihr Junghund in der Welpenzeit gelernt hat, ist nicht vergessen, sondern wegen seiner hormonellen Umstellung und den anhaltenden Umbauarbeiten im Gehirn nur aktuell nicht abrufbar.
- Lassen Sie seinen Erkundungshunger zu und fördern Sie so seine Umwelt- und Sozialentwicklung. Doch achten Sie darauf, dass er nicht über die Stränge schlägt und sich seine Erkundungen im Rahmen halten, so dass weder Ihr Hund noch Menschen und andere Tiere Schaden nehmen.
- Lassen Sie keinesfalls zu, dass Ihr Hund sich Ihnen entfremdet und vermehrt eigene Wege geht. Machen Sie ihm klar, dass Sie weiterhin seine zentrale Anlaufstelle sind und zu seiner Lebensqualität beitragen.

Oft ist das Lernen tagesformabhängig, einmal klappt es mit dem Training super, einmal funktioniert überhaupt nichts. Ist Ihr Hund gerade nicht aufnahmefähig, dann brechen Sie das Training ab. Es kommt sowieso heute nichts bei ihm an! Beenden Sie jedoch auch dieses Training mit einer einfachen Übung die klappt. Dieser Erfolg motiviert Ihren Hund.

DIE LERNKURVE FLACHT AB

Der steile Anstieg der Lernkurve Ihres Hundes in der Welpenzeit (so ein rasanter Lernfortschritt ist nur in dieser Zeit möglich) hat Sie verwöhnt, sodass Sie nun sicher enttäuscht sind, vielleicht sogar entsetzt darüber, dass das Training stagniert oder sogar Rückschritte aufweist. Nehmen Sie diese Entwicklung bitte nicht persönlich. Haben Sie Nachsicht mit Ihrem vierbeinigen Freund – er macht das nicht, um Sie zu ärgern, er kann nur einfach nicht anders. Passen Sie das Training an das aktuelle Leistungsvermögen Ihres Hundes an, gehen Sie besser einen Schritt zurück, auch mit Ihrer Erwartungshaltung. Festigen Sie das, was der Hund bereits gelernt hat und geben Sie ihm so Sicherheit. Versuchen Sie auch das Erregungs- und Frustrationsverhalten Ihres Hundes in dieser Zeit nicht übermäßig zu strapazieren. Bedenken Sie, dass bedingt durch die Entwicklungsphase, die Ihr Hund momentan durchlebt, seine Möglichkeit der Impulskontrolle sehr begrenzt ist. Konsequenz, aber mit Geduld, Toleranz und Verständnis, sind nun die Schlagworte.

MUSS EIN HUND IMMER GLÜCKLICH SEIN?

„Mein Hund soll immer Spaß im Leben haben! Ich möchte, dass er glücklich ist! Darum mache ich mit ihm nur das, was ihm Spaß und Freude bereitet!“ Das ist ein fataler Denkfehler, denn was ist Glück überhaupt? Glück ist das Sahnehäubchen der Zufriedenheit. Leider ist Glück eben nur das Sahnehäubchen, was bedeutet, dass es nicht ständig da ist. Es kommt und es geht. Zufriedenheit dagegen hat Kontinuität!
Wenn es um die Beschäftigung und somit um die Auslastung unserer Hunde geht, sollte uns die Zufriedenheit des Hundes wichtiger sein als das ohnehin nicht erreichbare ständige Glücksgefühl.
Warum diese Begriffsdefinitionen, werden Sie denken! Das gehört doch gar nicht hierhin! Doch – im Alltag kann man häufig beobachten, dass viele Hundebesitzer sehr bemüht sind, immer einen glücklichen Hund an ihrer Seite zu haben. Wirft nun ein Besitzer, da er festgestellt hat, dass sein Hund sehr viel Spaß am Ball, Frisbee oder an der Dummyarbeit hat, ihm immer öfter zur Beschäftigung etwas zu, da der Hund ja glücklich sein soll, dann setzt er einen verhängnisvollen Prozess in Gang.

Vorlieben fördern?

Fördert der Hundehalter die Vorliebe seines Hundes, wird die Erwartungshaltung des Hundes immer weiter vorangetrieben. Mit zunehmender Erwartungshaltung und der steigenden Erregung in Bezug auf sein Beuteobjekt (Ball, Frisbee bzw. Dummy), können in der Pubertät hormonelle Veränderungen ausgelöst werden, die einem Suchtverhalten sehr nahe kommen. Man nennt diese Hunde deshalb auch Ball- bzw. Dummy-Junkies. Bedenken sollten wir auch, dass gerade bei den hochveranlagten, triebstarken Hunden aus Field Trial Linien schnelles Reaktionsvermögen, eine stärkere Orientierung an Außenreizen und eine höhere Aktivität züchterisch gewollt sind und somit mit einer Veranlagung zu erhöhter Dopamin-Ausschüttung und beschleunigter Ausschüttung von Endorphinen einhergeht. Wird diese Veranlagung durch den Hundebesitzer weiter gefördert, kommt es innerhalb weniger Wochen zu einer Verschiebung der Interessen des Hundes. Das Beuteobjekt wird immer wichtiger, dafür werden anderen Dinge, die das Leben ausmachen, immer unwichtiger.

Fixierung = Sucht
Sucht = Reduzierte Lebensqualität

Letztendlich hat ein solcher Hund kaum noch andere Lebensinhalte als seinen Ball, die Frisbee oder das Dummy. Durch die so isolierte Welt (Fixierung nur noch auf den Gegenstand) hat dieser Hund eine eingeschränkte, reduzierte Lebensqualität. Parallelen kann man zu alkohol- bzw. nikotinsüchtigen Menschen ziehen. Das ist vor allem dann erkennbar, wenn das „Suchtmittel“ Ball, Frisbee oder Dummy zum Einsatz kommt und der Hund sich aus Erregung nicht mehr beherrschen kann und unruhig hin und her springt oder vor lauter Erregung anhaltend und aufgeregt bellt.

AUSWIRKUNG AUF DEN ALLTAG

Im Alltag scheinen diese Hunde aus nicht erklärbaren Gründen immer unruhiger, nervöser und auch reizbarer zu sein. Oftmals ist die beschriebene Aktionskette ein schleichender, vom Hundehalter unbemerkter Prozess. Machen Sie deshalb nie den Fehler, Ihren Welpen oder Junghund aufgrund seines gezeigten Spaßes auf irgendeine Beschäftigung zu fixieren und dafür andere Dinge einzuschränken oder gar wegzulassen. Halten Sie bei allem, was Sie mit dem Hund tun, ein gesundes Maß ein.
Achten Sie unbedingt darauf, dass Ihr Hund keine übermäßige Erwartungshaltung entwickelt. Nur ein ausgeglichener Hund ist ein zufriedener Hund.

LEHRPLAN DER MITTELSTUFE

In diesem Abschnitt wird das Training der Fußarbeit komplett dargestellt, das weiterführende Dummytraining jedoch nur kurz angerissen und einige Grundgedanken vermittelt. Dummytraining ist zu umfangreich, um es hier vollumfänglich darzustellen.

Lesen Sie, wenn Sie Spaß an der Dummyarbeit bekommen haben, in „Die Kosmos-Retrieverschule" weiter, die Übungen sind dort detaillierter und weiterführend beschrieben und erklärt. Hier werden auch die Hintergründe, also der Sinn und Zweck der Dummyarbeit, dargestellt. Zudem gibt es einen großen Teil über die aktuelle Lerntheorie; Theorie, die Sie als Hundebesitzer kennen sollten, um Ihren Retriever artgerecht ausbilden zu können.
Ergänzt wird „Die Kosmos-Retrieverschule" durch das „Trainingsbuch für Retriever". Dieses ist als Arbeitshandbuch gedacht, in dem über 100 Trainingspläne dargestellt sind. Einen Trainingsplan, dem Sie entnehmen können, welche Übungen Sie in welcher Reihenfolge mit Ihrem Junghund anstreben können, finden Sie unter: www.kosmos.de/zvolsky_trainingsplan
Jedoch sollten Ihnen die Angaben der Zeitintervalle nur als Anhaltspunkt dienen. Jedes Mensch-Hunde-Team ist anderes, da Lebewesen immer individuell sind. Passen Sie deshalb Ihren Trainingsplan zeitlich an die Entwicklungs- und Lerngeschwindigkeit Ihres Hundes an.

BESSER EINFACH ALS KOMPLIZIERT

Je einfacher ein Training strukturiert ist, umso schneller kann der Hund den Lerninhalt verstehen. Je komplizierter die Struktur und umso mehr Hilfsmittel Sie für das Training benötigen, desto mehr kann schiefgehen.

Die gezielte Ausbildung mit dem Dummy kann nun beginnen.

HERANKOMMEN

Die Freiwilligkeit und die Motivation Ihres aufwachsenden Hundes, auf Ihren freundlichen Rückruf „Hier" unverzüglich zu Ihnen zurückzukommen, nimmt in der Junghunde- und Pubertätszeit ab. Es gibt schließlich Wichtigeres in der Welt! So wird der Rückruf nicht mehr so zuverlässig befolgt, gelegentlich wird dieser sogar völlig ignoriert. Dies passiert entwicklungsbedingt, selbst wenn der Übungsaufbau in der Welpenzeit optimal verlief und Ihr Hund mit seinen Leistungen gezeigt hat, dass er diese Lektion verstanden hat. Auf Spaziergängen nehmen die Ausflüge Ihres Jungspundes zu und das Interesse an Ihnen scheint immer mehr abzunehmen. Selbst Bestechungsversuche von Ihnen zeigen keine Wirkung (Bestechung = Zeigen von Leckerchen oder Spielzeug). Bei Hunden, die gern ausweichen bzw. die nicht zuverlässig auf das „Hier"-Signal zurückkommen, oder Hunde, die einen weiten Radius haben, den man etwas einschränken will, ist die Schleppleine ein hervorragendes Hilfsmittel.

DIE SCHLEPPLEINE

Wählen Sie eine nicht zu schwere Leine in einer Farbe, die man auf dem Boden gut sehen kann (orange, gelb). Die Schleppleine sollte eine Länge von 5 bis 10 m haben und einen Karabiner, den man am Geschirr des Hundes befestigen kann. Bewährt haben sich runde Schleppleinen aus Biothane. Diese lassen sich gut säubern, saugen sich nicht mit Wasser voll und verknoten sich nicht so leicht, deshalb kann man diese auch im lichten Wald verwenden. Im Fachhandel werden diese auch als Such- und Fährtenleinen angeboten. Die Schleppleine darf keine Handschlaufe haben, diese verfängt sich leicht und der Hund bleibt hängen. Wenn Ihre Leine eine Handschlaufe hat, dann entfernen Sie diese. Machen Sie stattdessen an das Ende der Leine einen dicken Knoten. Dieser gewährleistet, dass die Leine nicht unter Ihrem Schuh hindurchrutscht, wenn Sie auf die Leine treten, um den Hund zu stoppen. Auch merken Sie, wenn Sie die Leine durch Ihre Hand gleiten lassen, wann Sie am Ende der Leine angekommen sind.

Eine Schleppleine befestigt man am besten an einem leichten Geschirr.

SCHLEPPLEINE

VORTEILE	NACHTEILE
— Erhöhung der Kontrollmöglichkeit — Zugriff auf den Junghund innerhalb der Leinenreichweite immer möglich. — Bereits nach kurzer Gewöhnungszeit keine Behinderung für den Hund. — Korrekturmaßnahmen sehr effektiv, da durch die Kontrollmöglichkeit der Leine ein Durchsetzen nicht befolgter Signale möglich ist.	— Verfangen an Bäumen oder Sträuchern in unwegsamem Gelände. — Gefahr des Fesselns beim Spiel mit Artgenossen. — Der Hund darf nicht unbeaufsichtigt damit herumlaufen. — Bei heftigem Losrennen des Hundes kann die Leine durch die Hand des Hundeführers rutschen, es besteht Verbrennungsgefahr. Deshalb immer Handschuhe tragen!

UMGANG MIT DER SCHLEPPLEINE

Um zu gewährleisten, dass man die Kontrolle über den Rabauken nicht verliert, dieser aber noch frei laufen kann und so die Möglichkeit hat, sich selbstständig zu bewegen und Erfahrungen zu sammeln, kommt man an der Schleppleine nicht vorbei. Im Gegensatz zu der Führ- und Ausbildungsleine hält man die Schleppleine nicht in der Hand, sondern lässt sie auf dem Boden schleifen wie es der Name schon sagt. Die Schleppleine wird nun ein ständiger Begleiter Ihres Hundes werden. Nach kurzer Gewöhnungszeit ist diese auch kein Problem mehr für ihn.
Hört der Hund in Entfernung nicht auf Ihr erstes Signal, dann nehmen Sie über die lange Leine Einfluss auf ihn. Lassen Sie seinen Radius aber nicht größer werden als die Länge der Leine, so dass Sie jederzeit Zugriff haben. Bei Nichtbefolgen des „Hier"-Signals treten Sie einfach auf die Leine und stoppen so Ihren Hund. Da er bereits in der Welpenzeit gelernt hat, was „Hier" bedeutet, unterstreichen Sie so Ihre Autorität. Durch das Stoppen wird Ihr Hund daran erinnert, was Sie von ihm erwarten. Wiederholen Sie noch einmal das Signal „Hier". Kommt er nun zurück, dann loben Sie ihn. Kommt er nicht, dann nehmen Sie die Schleppleine in die Hand, rufen nochmals „Hier" und laufen in die entgegengesetzte Richtung. Sobald der Hund Ihnen folgt, loben Sie ihn. Mit der langen Leine können Sie ihn lenken; motivieren Sie ihn mit leichtem rhythmischem Zupfen, in Ihre Richtung zu laufen. Eine Schleppleine ist oft ein unverzichtbares Hilfsmittel, man muss allerdings die Handhabung etwas üben.
Vorsicht! Stoppen Sie den Hund an der Schleppleine nie mit bloßen Händen, treten Sie besser darauf! Rennt der Hund los, dann zieht er Ihnen die Leine durch die Hand und es kommt zu Verbrennungen. Schützen Sie Ihre Hände mit Lederhandschuhen.
Auch wenn Ihr Hund wieder sehr gut auf Ihre Signale reagiert, sollten Sie die Schleppleine nicht direkt abmachen. Es kann immer wieder zu kleinen Rückfällen kommen. Bei einem solchen Rückfall müssen Sie auch reagieren können. Der Hund darf nicht lernen: Leine dran – „Ich muss hören!", Leine ab – „Ich kann machen was ich will!"
Bauen Sie die Schleppleine langsam ab. Verkürzen Sie die Leine immer mehr, indem Sie ein Stück abschneiden. Zum Schluss hängt nur noch ein kurzes Stück am Geschirr. Nach meinem Erfahrungswert dauert das Training mit der Schleppleine, bis Sie ganz auf diese verzichten können, ca. 6 bis 12 Monate.

01 Führen Sie Ihren Hund mit einem Leckerchen in die exakte Fußposition.

02 Drücken Sie ihn beim Loben an Ihr Bein und sagen Sie dazu „Fuß“.

FUSSARBEIT / HEELWORK

Haben Sie in den letzten Wochen konsequent aber noch spielerisch geübt, dann wird Ihr Hund nun schon ziemlich gut an der Leine laufen können. Nun sollten Sie eine immer perfektere Leistung anstreben. Dafür muss der Hund erst einmal lernen, wo die genaue Fußposition überhaupt ist.

DIE EXAKTE FUSSPOSITION

Die exakte Position am Fuß ist, wenn der Hund mit seiner Schulter auf Kniehöhe des Menschen, eng an seinem Bein und parallel zu ihm sitzt. Aufgabe des folgenden Trainings ist, dass der Hund immer in diese beschriebene Position kommt, wenn Sie „Fuß“ sagen.

Schritt 1 – Wo ist die (Position) Fuß?

Führen Sie Ihren Hund in die exakte Fußposition und lassen Sie ihn neben sich sitzen. Streicheln Sie ihn, loben Sie ihn, drücken Sie dabei Ihren Hund an Ihr Bein, er soll Körperkontakt haben. Sagen Sie dabei das Signal „Fuß“. Wiederholen Sie das einige Male. Der Hund muss begreifen, dass diese Position „Fuß“ heißt!

Schritt 2 – Gerade von hinten

Führen Sie nun erst Schritt 1 durch. Dann geben Sie Ihrem Hund das Signal „Sitz“, er soll sitzen bleiben und Sie gehen einen Schritt gerade nach vorne. Bleiben Sie dann stehen. Rufen Sie nun den Hund mit „Fuß“ an Ihr Bein, er soll nach vorne kommen und sich korrekt neben Sie setzen. Sie können ihn auch mit Hilfe eines Leckerchens in die richtige Position locken und ihn so motivieren. Immer wenn der Hund die exakte Position eingenommen hat, sollten Sie ihn sofort mit einem Markerwort bestätigen, z. B. „Ja“ (Markerwort = ein Wort, das dem Hund sekundengenau mitteilt: „Jetzt bist du richtig!“, im Prinzip wie beim Clicker, danach gibt es immer ein Leckerchen). Wiederholen Sie diese Übung so lange, bis sie gut klappt, ohne dass Sie mit dem Leckerchen motivieren müssen. Vergrößern Sie die Entfernung, die Sie nach vorne gehen.

01 Geben Sie Ihrem Hund das Signal „Sitz" und gehen Sie einen Schritt nach vorne.

02 Wenn Sie stehen, motivieren Sie Ihren Hund mit einem Leckerchen ...

03 ... und dem Signal „Fuß" wieder in die exakte Fußposition neben Ihrem Bein zu kommen.

04 Nun wird er gelobt, dabei hört er noch einmal das Signal „Fuß". So begreift er, dass diese Position „Fuß" heißt.

Schritt 3 – Im Winkel

Wenn Sie nun nach vorne gehen, dann gehen Sie nicht mehr gerade nach vorne, sondern in einem leichten Winkel nach links. Der Hund kommt nun etwas von der Seite, soll dann einen Bogen laufen und sich exakt parallel neben Ihr Bein in Fußposition setzen. Loben Sie immer, wenn er exakt sitzt, ansonsten korrigieren Sie ihn, indem Sie ihn mit einem Leckerchen in die richtige Position führen. Bestätigen Sie ihn mit dem Markerwort und einem Leckerchen, wenn er sich in der richtigen Position befindet. Beginnen Sie mit einem kleinen Winkel zum Hund, damit er sich nicht zu weit drehen muss. Diesen Winkel können Sie vergrößern, je besser es klappt.

01 Der Hundeführer macht einen großen Schritt nach vorne und …

02 … stellt sich dann in einem kleinen Winkel zum Hund hin.

03 Fen wird mit dem Signal „Fuß" gerufen. Sie läuft einen leichten Bogen …

04 … und setzt sich dann parallel zu den Beinen exakt hin.

05 Nun sitzt Fen wieder exakt, das heißt parallel und in richtiger Höhe vom Bein, neben ihrem Menschen.

Schritt 4 – Gegenüber

Klappt alles zuverlässig, dann stellen Sie sich gegenüber von Ihrem Hund. Nehmen Sie ein Leckerchen in Ihre linke Hand, zeigen dieses dem Hund und sagen dann „Fuß". Ist Ihr Hund vor Ihnen, beschreiben Sie mit der linken Hand mit dem Leckerchen einen Kreis, d.h. Ihre Hand geht erst nach außen links, beschreibt dann einen Bogen nach hinten und führt den Hund direkt nah an Ihr Bein. So können Sie dem Hund anfangs helfen, den Bogen zu laufen. Manchmal ist es auch hilfreich, wenn Sie in dem Moment, in dem der Hund neben Ihnen ist, einen Schritt nach vorne machen, damit er die Möglichkeit hat, sich auch exakt parallel neben Sie zu setzen. Diese Hilfen bauen Sie natürlich nach und nach wieder ab. Auch hier immer mit dem Markerwort und dem anschließenden Leckerchen die exakte Position bestätigen.

01 Der Hundeführer steht dem Hund gegenüber.

02 Fen sieht in der linken Hand ein Leckerchen.

03 Nach dem Signal „Fuß" läuft Fen los, ...

04 ... in einem Bogen nach vorne.

05 Sie wird von der Leckerchenhand unterstützt.

06 Fen kommt so von hinten an das Bein, …

07 … um sich exakt und gerade zu setzen.

08 Nun wird Fen wieder gelobt und hört noch einmal das Signal „Fuß“.

Schritt 5 – Schrittstellung

Lassen Sie den Hund sitzen. Gehen Sie dann etwas nach vorne und stellen Sie sich in einiger Entfernung in Schrittstellung auf, das linke Bein sollte hinten stehen. Auf das Signal „Fuß" hin, soll der Hund sich parallel zu Ihrem linken, hinten stehenden, Bein setzen. Dabei soll er sich am Bein und nicht an Ihrem Körper orientieren. Wenn das gut klappt, dann verändern Sie die Situation. Stellen Sie nun das linke Bein in Schrittstellung nach vorne. Auch jetzt soll sich Ihr Hund auf das Signal „Fuß" hin exakt an Ihr linkes Bein setzen und sich dabei an Ihrem Bein und nicht an Ihrem Körper orientieren. Er muss verstehen, dass Ihr Bein ihm die Position vorgibt.

01 In Schrittstellung nach vorne.

02 Linkes Bein steht hinten. Auf das Signal „Fuß" hin läuft Fen nach vorne, …

03 … um sich dann exakt an das …

04 … hinten stehende linke Bein zu setzen.

01 In Schrittstellung nach vorne, linkes Bein steht vorne.

02 Auf Signal „Fuß“ läuft Fen nach vorne, …

03 … um sich dann exakt an das vorne stehende linke Bein zu setzen.

Schritt 6 – Seitlich nachrücken

Wenn der Hund nun in exakter Position neben Ihnen sitzt, dann gehen Sie einen Schritt nach rechts. Er soll auf das Signal „Fuß“ hin nachrutschen und sich wieder exakt parallel zu Ihnen, in der exakten Höhe neben Ihrem Bein setzen.

Fuß wird zur Alltagsroutine: Das Training der exakten Fußposition sollte zur täglichen Alltagsroutine werden. Üben Sie am besten immer vor der abendlichen oder morgendlichen Fütterung. Der Futternapf steht für den Hund sichtig auf dem Tisch oder auf dem Boden. Befor er fressen darf, wird erst einmal für zwei Minuten trainiert. So lernt er die exakte Fußposition sicher schnell und führt diese auch unter der Ablenkung der nahen Fütterung exakt aus.

01 Der HF geht einen Schritt nach rechts, ...

02 ... so dass er dann seitlich vom Hund steht.

03 Auf das Signal „Fuß“ hin läuft Fen los, ...

04 ... und setzt sich dann an das linke Bein.

05 Nachdem Fen exakt sitzt, hört sie ein Lob und auch noch einmal das Signal „Fuß“, damit sie es sich gut einprägt.

Wird die Moxonleine wie hier gezeigt angelegt, dann kann sie sich leicht öffnen.

FOLGEN AN DER LEINE

Mit Hilfe des kleinschrittigen Trainings (Seite 194 bis 203) hat Ihr Hund verstanden, wo seine Position am Bein ist. Das korrekte Fußlaufen an der Leine ist kein Problem mehr.

MOXONLEINE

Eine Moxon- oder Retrieverleine mit Zugbegrenzung sollte erst genutzt werden, wenn der Junghund korrekt an der Leine läuft. Eine Moxonleine besteht aus einem Stück, d. h. Halsband und Leine hängen zusammen. Der Vorteil ist, man kann Halsband und Leine zusammen schnell komplett abnehmen. Diese ist so klein, dass man sie in der Tasche verstauen kann und man zwei freie Hände hat, was bei der Arbeit mit dem Retriever wichtig ist. Der Hund trägt zudem kein Halsband mehr, das beim Arbeiten in unwegsamem Gelände oder im Wasser ein erhebliches Verletzungsrisiko (Hängenbleiben!) in sich birgt. Achten Sie darauf, dass Sie die Moxonleine richtig anlegen. Der Ring muss frei laufen können, sonst kann sich die Leine nicht mehr lockern, da der Ring mit dem Seil verhakt und der Zug auf der Leine bestehen bleibt.

FREIE FOLGE

Schritt 1

Nun können Sie die Freie Folge aufbauen. Lassen Sie Ihren Hund mit dem Signal „Fuß“ exakt am Bein sitzen. Sprechen Sie ihn an: „Paulchen!“, schaut er auf, dann sagen Sie „Fuß“ und gehen mit dem linken Fuß zuerst einen Schritt nach vorne. Ihr Hund sollte Ihnen folgen und sich dort wieder neben Ihr Bein exakt hinsetzen. Steigern Sie so langsam die Entfernung, erst einen Schritt, dann zwei, dann drei .... bis Sie im Haus eine gute Strecke mit dem Hund frei am Fuß gehen können und er immer exakt neben Ihrem Bein bleibt.

Das exakte Folgen an der Leine wird langsam aufgebaut. Erst einen Schritt nach vorne ...

Schritt 2

Klappt Schritt 1 gut, dann steigern Sie die Anforderungen. Laufen Sie zuerst leichte Kurven, erst nach links und dann nach rechts. Bald danach können Sie gezielt Bögen, Kurven, Wendungen und Schlangenlinien einbauen. Üben Sie auch verschiedene Laufgeschwindigkeiten, vom Schneckentempo bis zum zügigen Schritt. Steigern Sie die Anforderungen langsam. Lassen Sie den Junghund während der Fußübungen auch immer wieder einmal sitzen, damit er sich erneut konzentrieren und korrekt am Bein ausrichten kann. Sicher wird er bald wie ein Luchs aufpassen, damit er keine von Ihren Bewegungen und Richtungsänderungen verpasst. So interessant aufgebaut, macht das Training Hund und Mensch Spaß. Bestätigen Sie immer wieder während des Fußlaufens mit dem Markerwort, damit er weiß, dass er es in diesem Moment richtig macht. Nach der Übung darf natürlich ein großes Lob, also Spiel und Spaß oder ein tolles Leckerchen, nicht fehlen.

... dann „Sitz“, dann zwei Schritte nach vorne und wieder „Sitz“.

KÖRPERSPRACHE UND STIMME BEWUSST EINSETZEN

Bewegen Sie sich beim Training ruhig, vermeiden Sie eine hektische Körpersprache und eine aufgeregte Stimme. Hunde beobachten uns genau, sind wir aufgeregt, dann sind sie es auch; sind wir die Ruhe selbst und führen sie mit Ruhe und Gelassenheit, dann arbeiten sie ebenso. Hunde spiegeln unser Verhalten! Reagieren Sie deshalb auf einen aufgeregten Hund mit einer großen Ruhe.

FUSS MIT ABLENKUNG

Die Fußarbeit mit und ohne Leine haben Sie bis jetzt ohne Ablenkung im Haus trainiert. Verlegen Sie Ihre Übungen nun in die Natur. Dort haben Sie immer irgendeine Ablenkung. Steigern Sie langsam: erst leichte Ablenkungen – weite Entfernung, nicht so interessant; dann – nahe Entfernung, sehr interessant.

TRAININGSTIPP

Bemerken Sie, dass Ihr Hund beim Training unaufmerksam wird, dann müssen Sie sofort reagieren. Gestalten Sie die Übung spannender, verändern Sie immer wieder die Richtung oder die Geschwindigkeit. Tendiert Ihr Hund zu stark nach vorne oder zur Seite von Ihrem Bein weg, dann ändern Sie ohne Vorwarnung Ihre Laufrichtung. Läuft der Hund zu stark nach vorne, dann drehen Sie sich um 180 Grad und laufen ohne langsamer zu werden in die entgegengesetzte Richtung. Läuft er zu weit nach links vom Bein weg, dann gehen Sie einfach einen Schritt nach rechts. Fordern Sie so seine Konzentration ein! Läuft er wieder korrekt neben Ihnen, dann loben Sie ihn und sagen das Signal „Fuß“. Ihr Hund lernt so, dass es wichtig ist, auf Sie zu achten, denn jederzeit kann sich die Laufrichtung oder die Laufgeschwindigkeit ändern. Sie müssen jedoch immer unmittelbar reagieren.

KLEINE SUCHE BZW. SUCHENPFIFF

Schritt 1

Den Grundstein haben Sie bereits im Welpenalter gelegt (siehe S. 170 ff.). Nun geht es mit der Ausbildung weiter. Ihr Junghund sitzt vor dem Suchengebiet und darf beim Auslegen zusehen. Verstecken Sie ca. 6 bis 8 kleine Dummies oder Hartgummibälle in hohem, nicht gemähtem Gras oder vergraben Sie diese unter etwas Laub oder Heu. Suchen Sie sich dafür ein kleines, möglichst gut abgegrenztes Gebiet (ca. 4 bis 6 m^2). Um den Bereich für den Hund anfangs besser abzugrenzen, sollten Sie mit einer Dummyschleppe (Dummy an eine Schnur binden und es auf dem Boden hinter sich herziehen) den Bereich eingrenzen. Stellen Sie sich nun neben Ihren Hund. Bewegen Sie Ihre Hand vor seinen Augen zum Boden; er soll seine Nase nach unten nehmen. Schicken Sie ihn mit einer kurz über dem Boden nach vorne weisenden Handbewegung und dem Signal „Hi lost" oder „Such Such" oder dem Suchenpfiff. Anfangs können Sie auch mit ihm das Suchengebiet betreten und mit ihm gemeinsam suchen. Bringen Sie ihn in den Wind der Dummies, damit er lernt, mit seiner Nase zu finden.

Vorsicht: Zeigen Sie ihm die Dummies jedoch nicht. Ihr Retriever soll mit tiefer Nase das gesamte Gebiet absuchen. Läuft er aus dem Gebiet heraus, dann holen Sie ihn mit dem „Hier"-Signal zurück. Sobald er das Gebiet wieder betreten hat, fordern Sie ihn mit dem Suchensignal wieder zur Weitersuche auf.

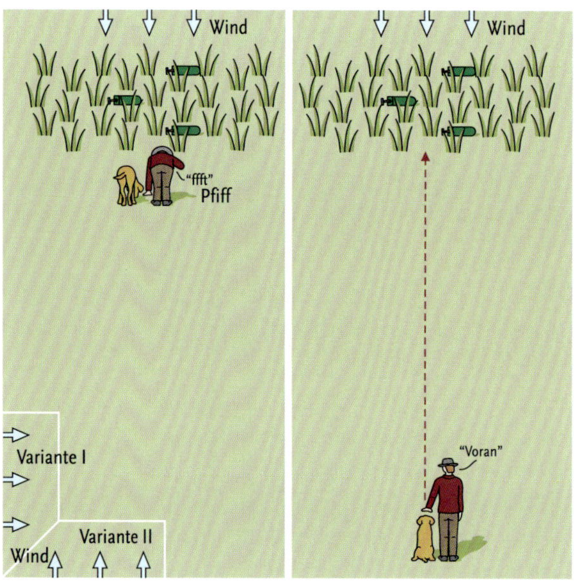

Suchenpfiff: erst ganz nah, bis es funktioniert. Dann erst in Entfernung.

Schritt 2

Lassen Sie ihn nicht mehr beim Auslegen der Dummies zusehen. Sie können auch mit zunehmender Sicherheit des Hundes die Anzahl der ausgelegten Dummies minimieren, bis Sie nur noch ein Dummy auslegen. Der Wind sollte anfangs von vorne kommen, sodass der Junghund schnell die Witterung in die Nase bekommt, später dann auch mit Seiten- und dann mit Rückenwind. Rufen Sie Ihren Hund, während er sucht, auch mit dem „Hier"-Signal heraus, um ein zuverlässiges Herankommen zu üben. Loben Sie ihn, wenn er bei Ihnen ist und lassen Sie ihn zur Belohnung weitersuchen.

Vorsicht: Rufen Sie Ihren Hund nicht vor einem Dummy ab. Er soll nicht lernen, das Dummy zu ignorieren.

Schritt 3

Wenn Ihr Hund das Suchengebiet der kleinen Suche zuverlässig beibehält, dann können Sie beginnen, die Entfernung zum Suchengebiet zu vergrößern. Lassen Sie den Hund anfangs zuschauen, wenn Sie die Dummies auslegen. Entfernen Sie sich dann mit ihm. Schicken Sie ihn dann voran. Sobald er deutliches Suchenverhalten zeigt (= er wird langsamer, seine Nase geht nach unten, er beginnt in seiner Umgebung zu suchen), geben Sie den Suchenpfiff, um diesen mit dem gezeigten Suchverhalten zu verknüpfen, d. h. dieses zu konditionieren.

SUCHE IN DER RETRIEVERARBEIT

WELCHE SUCHENARTEN WERDEN UNTERSCHIEDEN?

Kleine Suche / Suchenpfiff

- Bei der kleinen Suche soll der Hund selbstständig mit tiefer Nase in seiner unmittelbaren Umgebung, ein sehr kleines Gebiet (wenige Quadratmeter) intensiv durchsuchen, seine Arbeitsweise ist dabei eher langsam.
- Handzeichen: zum Boden hin weisende Handbewegungen.
- Einsatzmöglichkeit: Beim Einweisen teilt man dem Hund im Zielgebiet mit, dass er dort suchen soll, bzw. wenn er ein kleines begrenztes Gebiet in der Nähe des Hundeführers absuchen soll.

Freie Verlorensuche

- Bei der Freien Verlorensuche soll der Hund mit hoher Nase ein großes Gebiet (50 x 50 m und mehr) systematisch absuchen und dabei in schnellem Lauf in den Wind revieren.
- Handzeichen: schnelle Handbewegung auf Bauchhöhe in Richtung Suchengelände.
- Einsatzmöglichkeit: Wo das gesuchte Stück liegt, ist nicht bekannt. Deshalb muss der Hund ein großes Gebiet selbstständig und systematisch in hoher Geschwindigkeit absuchen.

Anmerkung
Mit dem Training für die Freie Verlorensuche beginne ich erst, wenn der Hund die Grundlagen des Einweisens (Voranschicken) und auch die Kleine Suche verstanden hat (in der Regel um den ersten Geburtstag herum).

Anton schaut interessiert zu, wie die Dummies …

… ausgelegt werden, die er dann suchen darf.

VORANSCHICKEN

In den letzten Wochen hat der Welpe gelernt, vor dem Futternapf zu warten. Zudem hat er gelernt, einige Meter auf den Futternapf voranzugehen. Auf diesen Grundlagen können Sie nun aufbauen, um grundlegende Teile des Voranschickens zu erarbeiten. Hat Ihr Junghund bedingt durch den Zahnwechsel Probleme mit dem Tragen, sollten Sie weiterhin mit einem bzw. zwei Futternäpfen arbeiten. Trägt er sauber und bringt Dummies problemlos zurück, können Sie die hier beschriebenen Übungen auch mit einem Dummy erarbeiten. Es ist jedoch völlig irrelevant, ob der Hund nun auf einen Futternapf oder auf ein Dummy geschickt wird. Er soll lernen, der Richtung der Hand zu vertrauen und zu akzeptieren, dass in einer Richtung etwas passiert, er aber erst in eine andere Richtung laufen soll.

Selma schaut in die Richtung, in die die linke Hand zeigt. Sie darf erst auf „Voran" loslaufen.

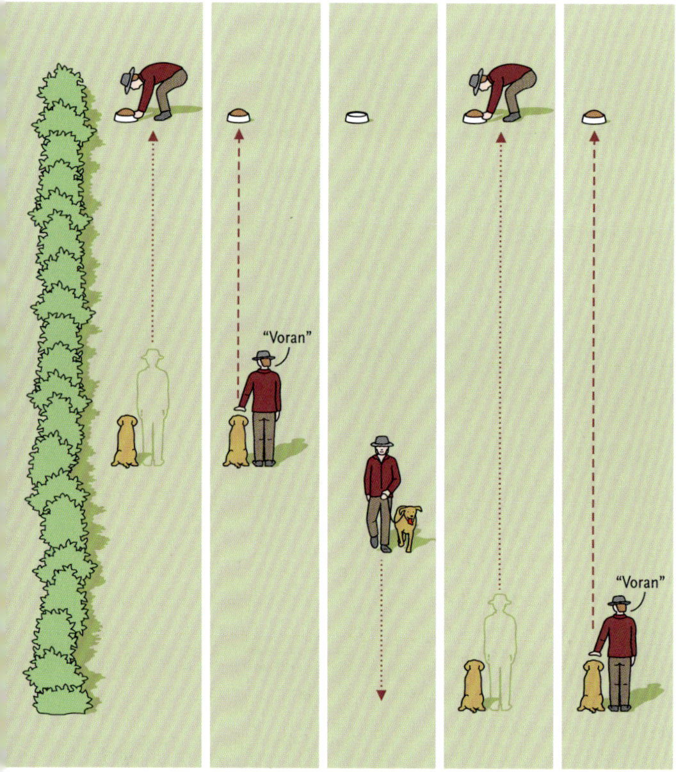

Voran auf den Futternapf; Entfernung wird vergrößert.

ENTFERNUNGEN VERGRÖSSERN

Lassen Sie den Hund sitzen. Stellen Sie den Futternapf mit einigen Leckerchen gefüllt in einigen Metern Entfernung auf. Am einfachsten ist es für den Hund, wenn er an einer Geländekante (Leitlinie) entlanggeschickt wird. Kann er dies gut, dann bauen Sie die Übung so auf, dass Sie den Futternapf an einem Orientierungspunkt aufstellen und arbeiten so ohne eine Leitlinie. Ein Orientierungspunkt kann eine Geländeauffälligkeit wie ein Baum, Strauch oder Pfahl sein. Gehen Sie nach dem Auslegen zum Junghund zurück, nehmen ihn an die Leine und gehen mit ihm einige Meter in die entgegengesetzte Richtung „bei Fuß" weg (Fußgehübung). Drehen Sie den Hund um, lassen ihn sitzen und schicken ihn mit der richtungsweisenden Hand „Voran" auf den Futternapf. Sowie er die Leckerchen gefressen hat, rufen Sie ihn mit „Hier" zurück. Loben Sie ihn für das Zurückkommen (verbal, mit Leckerchen, Ball oder Spielzeug). Lassen Sie Ihren Hund wieder sitzen. Gehen Sie dann erneut zum Futter-

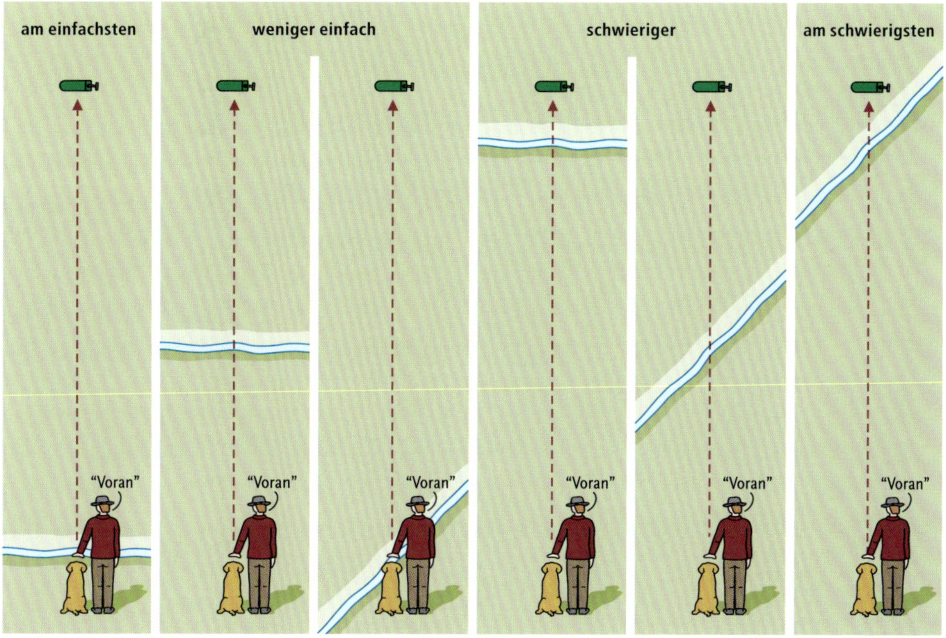

Je nachdem, wie die Lauflinie über den Geländeübergang verläuft, wird die Aufgabe schwerer oder einfacher.

napf und werfen dort für den Hund deutlich hörbar einige Leckerchen hinein. Gehen Sie zum Hund zurück, nehmen Sie ihn an die Leine und gehen einige Meter zurück. Schicken Sie ihn nun von Ihrem etwas weiter entfernten Standort. Steigern Sie so nach und nach die Entfernung.

GELÄNDEKANTEN UND GELÄNDEÜBERGÄNGE

Wenn Ihr Hund schon gut Entfernungen arbeiten kann, dann können Sie ihn über Geländekanten und Geländeübergänge hinweg arbeiten lassen. Je nachdem, in welchem Winkel die Lauflinie über den Geländeübergang verläuft, kann die Übung einfacher oder schwerer sein. Am einfachsten ist, wenn der Hund im Winkel von 90 Grad zum Geländeübergang geschickt wird. Je spitzer der Winkel ist, umso schwerer ist es für den Hund, die gerade Linie zu halten. Auch die Art des Geländeübergangs macht die Aufgabe schwer oder einfach; flache Wege sind einfacher als ein tiefer Graben oder ein hoher Zaun.

Winkel verändern

Schicken Sie Ihren Hund wie beschrieben „Voran“ auf den Futternapf. Lassen Sie ihn dann wieder sitzen und füllen Sie den Futternapf erneut auf. Anschließend gehen Sie mit dem Hund an der Leine auf einer gedachten Kreislinie einige Meter entlang. Sie haben nun den Winkel verändert, nicht die Entfernung! Schicken Sie Ihren Hund nun von dieser Position aus auf den Napf. Ihr Hund lernt durch diese Übung, dass Ihre Hand die Richtung anzeigt, in die er laufen soll. Schon bald können Sie beobachten, wie er sich anspannt, sobald Sie die Hand nach vorne nehmen. Verändern Sie langsam den Winkel, schreiten Sie den Kreis rundherum ab.

Sie können den Hund auch an dem Punkt sitzen lassen, von dem aus Sie ihn vorher geschickt haben. Gehen Sie nun allein einige Meter auf der Kreislinie entlang. Rufen Sie Ihren Hund dann erst zu sich, um ihn von der neuen Position aus auf den Napf zu schicken. Bald können Sie, um diese Übung schwieriger zu gestalten, auch mit Geländeübergängen arbeiten.

VORAN AN EINER GELÄNDEKANTE ENTLANG

01 Selma wartet brav, ihr Mensch entfernt sich.

02 Selma beobachtet genau, wie das Dummy …

03 … in einiger Entfernung auf dem Boden ausgelegt wird.

04 Ihre Hundeführerin läuft zu ihr zurück.

05 Nun schaut Selma in die Richtung der linken Hand, mit der rechten Hand wird sie kontrolliert.

06 *Nachdem sie das Signal „Voran" gehört hat, läuft sie schnell zum Dummy, ...*

07 *... nimmt es auf und läuft schnell zu ihrer HF zurück.*

08 *Diese empfängt sie mit Streicheleinheiten.*

VORAN ÜBER EINEN GELÄNDEWECHSEL

01 Ruff bleibt auf dem Weg sitzen, ...

02 ... während sein Hundeführer nach vorne geht.

03 Er legt etwas seitlich in den Bewuchs ein Dummy aus.

04 Dann geht der Hundeführer zu Ruff zurück, der brav gewartet hat.

05 Bei Fuß gehen die Beiden auf die andere Seite.

06 Ruff wird nun mit der linken Hand geschickt.

07 Schnell findet er das Dummy und …

08 … bringt dieses seinem Hundeführer, der sich sehr freut und ihn ausgiebig dafür lobt.

Voran auf zwei Futternäpfe mit einem Winkel von 180 Grad.

VORANSCHICKEN AUF ZWEI FUTTERNÄPFE

Klappt das Voranschicken auf einen Futternapf, können Sie mit zwei Näpfen arbeiten. Setzen Sie Ihren Hund ab, tragen Sie einen Futternapf einige Meter weg und gehen Sie zurück zum Hund. Loben Sie ihn fürs Sitzenbleiben. Dann drehen Sie ihn um 180 Grad, setzen ihn wieder ab und tragen den zweiten Futternapf weg. Gehen Sie erneut zum Hund zurück und schicken ihn auf den zuletzt aufgestellten Napf. Nachdem er die Leckerchen gefressen hat, rufen Sie ihn heran, drehen sich zusammen mit ihm um, richten ihn auf den anderen Futternapf aus (auf die korrekte Fußposition achten) und schicken ihn dann voran. Sichern Sie den Napf, zu dem der Hund nicht gehen soll, mit einem Helfer, der ruhig und gelassen den Napf wegnimmt, wenn der Hund falsch läuft. Geht Ihr Hund in die falsche Richtung, dann korrigieren Sie ihn mit „Nein", rufen ihn zurück, gehen einige Meter mit ihm in Richtung des richtigen Napfes, damit er sich auf die Richtung einstellen kann und schicken ihn erneut. Als Hilfe kann ein zweiter Helfer kurz mit den Fingern an den Napf fassen.

Übungsvarianten

- Verändern Sie die Reihenfolge, je länger das Ausbringen des Napfes her ist, umso schwieriger wird es für den Hund.
- Verändern Sie die Entfernung, den Winkel, die Geländeschwierigkeiten.
- Sie können den Hund auch nach dem Ausbringen der Näpfe von seinem ursprünglichen Sitzplatz, an dem er das Ausbringen beobachtet hat, seitlich wegrufen, sodass er von einem anderen Platz und somit in einem anderen Winkel auf die Näpfe geschickt wird.

Voranschicken mit Memory-Blind

Wenn der Hund schon gut vorangeht, dann können Sie ein Memory-Blind versuchen. Arbeiten Sie in gewohnter Weise die Näpfe/Dummies ab. Während der Hund zu Ihnen zurückläuft, sollte nun ein Helfer in der zuletzt gearbeiteten Richtung wieder ein Leckerchen/Dummy auslegen, ohne dass der Hund dies bemerkt. Schicken Sie nun den Hund wieder in diese Richtung. Falls er ihnen nicht vertraut, kann der Helfer den Napf/Dummy leicht mit den Fingern antippen.

MARKIERUNG UND MEMORY MARK

Eine Markierung ist ein sichtig geworfenes Dummy, dessen Flugbahn der Hund ganz oder teilweise verfolgen kann. Ein Memory Mark ist eine Markierung, die entweder zeitverzögert gearbeitet wird, oder bei der man seinen Standort verändert und den Hund von einem anderen Platz als den, von dem aus er die Markierung beobachtet hat, losschickt. Unzählige Markierungen, die der Hund direkt arbeiten darf, sind der schnellste Weg, jegliche Standruhe zunichte zu machen. Der Junghund sollte anfangs nicht lernen, dass er sofort durchstarten darf, sowie ein Dummy auf den Boden geworfen wird. Er muss sich erst beherrschen lernen. Werfen Sie deshalb für Ihren Hund statt Markierungen besser Memory Marks, das bedeutet, Sie werfen ein Dummy vor den Hund auf den Boden, gehen dann mit ihm erst bei Fuß (anfangs an der Leine, um jegliche Fehlermöglichkeit auszuschließen) in die entgegengesetzte Richtung davon. Zu Beginn reichen einige wenige Meter. Drehen Sie sich dann in Richtung Dummy und lassen den Hund sitzen. Leinen Sie ihn nun ab. Warten Sie einige Sekunden und schicken ihn mit der zum Dummy weisenden Hand und einem „Voran“ auf das Dummy zurück. Auf diese Weise bekommt er einen Retrieve als Belohnung für die exakte Fußarbeit. Gleichzeitig lernt er sich zu gedulden und ruhig zu warten, bis er geschickt wird.

ÜBUNGSVARIANTEN

Mit zunehmender Übung kann die Entfernung vergrößert und auch das Gelände schwieriger gewählt werden. Sie können auch einige Unterordnungselemente einbauen, bevor Sie Ihren Hund schicken. Bauen Sie nun auch gezielt Geländeübergänge ein.

SEIEN SIE UNVORHERSEHBAR

Ganz wichtig ist, dass man nicht in eine Trainingsroutine verfällt. Verändern Sie regelmäßig Ihre Trainingsabläufe. Lassen Sie Ihren jungen Hund stets im Ungewissen darüber, was als Nächstes passieren wird. Gerade eine übersteigerte Erwartungshaltung ist die Hauptursache der Unruhe. Je länger Sie Ihren Hund im Ungewissen lassen, was als Nächstes passieren wird, umso besser ist es für ihn.

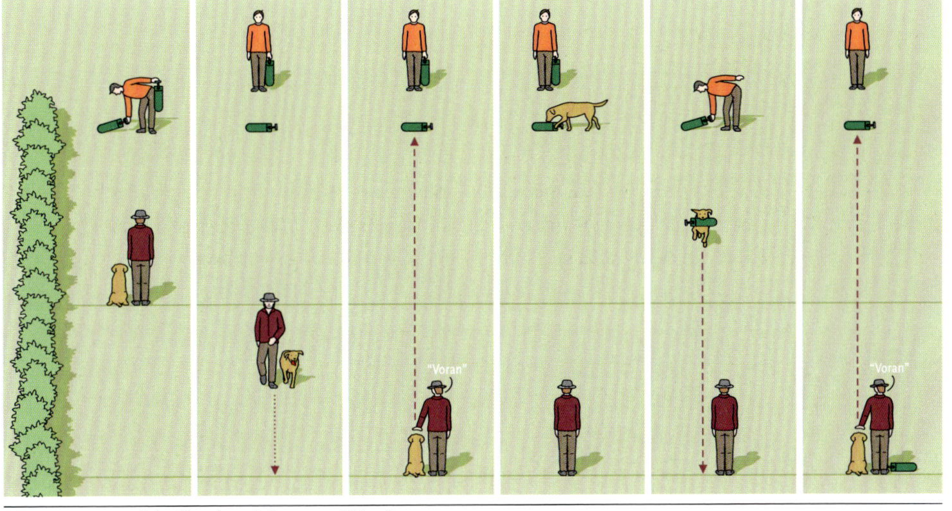

Voran mit anschließendem Memory-Blind.

VORAN – VERÄNDERUNG DES WINKELS

01 Fen sitzt und schaut zu, wie das Dummy …

02 … am Holzstabel ausgelegt wird.

03 Die Hundeführerin geht zu Fen zurück, …

04 … und lobt sie für das brave Warten.

05 Nun geht es nach links den Weg entlang.

06 Der Winkel zum Dummy hat sich verändert.

07 Die Hand zeigt Fen den Weg – „Voran".

08 Schnell findet Fen und bringt das Dummy, …

09 … das sie stolz ihrem Menschen anbietet.

10 Braves Mächden, toll gemacht!

STEADINESS

Die wichtigste Eigenschaft, die ein Retriever haben sollte, ist ruhig und konzentriert warten zu können (= Steadiness). Ein Retriever sollte in der Lage sein, auf einer Jagd oder bei einer Prüfung auch stundenlang ruhig zu sitzen und zu warten.

Bereits in der Welpenzeit haben Sie begonnen, diese Eigenschaft zu fördern. Ihr Welpe kann schon vor und im Auto warten, bis Sie ihm erlauben heraus- oder hineinzuspringen; er hat gelernt, sich zu setzen und zu warten, bevor er aus der Haustüre laufen darf; er hat gelernt, vor dem Futternapf zu warten, bis Sie ihm gestatten zu fressen. Das alles hat Ihr Junghund bereits als Welpe in den vergangenen Wochen gelernt und somit die ersten Übungen für eine gute Standruhe absolviert.

GRUPPENTRAINING

Junge Hunde müssen Standruhe beim Arbeiten mit anderen Hunden auch erst schrittweise lernen. Der Junghund muss akzeptieren lernen, dass andere Hunde arbeiten dürfen und er nicht. Er muss lernen, ruhig in der

Hunde müssen gezielt lernen, dass sie nicht immer dran sind (Hund im Hintergrund wartet geduldig bei seinem Menschen, während der Hund im Vordergrund arbeitet).

„Line" zu sitzen, während die anderen Hunde apportieren dürfen. Gestalten Sie das Training so, dass Sie Ihren Junghund nicht überfordern. Trainieren Sie erst mit wenigen Hunden und steigern Sie dann zunehmend die Ablenkung durch weitere Hunde.

Vorsicht: Überspannen Sie den Bogen nicht, beobachten Sie Ihren Hund genau. Zeigt er deutliche Anzeichen von Stress, d. h. Übersprungshandlungen (Gähnen, Kratzen, Gras fressen, Körperpflege), dann bringen Sie ihn lieber ins Auto zurück, damit er dort entspannen kann. Achten Sie darauf, dass es ihm nicht zu viel wird, seine Nerven überstrapaziert werden und er deshalb unruhig wird und zu winseln beginnt.

AUCH WARTEN MUSS MAN ÜBEN!

Ich nehme meine jungen Hunde in diesem Alter manchmal in eine Trainingsgruppe mit, sie dürfen dann nicht arbeiten, denn sie sollen erst einmal das Warten lernen. Sie dürfen zusehen, wie andere Hunde apportieren, müssen aber still sitzen und warten – dies ist unser vorrangigstes Trainingsziel. Erst wenn mein Hund völlig abschalten kann, dann darf er auch einmal zur Belohnung etwas apportieren. Hochtalentierte Hunde sind in der Regel sehr übereifrig. Haben Sie in diesem Alter keine Angst davor, dass Ihr Hund künftig langsam arbeiten könnte, nur weil er jetzt ruhig, fast desinteressiert neben Ihnen sitzt. Langweilen Sie Ihren Hund lieber „zu Tode"! Wenn Ihr Nachwuchs aus Arbeitslinien in diesem Alter eine ausgeglichene Ruhe und Gelassenheit zeigt, dann möchte ich Sie beglückwünschen. Ausgeglichene, standruhige Hunde sind die besten Sport- und Jagdgefährten, da sie weniger hektisch arbeiten, ihre Nasen besser nutzen und Wild oder Dummies seltener überlaufen.

PLANVOLLE ERHÖHUNG DES STRESSLEVELS

Gestalten Sie das Training planvoll und vorsichtig. Die Trainingsgruppe sollte aus sehr wenigen Hunden (max. vier) bestehen. Der Junghund sollte für diese Übungen bereits ohne Ablenkungen auf sichtig aufgestellte Futternäpfe bzw. ausgelegte Dummies vorangehen können. Möchten Sie bei dieser Übung mit einem Dummy arbeiten, dann sollte Ihr Hund in der Lage sein, dieses sicher zurückzubringen. Ansonsten sollte der Futternapf noch bevorzugt werden.

Schritt 1

Anfangs arbeitet ein Hund immer allein, während die anderen in angemessener Entfernung warten. Mit zunehmender Übung und Gelassenheit der wartenden Hunde, kann die Entfernung zwischen Gruppe und arbeitenden Hunden allmählich verkleinert werden.

Die Junghunde im Wartebereich sollten auf einer Decke abliegen. Das können Sie schon in einer entspannten Situation zu Hause mit ihm üben. Auf der Decke liegen heißt: „Du kannst dich entspannen, es passiert nichts!" Der Hundeführer sollte sich anfangs zu seinem Hund auf die Decke setzten, mit diesem schmusen und ihn streicheln, wenn er ruhig und gelassen ist. Sie können dann auch ein Signalwort für das „Entspanntsein" einführen, z. B. „Ruhe" oder „Still". Die Ruhe und Gelassenheit des Hundeführers überträgt sich auf den Hund. Gebärdet sich der Junghund ungestüm und zieht und zerrt an der Leine, dann nehmen Sie ihn einfach in den Arm, halten ihn ruhig aber bestimmt fest, damit er herunterfährt, und zwingen ihn so zur Ruhe. Loben Sie ihn, wenn er sich dann ruhig verhält. Lassen Sie den Hund im Wartebereich auch nicht unruhig hin und her laufen oder hektisch graben, er soll lernen, ruhig abzuliegen. Geben Sie ihm, wenn er sich überhaupt nicht entspannen kann, einen Kauknochen, damit er sich damit ablenken kann. Kauen baut Stress ab und entspannt! Sollte alles nicht helfen, dann gehen Sie mit Ihrem Hund weiter weg und setzen sich in noch größerer Entfernung zur Gruppe hin. Üben Sie das Entspannen auf der Decke erst einmal zu Hause.

Schritt 2

Klappt das Warten, wenn ein Hund arbeitet, gut, dann steigern Sie die Anforderungen – nun arbeiten zwei Hunde zusammen. Die beiden Hund-Mensch-Gespanne stehen nebeneinander, die anderen Hunde der Gruppe warten in einer angemessenen Entfernung. Beide Hunde sitzen in Fußposition neben ihrem Hundeführer. Nun geht Hundeführer 1 mit einem Dummy los, um es an einem Orientierungspunkt (Geländeauffälligkeit: Baum, Busch, Zaunpfahl, Schild usw.), den der Hund sich gut merken kann, auszulegen. Einen Hund, der mit dem Voranschicken noch nicht so erfahren ist, nimmt er zum Auslegen bei Fuß mit. Somit ist auch noch eine Fuß-Übung Bestandteil des Trainings. Ein erfahrener Hund bleibt am Ausgangspunkt sitzen und beobachtet von dort das Auslegen des Dummies. Somit ist die Sitz-Bleib-Übung Bestandteil des Trainings. Die Entfernung ist abhängig vom Trainingsstand des Hundes (je erfahrener der Hund, umso weiter kann die Entfernung ausgewählt werden). Nach dem Auslegen geht Hundeführer 1 zum Ausgangspunkt zurück. Die beiden Hund-Mensch-Gespanne drehen sich nun um 180 Grad. Hundeführer 2 geht los, genauso wie oben für Hund 1 beschrieben und legt ein Dummy an einem anderen Punkt ab, der sich auf der entgegengesetzten Seite befindet. Ist der Hundeführer wieder zurück, dann drehen sich die Hund-Mensch-Gespanne wieder in die erste Position. Nun schickt Hundeführer 1 seinen Hund mit „Voran" auf das von ihm ausgelegte Dummy. Sobald der Hund zurück ist, drehen sich die Gespanne wieder um 180 Grad, der Hund von Gespann 2 wird geschickt.

Grundprinzip des Trainings

Ein Dummy wird vom Hundeführer ausgelegt/ausgeworfen. Der Hund, für den dieses Dummy ausgelegt wurde, wird aber niemals direkt auf dieses ausgelegte/ausgeworfene Dummy geschickt. Immer passiert noch etwas anderes. Zum Beispiel wird erst für einen anderen Hund ein anderes Dummy ausgelegt/ausgeworfen oder ein anderer Hund darf zuerst ein anderes Dummy arbeiten. Die Hunde sollen hauptsächlich lernen, sich zu gedulden und zu akzeptieren, dass auch andere Hunde zuerst arbeiten.

TRAININGSTIPPS

- Wenn ein Hund unruhig ist, darf er nicht arbeiten. Nur Ruhe wird mit Arbeit belohnt.
- Dummies anfangs durch Helfer absichern, damit der Hund nicht in falscher Richtung zum Erfolg kommt.
- Die Helfer können dem Hund auch mit einem Geräusch „Brrrr" helfen, wenn er nach dem Drehen nicht mehr genau weiß, wo er hin soll. Die Helfer sollten deshalb als Orientierungshilfe für den Hund in der Verlängerung Hund – Dummy stehen, sodass der Hund, wenn er auf den Helfer zuläuft, über das Dummy laufen muss.
- Lassen Sie den Hund bei dieser Übung unbedingt an der Leine, dann können Sie ihn schnell und direkt ohne Aufwand beim Drehen korrigieren und ihn in die exakte Sitzposition (parallel zum Hundeführer, Schulter des Hundes am Knie des Menschen) bringen.
- Haben Sie das Gefühl, Ihr Hund hat sich nach dem Drehen nicht auf die neue Richtung eingestellt, in die er nun arbeiten soll, dann gehen Sie mit ihm bei Fuß ein bis zwei Meter auf das zu arbeitende Dummy zu. Somit machen Sie ihm eindeutig klar, in welche Richtung er nun arbeiten soll.

Gruppentraining ist für junge Hunde aufregend, man sieht die Aufregung deutlich. Erhöhen Sie nur langsam und gezielt das Stresslevel.

Übungsvarianten

- Erhöhung der Geländeschwierigkeiten, Einbeziehung von Geländeübergängen und anderen Bewuchsarten.
- Erhöhung der Entfernung
- Hundeführer von Gespann 1 legt für den Hund von Gespann 2 aus und umgekehrt.
- Aus dem ausgelegten Dummy wird eine Markierung bzw. ein Memory Mark.
- Veränderung des Winkels, mit zunehmender Sicherheit wird der Winkel, anfangs 180°, dann immer enger.
- Nach einigen Übungen und Wiederholungen kann an Stelle des Memorys auch mal ein Memory-Blind an einem Memorypunkt ausgelegt werden (ein Dummy, dessen Auslegen der Hund nicht beobachtet hat, aber der Punkt, auf dem es liegt, ist bereits bekannt). Wichtig dabei ist nur, dass die Dummies immer in den gleichen Bereich ausgelegt werden.
- Klappt das Warten bei der Arbeit mit zwei Hunden gut, dann können Sie mit einem dritten Hund gemeinsam trainieren. Wählen Sie die Richtungen gemäß eines Mercedes-Sternes aus; kommt noch ein vierter Hund dazu, dann wählen Sie die Richtungen gemäß eines Kreuzes aus, also immer ein maximal großer Winkel von einem Dummy zum anderen.
- **Wichtig:** Verringern Sie die Entfernung, sobald Sie andere Anforderungen steigern. Erst wenn die gesteigerten Anforderungen in geringer Entfernung gelingen, sollten Sie die Entfernung wieder langsam erhöhen.

ERSTER KONTAKT MIT WILD

Hunde haben die Fähigkeit, eine Duft-Datenbank aufzubauen. Deshalb sollte der Welpe/Junghund schon früh die Möglichkeit haben, viele unterschiedliche Erfahrungen mit seiner Nase zu sammeln. Hat er einen bestimmten Duftstoff schon einmal gerochen, wird er sich auch als erwachsener Hund daran erinnern. Hunde, die später als Jagdhund eingesetzt werden, sollten deshalb schon früh an verschiedene Wildarten herangeführt werden. Belassen Sie es jedoch bei einer vorsichtigen Kontaktaufnahme. Es reicht, wenn der Welpe vorsichtig an dem Stück Wild riecht. Erwarten Sie nicht, dass er das Wild spontan aufnimmt und trägt. Jeder Kontakt mit Wild sollte positiv ohne Stress und Druck vonstattengehen, denn der Welpe sollte Wild immer positiv verbinden.

An die jagdliche Schleppenarbeit mit Wild sollte der Junghund noch nicht herangeführt werden. Dafür muss der Grundgehorsam erst absolut gefestigt sein. Der Rückruf „Hier“ sollte dann auch bei großer Ablenkung und in den verschiedensten Situationen uneingeschränkt sicher funktionieren. Auch sollte der Hund Dummies sicher zurückbringen. Diese Qualität des Gehorsams ist meist nicht vor dem ersten Geburtstag des Hundes erreicht. Es besteht sonst die Gefahr, dass Sie mit der Schleppenarbeit dem Hund etwas zeigen und erlauben, was Sie unter Umständen schon bald nicht mehr kontrollieren können. Also erst gefestigter Grundgehorsam und dann die freie Arbeit mit Wild. Bedenken Sie auch, dass in der Pubertät der Jagdtrieb des Hundes erwacht, und dieser sollte erst einmal kontrolliert werden können, bevor man dem Hund erlaubt, diesen auszuleben.

01 Fen nähert sich vorsichtig und darf an der Ente riechen. So prägt sie sich den Duft ein.

02 Mit einem Mäuselsprung springt sie zur Ente.

03 Fen trägt stolz, aber noch etwas ungeschickt.

04 Ihre Hundeführerin hilft ihr, die Ente besser zu greifen. Mit etwas Übung wird Fen es lernen.

SERVICE

— *Wissenswertes für Retrieverhalter*

NÜTZLICHE ADRESSEN

Deutscher Retriever Club (DRC)
Geschäftsstelle
Ellenberger Straße 12
D – 34302 Guxhagen
Telefon: 05665 185 90 90
office@drc.de
www.drc.de

Golden Retriever Club (GRC)
Geschäftsstelle
Janet Scheidig
Postfach 1108
D – 91155 Hilpoltstein
Telefon: 09174 783 77 19
buero-scheidig@grc.de
www.grc.de

Labrador Club Deutschland (LCD)
Geschäftsstelle
Hertzstraße 16
D – 48653 Coesfeld
Telefon: 02541 926 09 74
office@lcd-labrador.de
www.labrador.de

Österreicher Retrieverclub
Geschäftsstelle
Birgit Schneeweis
Ostbahnbegleitstraße 2/24
A – 1220 Wien
Telefon: +43(0)699 14 19 19 00
office@retrieverclub.at
www.retrieverclub.at

Retriever Club Schweiz
Postadresse
Retriever Club Schweiz
3000 Bern
info@retriever.ch
www.retriever.ch

Ausbildungszentrum „fit4dogs"
Norma Zvolsky
www.fit4dogs.de

All about Retriever –
working dogs and gundogs
www.all-about-retriever.de

TRAININGSPLAN

Unter

www.kosmos.de/zvolsky_trainingsplan
finden Sie einen Trainingsplan zum Herunterladen. Er zeigt exemplarisch, ab welchem Alter welche Trainingsschritte ungefähr geübt werden können. Jedoch kann er nur als Anhaltspunkt dienen. Jedes Mensch-Hund-Team muss seinen Fähigkeiten entsprechend seinen eigenen Weg finden und einen individuellen Trainingsplan erstellen.

ZUM WEITERLESEN

Antonisse-Zijda, Tineke: **Die drei Apporte.** Eigenverlag

Bogaerts, Anke: **Die drei Charaktere.** Eigenverlag

Fichtlmeier, Anton: **Grundziehung für Welpen.** KOSMOS

Fichtlmeier, Anton: **Suchen und Apportieren.** KOSMOS

Gansloßer, Udo und Kate Kitchenham: **Forschung trifft Hund.** KOSMOS

Gansloßer Udo und Kate Kitchenham: **Beziehung – Erziehung – Bindung.** KOSMOS

Möller, Anja und Astrid Braun: **Labrador Retriever.** KOSMOS

Möller, Anja: **Kosmos-Buch Labrador Retriever.** KOSMOS

Ommerli, Verena: **Dummy-Arbeit mit Retrievern.** Müller-Rüschlikon

DIE ONLINEKURSE

Du kannst deinen Hund in den Disziplinen Einweisen und Markieren weiter über die Kosmos-Onlinekurse ausbilden.

EINWEISEN – DER 10-TEILIGE KURS

Es erwarten dich:

- 5 Module Theorie Grundlagenwissen
- 5 Module Training für Beginner mit Schritt-für-Schritt-Anleitungen
- über 3 Stunden Film
- mehr als 500 Fotos, Graphiken und Illustrationen
- Trainingspläne zum Downloaden

Buche individuell die Module, die für dich und deinen Hund passen oder nutze das komplette 10-teilige Angebot.

Weitere Informationen unter:
https://kosmos.de/einweisen

MARKIEREN

- Vom Junghund bis zum erwachsenen Hund: Alle Ausbildungsschritte werden erklärt und auf mögliche Probleme eingegangen.
- Die Leistung der Hunde in den Filmen wird von unterschiedlichen Seiten beurteilt: Ausbilderin (Norma Zvolsky) und Richterin (Anja Möller).
- Inklusive 31 Videos, vielen Schritt-für-Schritt-Fotos und anschaulichen Grafiken
- Umfassender Trainingsplan zum Download

Weitere Informationen unter:
https://kosmos.de/markieren

Die Ausbildung geht weiter — Dummytraining

352 Seiten

MIT KOSMOS MEHR ENTDECKEN

Standardwerk
— der Retrieverausbildung

SEIT 1822

Retriever haben eine große Leidenschaft: das Apportieren. So wundert es nicht, dass es Retrieverhalter raus in die Natur zieht, um die Jagdleidenschaft ihres Hundes in die richtigen Bahnen zu lenken. Norma Zvolsky beginnt mit der Grundausbildung und beschreibt detailliert den Aufbau des Dummytrainings vom Welpen bis zum Profi. Ein Ausbildungskonzept, das für alle Jagdhunderassen, die gern apportieren, geeignet ist.

Das Trainingsbuch ist die optimale Ergänzung zu „Die Kosmos-Retrieverschule". Hier finden Sie praktische Anleitungen zu Übungen wie Markieren, Einweisen oder die Verlorensuche. Die einzelnen Schritte werden anhand von Zeichnungen anschaulich erklärt und das Training systematisch aufgebaut.

MIT KOSMOS MEHR ENTDECKEN

— 100 **Übungen**
für ein erfolgreiches Training

SEIT 1822

144 Seiten

kosmos.de

ÜBER DIE AUTORIN

Die Liebe zu Hunden durchzieht **Norma Zvolskys** ganzes Leben. Seit 1991 bildet sie Retriever aus und führt diese erfolgreich auf der Jagd und auf Prüfungen.
Mit der immer intensiveren Beschäftigung und dem immer größer werdenden Wissen rund um den Retriever, wuchs auch der Wunsch zu züchten. Seit 2005 züchtet sie Golden Retriever aus Field Trial Linien unter dem Zwingernamen „Duckflight".
2007 entschied sich Norma Zvolsky, ihr Wissen auch mit anderen Retrieverhaltern zu teilen und sie auf Prüfungen vorzubereiten. So entstand das Ausbildungszentrum fit4dogs, in dem sie Seminare und Trainingswochen über Retrieverarbeit (Dummy und Wild) speziell für Retriever und ihre Menschen anbietet (mehr unter www.fit4dogs.de).
Ihre Publikationen „Die Kosmos-Retrieverschule", „Retrieverschule für Welpen" und das „Trainingsbuch für Retriever", die alle im KOSMOS-Verlag erschienen sind, sind Standardwerke der Retriever- und Jagdhundeausbildung.

DANK

Den Dank schreibe ich immer zuletzt! Dabei wird mir bewusst, wie viele Hände und Köpfe und wieviel Engagement notwendig sind, um ein solches Buch in dieser Qualität fertigzustellen. Deshalb an dieser Stelle mein Dank an alle, die dazu beigetragen haben, ohne Euch wäre dieses Buch nicht möglich gewesen. VIELEN HERZLICHEN DANK FÜR EUREN UNERMÜTLICHEN EINSATZ UND EURE HILFE.

Danke – für wichtige Beiträge

Dr. Susanne Wisniewski vom Kleintierzentrum in Iffezheim – Danke für Deine sehr wichtigen Beiträge über die Ernährung, zur Gesundheitsvorsorge und Deine mahnenden Hinweise zur körperlichen Belastbarkeit von Welpen. Ganz herzlichen Dank, ich freue mich sehr, dass Du zu diesen wichtigen Fachthemen die Artikel geschrieben hast.
Monika Schönbach – Danke für Dein unermüdliches Korrekturlesen und für Dein wunderbares Vorwort, in dem Du noch einmal auf Wichtiges hingewiesen hast. Einen besonderen Dank auch für Deine Gastfreundschaft; wir durften in Deinem wunderschönen Revier in Ulm nun zum wiederholten Mal Fotos für den Kosmos-Verlag machen. Das Revier müsste eigentlich den Beinamen Kosmos-Foto-Revier tragen.
Helene Leimer – für Dein informatives, mahnendes und zugleich richtungsweisendes Vorwort, dessen Inhalt ich ganz und gar zustimme, herzlichen Dank dafür.

Ohne tolle Fotos – geht es gar nicht!

Einen großen Dank an alle Fotografen für die wunderschönen, stimmungsvollen Fotos. Zuallererst, Danke an **Anna Auerbach** für Deinen unermüdlichen Einsatz, sowie an **Dr. Georg Mittelbach, Raoul Topi, Natascha Hoffmann** und **Birgit Huels**. In diesem Zusammenhang sind natürlich auch die vielen Fotomodelle zu erwähnen, die sich mit ihren Hunden zur Verfügung gestellt haben. Einen besonderen Dank insbesondere an diejenigen, die bei dem Fototermin in Ulm dabei waren. Dieser Fototermin war bei der Sommerhitze im Juli außergewöhnlich anstrengend: **Anja Geerlings** mit Sky (Cawood Sky, 13 Wochen); **Anja Möller** mit Fen (Gunsight's Fen Trush, 21 Wochen); **Anke Wolf** mit Selma (Selma Umbra Fida, 18 Wochen); **Antonia & Helena Muschke** mit Zora (Hunter's Moonlight Magic Moments Red Zora, 10 Wochen); **Betty Schwieren** mit Anton (Anton of Alpin Girl, 8 Monate) und Red (Blackthorn A Red Devil, 8 Monate); **Brigitte Schlagmann** mit ihrem A Wurf (Donau Hunters); **Carmen Sellmer** mit Enrico (Melrose Flair Eccentric Enrico, 10 Wochen); **Christian Hoffs** mit Boy (Duckflight Autumn Ryme); **Claudia Holl** mit Ailis (Stonehunter Orissa Ailis to Hollygreen, 13 Wochen); **Jörg Mente** mit Ruff (Gunsight's Fighting Ruff, 21 Wochen); **Katja Hassler** mit ihrem F Wurf (Mona's Magic, 7 Wochen); **Monika Schönbach** mit Ruby (Sevenbrooks A Ruby of Bonniebrook, 9 Wochen); **Nadine Hüppmeier** mit Amber (Nightingale's Fellow Quality Queen Amber Mejou's Quovadis, 11 Wochen); **Norma Zvolsky** mit Maggie (Duckflight Eye on Magpie, 12 Wochen & 16 Monate); **Tanja Ellerbrock** mit Moe (Gaytonwood Mull, 11 Monate); **Ulrike Mittelbach** mit Moira (Greenfoot Dee, 24 Monate); **Wolfgang Fendinger** mit Blue (Stonehunter Ocean Blue, 13 Wochen)

Danke – an den Kosmos-Verlag

Hilke Heinemann – nun arbeiten wir schon seit dem Jahr 2000 zusammen, wie schnell die Zeit vergeht und es macht immer wieder viel Spaß. Sicherlich habe ich Dich manchmal zum Verzweifeln gebracht; Danke für Deine Geduld! Besonders freue ich mich auf das Abenteuer unseres neuen Projektes – ich bin sehr gespannt auf die Zukunft!

REGISTER

BILDNACHWEIS

280 Farbfotos wurden von Anna Auerbach/Kosmos für dieses Buch aufgenommen.

Weitere Farbfotos von Axel Gerke (3: S. 134), Natascha Hoffmann (2: S. 41, 48), Claudia Holl (1: S. 8), Birgit Huels (3: S. 27, 36, 47), Sabine Lonitz (1: S. 9), Dr. Georg Mittelbach (1: S. 221) und Raoul Topi (4: S. 122, 123, 125, 133).

Mit 6 Illustrationen von Wolfgang Lang.

IMPRESSUM

Umschlaggestaltung von GRAMISCI Editorialdesign, München unter Verwendung von zwei Farbfotos von Anna Auerbach/Kosmos.

Mit 298 Farbfotos und 6 Farbzeichnungen.

Gedruckt auf chlorfrei gebleichtem Papier

ISBN 978-3-440-15420-5
Redaktion: Hilke Heinemann
Gestaltungskonzept: Peter Schmidt Group GmbH, Hamburg
Gestaltung und Satz: Atelier Krohmer, Dettingen/Erms
Produktion: Andrea Hehn
Druck und Bindung: Westermann Druck Zwickau GmbH, Zwickau
Printed in Germany / Imprimé en Allemagne

FSC
www.fsc.org
MIX
Papier | Fördert gute Waldnutzung
FSC® C110508